经典译丛·人工智能与智能系统

自动机器学习

Automated Machine Learning

[美] Adnan Masood　著

张　峰　译

電子工業出版社

Publishing House of Electronics Industry

北京·BEIJING

内容简介

本书介绍了自动特征工程、模型和超参数调优、基于梯度的方法等基础技术，带领读者探索在开源工具中实现这些技术的不同方式。本书还从企业工具出发，介绍在三个主要云服务提供商中使用自动机器学习的不同方法：Microsoft Azure、Amazon Web Services（AWS）和 Google Cloud Platform（GCP）。进一步通过使用自动机器学习构建机器学习模型来探索云自动机器学习平台的功能。后面的章节将展示如何通过自动机器学习来开发耗时长、包含重复任务的精准模型。

本书可作为计算机科学、数据科学、机器学习、人工智能等专业学生的学习资料，也可作为相关从业者或希望使用开源工具与云平台自动构建机器学习模型的读者的参考资料。

图书在版编目（CIP）数据

自动机器学习/（美）阿德南 • 马苏德（Adnan Masood）著；张峰译. —北京：电子工业出版社，2023.6
（经典译丛. 人工智能与智能系统）
书名原文：Automated Machine Learning
ISBN 978-7-121-45705-0

Ⅰ. ①自…　Ⅱ. ①阿…　②张…　Ⅲ. ①机器学习　Ⅳ. ①TP181

中国国家版本馆 CIP 数据核字（2023）第 098589 号

责任编辑：袁　月
印　　刷：三河市君旺印务有限公司
装　　订：三河市君旺印务有限公司
出版发行：电子工业出版社
　　　　　北京市海淀区万寿路 173 信箱　　邮编：100036
开　　本：787×1092　1/16　印张：11.75　字数：301 千字
版　　次：2023 年 6 月第 1 版
印　　次：2023 年 6 月第 1 次印刷
定　　价：79.00 元

凡所购买电子工业出版社图书有缺损问题，请向购买书店调换。若书店售缺，请与本社发行部联系，联系及邮购电话：（010）88254888，88258888。

质量投诉请发邮件至 zlts@phei.com.cn，盗版侵权举报请发邮件至 dbqq@phei.com.cn。

本书咨询联系方式：classic-series-info@phei.com.cn。

译 者 序

自动机器学习是将复杂的机器学习模型自动化部署到实际任务的过程。本人从 2017 年清华大学计算机系毕业加入中国人民大学就开始从事压缩数据直接计算相关的工作，研究包括数据库、高性能计算等方向。虽然从事多领域跨学科的研究，但在不同领域会不断涉及到自动机器学习（Automated Machine Learning）相关的内容，同时需要用到机器学习云资源。在大数据时代，大量的非计算机专业人员也需要用到机器学习云资源，并需要了解自动机器学习的相关知识。因此，行业急需一本能够让新手快速入门自动机器学习、并为经验丰富的从业者提供参考的自动机器学习指导书。

出版一本自动机器学习的书，并对不同云资源进行介绍是一件非常有意义的事情。首先，由于自动机器学习已经被广泛应用于各个领域，出一本浅显易懂的自动机器学习图书可以帮助大量的非自动机器学习方向研究者入门。其次，能够将各类云资源进行比较，可以为从业多年的自动机器学习研究者和工程师提供不同系统间的对比，方便选择最合适的系统进行研究、开发。最后，提供大量的操作实例，特别是系统应用的截图，将大大降低读者进行实际操作的难度，使读者读完本书有信心可以进行相应云资源的使用。

目前国内图书市场专门针对自动机器学习入门实践、并进行不同系统比较的图书不多。目前有许多自动机器学习理论方面的图书。也有一些自动机器学习实践类的图书，但这些图书大多只使用一种系统，缺少对不同云资源的操作比较。因此，需要出版这样一本跨不同云系统并进行对比的自动机器学习图书。

提供这样的一本书并不容易。首先，需要对自动机器学习有所掌握，理解自动机器学习的相关理论基础；其次，要求作者在不同的云平台上进行自动机器学习的实际部署和操作；最后，还需要用尽可能简练的语言进行相关知识的表达，方便读者学习。因此，提供一本较为综合的自动机器学习实践书，具有一定挑战性。

本书的翻译出版恰可以弥补这一不足。这本书原版虽然不到 300 页，但内容非常丰富。本书涵盖了必要的自动机器学习的知识，展示了如何使用 Microsoft Azure、Amazon Web Services 和 Google Cloud Platform 等多种云端系统，方便读者进行对比和选择。同时介绍了企业中的自动机器学习，探索自动机器学习在企业中的实际使用。本人也希望本书的翻译出版，能够为国内的自动机器学习领域提供一个新的选择，为希望从事自动机器学习、以及将自动机器学习应用于不同领域的研究者和工程师提供更加完备的实践基础。

本书的主要贡献主要有三点：第一，对自动机器学习的基础进行讲解；第二，对不同云平台的使用，以及企业中的自动机器学习进行了介绍；第三，提供大量的实际操作截图，以及相关资源的整理，方便读者实践、学习。

感谢电子工业出版社将 *Automated Machine Learning* 这本书引入国内。本书的翻译工作由本人完成，对翻译工作提供帮助的学生有：乌若凡、官佳薇、张晨阳。翻译的过程中可能存在些许不足，敬请各位专家、读者批评指正。

张　峰

2023 年 3 月于北京

序

生命中总有一些令人记忆犹新的时刻，对我来说，那就是第一次见到 Adnan Masood 博士的时候。我们并不是在学术会议或工作上认识的，而是在参加我们孩子的周日校园活动中认识的。当时他向我介绍了自己，并询问我是做什么工作的。我当时简单进行了客套的回答，因为在工作领域之外交谈的大多数人并不会真正理解我所做的具体的工作内容。但这次有所不同，当我告诉他我做数据方面的工作时，他表现出了极大的兴趣。之后，他不断地问我一些晦涩的机器学习和深度学习算法的问题，这些问题连我也很少听过。总之，当你发现在这个世界上还有其他人与你有同样的热情时，这种感觉棒极了！

Masood 博士将这种热情带入快速发展且经常被误解的自动机器学习（Automated Machine Learning）领域。作为在 Microsoft 工作的数据科学家，我经常从公司主管那里听到自动机器学习将终结对数据科学专业知识的需求。然而，事实并非如此。我们不应将自动机器学习视为特征工程、数据预处理、模型训练和模型选择的“黑匣子”或“一刀切”的方法。更确切地说，自动机器学习可以降低数据科学、机器学习和人工智能领域工作相关的时间和成本。

这本书将会帮助读者详细了解在现在或未来的工作中如何应用自动机器学习。读者可以利用自动机器学习的开源包以及 Azure、Amazon Web Services 和 Google Cloud Platform 提供的云解决方案获得实践专业知识。无论是经验丰富的资深数据科学家、刚入门的数据科学家、数据工程师、机器学习工程师、软件开发与运维工程师还是数据分析师，都可以在自动机器学习的帮助下，在机器学习之旅中更上一层楼。

Ahmed Sherif
Microsoft Corporation

关于作者

Adnan Masood，博士，人工智能和机器学习领域研究员，斯坦福人工智能实验室访问学者，软件工程师，微软 MVP（最有价值专家），微软人工智能领域总监。作为 UST Global 人工智能和机器学习的首席架构师，他与斯坦福人工智能实验室和麻省理工学院 CSAIL 合作，带领数据科学家和工程师团队构建人工智能解决方案，对业务、产品等产生一系列影响和价值。

关于审稿人

Jamshaid Sohail 对数据科学、机器学习、计算机视觉和自然语言处理充满热情，并在该行业拥有超过 2 年的工作经验。他曾在一家名为 FunnelBeam 的硅谷初创公司工作。该公司的创始人来自斯坦福大学，任数据科学家。目前，他在 Systems Limited 担任数据科学家。他已经完成了来自不同平台的超过 66 门的在线课程。他在 Packt 出版公司出版了 *Data Wrangling with Python 3.X* 一书，并审阅了许多书籍和课程。他还在 Educative 开发了一门关于数据科学的综合课程，并正在为多家出版商撰写书籍。

前　言

每个机器学习工程师都会和具有超参数的系统打交道，自动机器学习中最基本的任务就是自动设置这些超参数以优化性能。最新的深度神经网络在其架构、正则化和优化方面有大量的超参数，自动机器学习可以有效地进行超参数设定以节省时间和精力。

本书首先介绍自动特征工程、模型和超参数调优、基于梯度的方法等基础技术，同时，带领读者探索在开源工具中实现这些技术的不同方式。其次，本书从企业工具出发，帮助读者了解在三个主要云服务提供商中使用自动机器学习的不同方法：Microsoft Azure、Amazon Web Services（AWS）和 Google Cloud Platform（GCP）。随着学习的深入，进一步通过使用自动机器学习构建机器学习模型来探索云自动机器学习平台的功能。最后，展示如何通过自动机器学习来开发耗时长、包含重复任务的精准模型。

通过对本书的学习，读者能够准确构建和部署机器学习模型，还能提高生产力，实现互操作性并最大限度减少特征工程任务的自动机器学习模型。

对于数据科学家、机器学习开发人员、人工智能爱好者，或任何希望使用开源工具、Microsoft Azure 机器学习、AWS 和谷歌云平台提供的功能自动构建机器学习模型的读者，本书都可提供一定的学习指导。

本书内容

第 1 章，走进自动机器学习

从机器学习开发生命周期开始讲解，并介绍自动机器学习解决的超参数优化问题。为入门者提供自动机器学习的概述，也可为经验丰富的机器学习从业者提供参考。

第 2 章，自动机器学习、算法和技术

讲解数据科学家在没有丰富经验的情况下如何构建 AI 解决方案。分别从三方面回顾自动机器学习当前的发展：自动特征工程、超参数优化及神经架构搜索。而后介绍在这三个类别中所采用的最先进技术，包括贝叶斯优化、强化学习、进化算法和基于梯度的方法。最后总结流行的自动机器学习框架并总结自动机器学习当前面临的挑战。

第 3 章，使用开源工具和库进行自动机器学习

介绍自动机器学习开源软件（OSS）工具和库，这些工具和库可自动化预测模型的构思、概念化、开发和部署的整个生命周期。从数据准备到模型训练再到验证和部署，这些工具几乎可以在无人工干预的情况下完成所有工作。同时，回顾主要的 OSS 工具，包括 TPOT、AutoKeras、auto-sklearn、Featuretools、Microsoft NNI 和 AutoGluon，并帮助读者了解每个库中所采用的不同价值主张和方法。

第 4 章，Azure Machine Learning

本章介绍 Azure 机器学习，利用 Windows Azure 平台和服务的强大功能可加速端到端机器学习生命周期。在本章中，我们将回顾如何开始使用企业级机器学习服务来构建和部署模型，从而使开发人员和数据科学家能够更快地构建、训练和部署机器学习模型。通过

示例，我们将为构建和部署自动机器学习解决方案奠定基础。

第 5 章，使用 Azure 进行自动机器学习

通过代码示例详细介绍如何使用 Azure 机器学习栈自动执行模型开发中耗时长的迭代任务，并使用 Azure AutoML 执行回归、分类和时间序列分析等操作，执行超参数调优以找到最佳参数，并使用 Azure AutoML 找到最佳模型。

第 6 章，使用 AWS 进行机器学习

介绍 Amazon SageMaker Studio、Amazon SageMaker Autopilot、Amazon SageMaker Ground Truth 和 Amazon SageMaker Neo，以及 AWS 提供的其他 AI 服务和框架。除了超大规模调参（云产品），AWS 还提供广泛和深入的机器学习服务和云基础设施，使得开发人员、数据科学家和资深从业者都能方便使用机器学习。AWS 提供机器学习服务、人工智能服务、深度学习框架和学习工具来快速构建、训练和部署机器学习模型。

第 7 章，使用 Amazon SageMaker Autopilot 进行自动机器学习

进一步介绍 Amazon SageMaker Studio，使用 SageMaker Autopilot 运行多个候选对象，以找出数据预处理步骤、机器学习算法和超参数的最佳组合。此外，为训练一个推理流水作业（inference pipeline）提供一个实操的、说明性概述，以便在实时端点或批处理上轻松部署。

第 8 章，使用 Google Cloud Platform 进行机器学习

介绍 Google 的 AI 和机器学习产品。Google Cloud 在可信且可扩展的平台上提供创新的机器学习产品和服务。这些服务包括 AI Hub、AI 构建块（如视觉、语言、对话和结构化数据服务）及 AI Platform。通过这一章的学习，读者可以熟悉这些产品并了解 AI Platform 如何支持 Google 的开源平台 Kubeflow，该平台使开发人员能够构建便携式机器学习流水作业（pipeline），并可以访问尖端的 Google AI 技术，例如，TensorFlow、TPU 和 TFX 工具，将 AI 应用程序部署到生产环境中。

第 9 章，使用 GCP 进行自动机器学习

本章展示如何以最少的工作量和机器学习专业知识训练自定义的特定于业务的机器学习模型。通过实操示例和代码演练，探索 Google Cloud AutoML 平台，以在自然语言、视觉、非结构化数据、语言翻译和视频智能方面创建定制的深度学习模型，而不需要任何数据科学或编程知识。

第 10 章，企业中的自动机器学习

将企业环境中的自动机器学习作为一个系统，通过生成包含数据分析、预测模型和性能对比的全自动报告来实现数据科学的自动化。自动机器学习的一个独特之处在于它提供了对结果的自然语言描述，适用于机器学习领域的非专家。本章强调 MLOps 管道的可操作性，讨论在实际问题上表现良好的方法，并确定最佳整体方案。详细介绍现实世界中挑战背后的想法和概念，并提供解决这些问题的思路。

学习要求

本书是对自动机器学习的介绍。熟悉数据科学、机器学习和深度学习方法将有助于了解自动机器学习如何改进现有方法。

<table>
<tr><th>本书所需软件/硬件</th><th>操作系统要求</th></tr>
<tr><td>Python 3</td><td rowspan="3">Windows、macOS X 或 Linux</td></tr>
<tr><td>Jupyter Notebook/Anaconda</td></tr>
<tr><td>Chrome 或 Edge 等浏览器</td></tr>
</table>

资料提供

本书提供了部分资料供读者辅助学习，可登录华信教育资源网（www.hxedu.com.cn）进行资源下载。

目　录

第1章 走进自动机器学习

“所有的模型都是错的，但有一些是有用的。”

——George Edward Pelham Box FRS

“机器学习的终极目标之一是将越来越多的特征工程自动化。”

——Pedro Domingos, A Few Useful Things to Know about Machine Learning

本章将围绕自动机器学习（Automated Machine Learning，Auto ML）的概念、工具和技术进行介绍，希望能为新手提供可靠的概述，并为经验丰富的机器学习（Machina Learning，ML）从业者提供参考。本章将首先介绍机器学习开发生命周期，了解产品生态系统及其解决的数据科学问题，然后再介绍特征选择、神经架构搜索和超参数优化。

很可能您正在某台电子阅读器上读这本书，该电子阅读器连接到一个根据阅读兴趣推荐书籍的网站。在我们如今生活的世界中，用户产生的数据可以显示其阅读爱好、感兴趣的餐厅、最喜欢的朋友、下一个购物地点、是否会在接下来的约会中赴约，以及用户会给谁投票。在大数据时代，这些原始数据变成了信息，它们反过来将知识和洞察构建成所谓的智慧。

人工智能（Artificial Intelligence，AI）及作为其底层实现的机器学习和深度学习不仅可以帮助人们在数据海洋中寻得有效信息，还可以看到大数据流中的潜在趋势、季节性和模式，以便更好地进行预测。本书将介绍人工智能和机器学习中一种关键的新兴技术——自动机器学习。

1.1 机器学习开发生命周期

在介绍自动机器学习之前，首先介绍如何进行机器学习实验并应用到实际工程中。为了超越 Hello-World 应用程序和 Jupyter notebook 中运行的机器学习项目，企业需要采用一个稳定、可靠、可重复的模型开发和部署过程。就像在软件开发生命周期（Software Development Life Cycle，SDLC）中一样，机器学习或数据科学生命周期也是一个多阶段的迭代过程。

数据科学生命周期包括几个步骤—— 问题定义和分析、构建假设（除非做探索性数据分析）、选择业务结果指标、探索和准备数据、构建和创建机器学习模型、训练这些机器学习模型、模型评估和部署及模型维护，如图 1.1 所示。

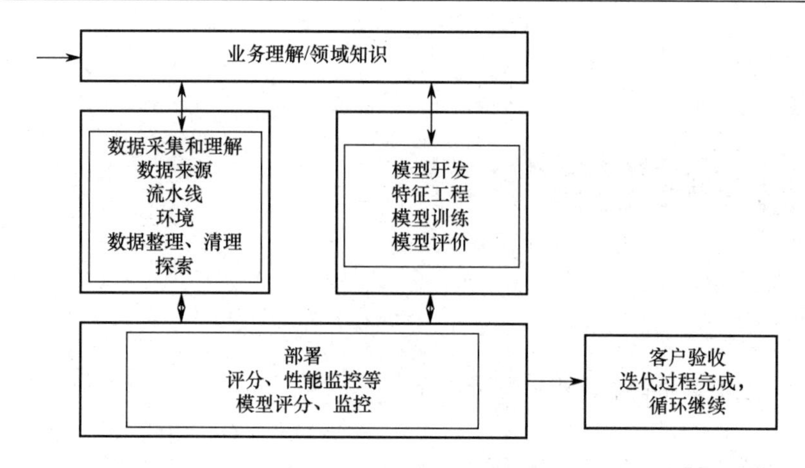

图 1.1　数据科学生命周期

一个成功的数据科学团队可以做到问题陈述和假设，数据预处理，根据主题专家（Subject-Matter Expert，SME）的建议和正确的模型族从数据中选择合适的特征，优化模型超参数，审查结果和产生的指标，最后微调模型。这是一个迭代过程，在这个过程中数据科学家需要管理数据、模型版本和偏差，并监控模型的性能。为了让这一过程更有趣，在生产中也经常采用冠军挑战者和 A/B 实验进行测试——最优的模型可能会获胜。

在错综复杂的多元环境中，数据科学家们需要利用他们所能获取的所有帮助。在此自动机器学习伸出了援助之手，承担处理平凡的、重复的和智力效率较低的任务，以便数据科学家专注于重要的事情。

1.2　自动机器学习简介

自动机器学习是一种元学习，也被称为学习如何学习——您可以将自动化原则应用于自身，从而使获得见解的过程更快、更优雅。

自动机器学习是应用自动化技术来加速模型开发生命周期的方法和基础技术，使平民数据科学家和领域专家能够训练机器学习模型，并帮助他们构建机器学习问题的最佳解决方案，还提供了更高层次的抽象，以找出最佳模型或适合特定问题的模型集合。自动机器学习通过自动特征工程中平凡和重复的任务，包括神经架构搜索（Neural Architectural Search，NAS）和超参数优化，来帮助数据科学家。如图 1.2 展示了自动机器学习生态系统。

其中三个关键领域——自动特征工程、神经架构搜索和超参数优化——最有希望实现人工智能和机器学习的大众化。自动特征工程包括扩展/减少、分层组织转换、元学习和强化学习，能够在数据集中查找特定领域可用特征。神经架构搜索采用进化算法、局部搜索、元学习、强化学习、迁移学习、网络态射和连续优化。最后，还有超参数优化，这是在模型之外找到正确参数类型的艺术和科学，使用了多种技术，包括贝叶斯优化、进化算法、利普希茨函数、局部搜索、元学习、粒子群优化、随机搜索和转移学习等，仅举几例。

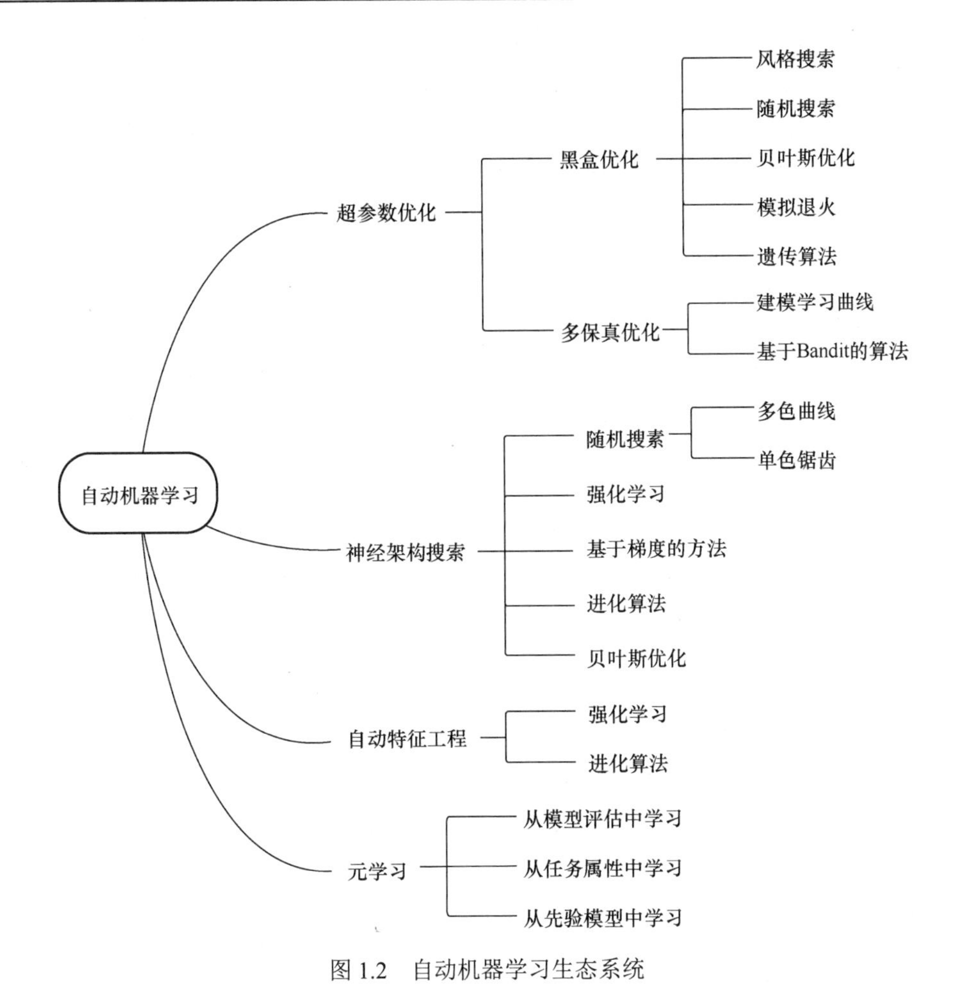

图 1.2　自动机器学习生态系统

下一节将详细阐述自动机器学习的这三个关键领域。在接下来的章节里，您将看到其中一些示例及代码。现在，先通过自动特征工程、神经架构搜索和超参数优化来详细讨论自动机器学习的真正工作原理。

1.3　自动机器学习的工作原理

当需要在大型数据集中找到其模式时，机器学习方法非常有效。这些方法现在被用于异常检测、客户划分、客户流失分析、需求预测、预防性维护和定价优化，以及数百种其他用例。

一个典型的机器学习生命周期由数据收集、数据整理、流水线管理、模型再训练和模型部署组成，其中数据整理通常是最耗时的任务。

从数据中提取有意义的特征，然后用其构建模型，同时找到正确的算法并调整参数，这是一个非常耗时的过程。能否使用我们正在尝试构建的东西来自动化这个过程呢？也就是说，我们应该使机器学习过程自动化吗？这就是这一切的开始——有人试图使用 3D 打印机打印 3D 打印机。

数据科学工作流往往从业务问题开始，用于证明假设或发现现有数据中的新模式。这一过程需要清理和预处理数据，花费大量时间——几乎占总时间的 80%；“数据清理”或整理包括清理、去重、异常值分析和删除、转换、映射、结构化和丰富化。从本质上讲，人们正在驯服这些笨拙而活泼的真实世界原始数据，并将其置于一种温和的理想格式进行分析和建模，以便能够从中获得有效的信息。

接下来，必须选择和处理特征，即弄清楚哪些特征是有用的。这一过程需要针对这些特征的重要性和有效性，与主题专家进行头脑风暴与合作。验证这些功能如何与模型一起工作，从技术和业务角度来看是否适合，并根据需要改进这些功能也是特征工程过程的关键部分。主题专家的反馈修改通常十分重要，尽管这可能是特征工程流水线中最不被强调的部分。我们将在第 10 章中进一步讨论这一点。

尽管“选择一组模型”的任务听起来像是真人秀，但这正是数据科学家和机器学习工程师日常工作的一部分。模型选择是指从一组候选模型中选择出最能描述数据的一个机器学习模型。对此，自动机器学习可以提供帮助。

1.3.1 超参数

书中将多次出现“超参数”这个名词，所以先介绍其含义。

每个模型都有自己的内部和外部参数。内部参数（也称模型参数，或参数）是模型固有的参数，如权重和预测矩阵。而外部参数或超参数处于模型的“外部”，如学习率和迭代次数。如 k-means，一种易于理解的无监督聚类算法，以其简单性而闻名。

k-means 中的 k 代表所需的聚类数量，epochs 用于指定在训练数据上完成的迭代次数。这两个都是超参数——也就是说，不是模型本身固有的参数。类似地，训练神经网络时用到的学习率、支持向量机（SVM）的 C 和 sigma、树的叶子数 k 和深度、矩阵分解中的隐因子，以及深度神经网络中的隐藏层数，都属于超参数。

选择正确的超参数被称为调优。在机器学习领域中，这些难以捉摸的数字有时被称为“令人讨厌的参数”，以至于“调优更像是一门艺术而不是科学”和“调优模型就像黑魔法”等行业内流传的俗语往往会阻挡新手前进的脚步。自动机器学习则通过选择正确的超参数来改变这种观念，后文会详细介绍。自动机器学习使数据分析从业者能够构建、训练和部署机器学习模型，从而可能会改善行业现状。

总之，从构建正确的模型集合到预处理数据、选择正确的特征和模型族、选择和优化模型超参数及评估结果，自动机器学习都提供了以编程方式解决这些挑战的方案算法。

1.3.2 对自动机器学习的需求

Open AI 的 GPT-3 模型已于近期公布，令人难以置信的是它拥有 1750 亿个参数。大数据和呈指数增长的特征数量在不断提高模型的复杂性。这不仅需要调整这些参数，还需要复杂的、可重复运行的程序用于调整参数。这种复杂性使其对平民数据科学家、业务主题专家和领域专家来说不易实现——这可能听起来像是工作保障，实际上既不利于企业，也不利于该领域的长期发展。

此外，除了与超参数有关，整个流程和结果的可复现性也随着模型复杂性的增加变得越来越难，这限制了人工智能的大众化。

1.4　数据科学的大众化

显然，当今社会对数据科学家的需求量十分庞大，领英劳动力报告在 2018 年 8 月指出，美国有超过十五万个数据科学家的职位空缺。由于这种供需差异，人工智能变得更加大众化，使在数学、统计学、计算机科学和相关定量领域没有接受过正式培训的人能够设计、开发和使用预测模型。社会上关于主题专家和业务主管是否可以有效地作为平民数据科学家工作存在一些争论——这是一个抽象层的争论。对企业来说，要想及时获得有意义的可用的信息，只能通过加速将原始数据转化为有效信息，再将这些信息转化为行动，除此之外别无他法。对于曾在数据分析领域工作过的人来说，这一点显而易见。同时这也意味着所有平民数据科学家都能参与进来。

和任何其他事物一样，自动机器学习并不是万能的灵丹妙药，然而模型选择和超参数优化的自动化方法有望使平民数据科学家能够训练、测试和部署高质量的机器学习模型。随着围绕自动机器学习的工具不断形成，他们与专家的差距可能越来越小，大众的参与度也将进一步增加。接下来将讨论一些围绕自动机器学习的迷思。

1.5　揭穿自动机器学习的迷思

就像登月一样，每当人们谈到自动机器学习时，围绕它的阴谋论和迷思接踵而至。下面是其中一些已经被揭穿的迷思。

迷思 1：数据科学家的终结

关于自动机器学习最常见的问题之一是："自动机器学习会剥夺数据科学家们的工作机会吗？"

用简短的话来回答一定是，短期不会。而用长一点的话来回答，则一如既往地微妙和乏味。

正如之前所讨论的，数据科学生命周期有几个组成部分，其中领域专业知识和有效信息至关重要。数据科学家与企业合作建立假设、分析结果，并选取任何可能产生业务影响的可用的有效信息。在数据科学中，使单调可重复的任务自动化，并不会影响发现有效信息这一具有认知挑战性的任务。如果有影响的话，就是数据科学家们不再需要花费数小时筛选数据和清理特征，从而可以腾出时间来了解更多有关底层业务的信息。大量真实世界的数据科学应用需要专门的人工监督，以及领域专家的持续指导，以确保这些有效信息产生的细粒度操作反映出预期的结果。

一种自动化方法是 Doris Jung-Lin Lee 等人在 *A Human-in-the-Loop (HITL) Perspective on AutoML: Milestones and the Road Ahead* 中提出的，建立在让人类处于循环中的概念之上。HITL 提出在数据科学工作流中实现三个不同级别的自动化：用户驱动、巡航控制和自动驾驶。随着对成熟度曲线上的推进和对特定模型的信心增加，用户驱动的流程将转向巡航控制，并最终进入自动驾驶阶段。通过建立人才库，利用不同领域的专业知识，自动机器学习可以让人类参与进来，在数据科学生命周期的多个阶段提供帮助。

迷思 2：自动机器学习只能解决初级问题

这是自动机器学习怀疑论者经常提出的论点——它只能用于解决数据科学中定义明确、受控的简单问题，不能处理真实世界场景。

现实情况恰恰相反——这种困惑源于一个错误的假设，即只选取一个数据集，把它放入一个自动机器学习模型中，就会得到有意义的见解。如果轻易相信那些围绕自动机器学习的夸张宣传，那么自动机器学习模型应该能够查看混乱的数据，执行神奇的清理，找出所有重要的特性（包括目标变量），选取正确的模型，调整其超参数——仿佛构建了一个神奇的流水线!

尽管听起来很荒谬，但这正是那些精心设计的自动机器学习产品演示中所展示出来的。还有一些具有相反效果的宣传，降低了自动机器学习产品的实际价值。支撑自动机器学习的技术方法是强大的，将这些理论和技术带入生活的学术严谨性也应像人工智能与机器学习的任何其他领域一样。

在接下来的章节中将看到几个受益于自动机器学习的超大规模平台示例，包括但不限于 Google Cloud Platform（GCP）、Amazon Web Services（AWS）和 Microsoft Azure。这些实例让人们有理由相信，真实世界中的自动机器学习除了在竞赛中获得更高的准确性，更是已准备好大张旗鼓地颠覆行业。

1.6 自动机器学习生态系统

自动机器学习是一个快速发展的领域，目前远未商品化，现有框架仍在不断发展，新产品和平台正在成为主流。接下来的章节将详细讨论其中的一些框架和库。现在，先进行一个宽泛的介绍，深入研究之前先熟悉自动机器学习的生态系统。

1.6.1 开源平台和工具

本节将简要回顾一些可用的开源自动机器学习的平台和工具。之后将在第 3 章“使用开源工具和库进行自动机器学习”中深入探讨其中的一些平台。

Microsoft NNI

Microsoft NNI（Neural Network Intelligence）是一个开源平台，可解决任何自动机器学习生命周期中的三个关键领域——自动特征工程、架构搜索和超参数调优（Hyperparameter Tuning，HPT）。该工具包还通过在 AWS 上的 KubeFlow、Azure ML、DL Workspace

（DLTS）和 Kubernetes 提供模型压缩功能和操作化。

该工具包可在 GitHub 上下载，见链接 1-1。

auto-sklearn

scikit-learn（也称为 sklearn）是一个 Python 机器学习库。作为该生态系统的一部分，并基于 Feurer 等人的 Efficient and Robust Automated 机器学习，auto-sklearn 是一个自动机器学习工具包，使用贝叶斯优化、元学习和集成构建执行算法选择和超参数调整。

该工具包可在 GitHub 上下载，见链接 1-2。

Auto-WEKA

WEKA（Waikato Environment for Knowledge Analysis）是一个开源机器学习库。它提供了一组用于数据分析和预测建模的可视化工具和算法。Auto-WEKA 与 auto-sklearn 相似，但建立在 WEKA 之上，并实现了论文中描述的模型选择、超参数优化等方法。

开发人员一般认为 Auto-WEKA 不仅仅是选择一种学习算法，孤立地设置超参数范围，而是实现了一种完全自动化的方法。作者的意图是让 Auto-WEKA 通过“适合其应用程序的超参数设置”“帮助非专家用户更有效地识别机器学习算法”——即中小企业的大众化。

该工具包可在 GitHub 上下载，见链接 1-3。

AutoKeras

Keras 是使用最广泛的深度学习框架之一，是 TensorFlow2.0 生态中不可或缺的一部分。在 Jin 等人的论文中，AutoKeras 被认为是“一种使用网络态射进行高效神经架构搜索的新方法，可实现贝叶斯优化”。这有助于神经架构搜索“通过设计神经网络内核和算法来优化树结构空间中的采集函数”。AutoKeras 是通过贝叶斯优化实现的这种深度学习架构搜索。

该工具包可在 GitHub 上下载，见链接 1-4。

TPOT

基于树的流水线优化工具（Tree-based Pipeline Optimization Tool, TPOT）是宾夕法尼亚大学计算遗传学实验室的产品。TPOT 是一个用 Python 编写的自动机器学习工具，通过遗传编程帮助构建和优化机器学习流水线。TPOT 建立在 scikit-learn 之上，通过“探索数千条可能的路径以找到最佳路径”的方式，帮助自动进行特征选择、预处理、构建、模型选择和参数优化。它只是众多工具包中学习曲线较小的一个。

该工具包可在 GitHub 上下载，见链接 1-5。

Ludwig——一个无代码的自动机器学习工具箱

Uber（美国优步公司）的自动机器学习工具 Ludwig 是一个开源深度学习工具箱，用于实验、测试和训练机器学习模型。Ludwig 建立在 TensorFlow 之上，使用户能够创建模型基线并使用不同的网络架构和模型执行自动机器学习式实验。在其最新版本中，在撰写本文时 Ludwig 与 Comet 机器学习集成并支持 BERT 文本编码器。

该工具包可在 GitHub 上下载，见链接 1-6。

AutoGluon——一个用于深度学习的自动机器学习工具包

本着机器学习大众化的目标，由 AWS 实验室开发的 AutoGluon 旨在实现“易于使用且易于扩展的自动机器学习，其重点是深度学习及生成图像、文本或表格数据的真实世界应用程序”。AutoGluon 是 AWS 自动机器学习策略不可或缺的一部分，无论是入门的还是经验丰富的数据科学家都能够轻松构建深度学习模型和端到端解决方案。与其他自动机器学习工具包一样，AutoGluon 提供网络架构搜索、模型选择和自定义模型改进。

该工具包可在 GitHub 上下载，见链接 1-7。

Featuretools

Featuretools 是一个很好的 Python 框架，其使用深度特征合成来辅助自动特征工程。特征工程因其自身非常微妙的性质而比较棘手，但这个开源工具包凭借其出色的时间戳处理和可重用的特征原语，提供了一个出色的框架，可以用来构建和提取特征组合并查看它们的影响。

该工具包可在 GitHub 上下载，见链接 1-8。

H2O AutoML

H2O AutoML 提供了 H2O 商业产品的开源版本，其中包含 R、Python 和 Scala 语言的 API。这是一个用于自动机器学习算法的开源分布式（多核、多节点）实现，并通过混合网格和随机搜索支持基本数据准备。

该工具包可在 GitHub 上下载，见链接 1-9。

1.6.2　商业平台和工具

下面介绍一些用于自动机器学习的商业工具和平台。

DataRobot

DataRobot 是自动机器学习专用平台。作为自动机器学习领域的引领者之一，DataRobot 称其可以“将构建、部署和维护大规模 AI 的端到端流程自动化”。DataRobot 的模型存储库包含面向数据科学家的开源及专有算法和方法，重点关注业务成果。DataRobot 产品可用于云和本地实施。

平台网址见链接 1-10。

Google Cloud AutoML

Google Cloud AutoML 产品集成在 Google 云计算平台中，旨在以最少的努力和最少的机器学习专业知识训练高质量的自定义机器学习模型。该产品提供用于结构化数据分析的 AutoML Vision、AutoML Video Intelligence、AutoML Natural Language、AutoML Translation 和 AutoML Tables。将在本书的第 8 章和第 9 章中更详细地讨论此 Google 产品。

Google Cloud AutoML 见链接 1-11。

Amazon SageMaker Autopilot

AWS 提供了围绕 AI 和机器学习的各种功能。Amazon SageMaker Autopilot 是这些产品之一，作为 AWS 生态系统的一部分，它有助于实现“自动构建、训练和调优模型”。

Amazon SageMaker Autopilot 提供端到端的自动机器学习生命周期，包括自动特征工程、模型和算法选择、模型调优、部署和性能排名。Amazon SageMaker Autopilot 将在第 6 章和第 7 章中讨论。

Amazon SageMaker Autopilot 见链接 1-12。

Azure Automated ML

Azure 提供自动机器学习功能，可帮助数据科学家快速、大规模地构建机器学习模型。该平台提供自动特征工程功能，如缺失值插补、转换和编码、删除高基数和无差异特征。Azure 的自动机器学习还支持时间序列预测、算法选择、超参数调整、控制模型偏差保障，以及用于排名和评分的模型排行榜。Azure ML 和 AutoML 产品将在第 4 章和第 5 章中讨论。

Azure Auto ML 产品见链接 1-13。

H2O Driverless AI

H2O 的开源产品在 1.6.1 节讨论过。H2O Driverless AI 的商业产品是一个自动机器学习平台，可满足特征工程、架构搜索和流水线生成的需求。其“自带配置”的特点是独一无二的（即使现在被其他供应商改动），并用于集成自定义算法。该商业产品具有丰富的功能及相应的用户界面，可供使用者快速上手。

H2O Driverless AI 见链接 1-14。

其他有名的框架和工具包括 Autoxgboost、RapidMiner Auto Model、BigML、MLJar、MLBox、DATAIKU 和 Salesforce Einstein（由 Transmogrif AI 提供支持），可以在章末扩展阅读中找到其相应工具包的链接。图 1.3 来自 Mark Lin 的 Awesome AutoML 仓库，图中列出了一些重要的自动机器学习工具包。

项目	类型	许可证
Auto-Keras	NAS	自定义
AutoML Vision	NAS	商业
AutoML Video Intelligence	NAS	商业
AutoML Natural Language	NAS	商业
AutoML Translation	NAS	商业
AutoML Tables	AutoFE, HPO	商业
auto-sklearn	HPO	自定义
auto_ml	HPO	MIT
BayesianOptimization	HPO	MIT
comet	HPO	商业
DataRobot	HPO	商业
Driverless AI	AutoFE	商业
H2O AutoML	HPO	Apache-2.0
Katib	HPO	Apache-2.0
MLJAR	HPO	商业
NNI	HPO, NAS	MIT
TPOT	AutoFE, HPO	LGPL-3.0
TransmogrifAI	HPO	BSD-3-Clause
MLBox	AutoFE, HPO	BSD-3 License
AutoAI Waston	AutoFE, HPO	商业

图 1.3　Mark Lin 的 Awesome-AutoML-Papers 中总结的自动机器学习项目

其中类型列显示出对应的库在网络架构搜索（NAS）、超参数优化（HPO）和自动特征工程（AutoFE）中支持的类型。

自动机器学习的未来

随着工业界的大量投资，自动机器学习有望成为企业数据科学工作中的重要组成部分。作为一名有价值的助手，自动机器学习需要处理所有棘手和琐碎的事情，协助数据科学家和其他专家专注于业务问题。尽管当前的重点仅限于自动特征工程、架构搜索和超参数优化，但在未来还将看到元学习技术被引入其他领域，以改善其自动化过程。

由于人工智能和机器学习的大众化需求不断增加，可以看到自动机器学习将成为工业主流——所有主要工具和超大规模平台都将作为机器学习产品的固有部分。下一代结合自动机器学习的工具将能够执行数据准备、领域定制特征工程、模型选择和反事实分析、操作化、可解释性、监控和创建反馈循环等。这将使人们更容易专注于业务中的重要事项，包括业务见解和影响。

自动机器学习的挑战与局限

正如我们之前提到的，数据科学家不会被取代，就目前而言自动机器学习不会让人们失去工作。数据科学家的工作将随着工具集及其功能的不断变化而发展。

这有双重原因。首先，自动机器学习并没有将数据科学整门学科完全自动化。执行自动特征工程、架构搜索、超参数优化或并行运行多个实验当然是一个节省时间的方法，但是数据科学生命周期中还有其他各种重要部分无法轻松自动化，因此导致了自动机器学习如今的状态。

第二个关键原因是，数据科学家并不是一个同质的角色——与此相关的能力和职责因行业和组织而异。利用自动机器学习实现数据科学大众化，所谓的初级数据科学家可以从自动特征工程中得到帮助，加快数据处理和整理的速度。同时，高级工程师将有更多时间，通过设计更好的 KPI 和提高模型性能来改善他们的业务成果。显然，这能够帮助不同水平的数据科学从业者熟悉业务领域并探索交叉问题。高级数据科学家还负责监控模型、数据质量和偏差，以及维护版本控制、可审计性、治理、沿袭和其他机器学习操作（Machine Learning Operations，MLOps）交叉关注点。

使模型的可解释性和透明度达到能够解决所有潜在的偏差问题也是全球受监管行业的重要组成部分。由于其高度主观性，当前工具集中自动解决此问题的功能有限，这也是具有社会意识的数据科学家可以提供巨大价值的地方，以阻止算法偏差的长期存在。

一个面向企业的入门指南

虽然前文描述的自动机器学习听起来很酷，但在企业中应当如何使用呢？

首先，阅读本书的其余部分以熟悉自动机器学习相关的概念、技术、工具和平台。了解形势，并理解自动机器学习只是数据科学工具包中的一个工具，它不会取代数据科学家，这是非常重要的。

其次，在处理分析时，自动机器学习在企业中作为大众化工具，为团队制定培训计划以熟悉这些工具，提供指导并绘制数据科学工作流程自动化的路径。

最后，由于特征集存在大量变动，在提交到企业框架之前，先从较小的部分开始，比如从一个开源堆栈开始。以这种方式扩大规模将帮助您了解自己的自动化需求，并让您有时间进行比较。

1.7　小结

在本章中，首先介绍了机器学习开发生命周期，然后定义了自动机器学习及其工作原理。在构建需要自动机器学习的案例时，讨论了数据科学的大众化，揭穿了围绕自动机器学习的迷思，提供了自动机器学习生态系统的详细介绍。并且简要介绍了一些开源工具，探索了商业版图中的应用。最后，讨论了自动机器学习的未来，分析了其挑战和局限，提供了一些关于如何在企业中开始应用的忠告。

在下一章中，将深入了解实现自动机器学习的技术、技巧和工具。希望通过本章的学习，可以了解自动机器学习的基础知识，并且已经准备好深入研究这一主题。

本章链接

扩展阅读

第2章 自动机器学习、算法和技术

“机器智能是人类需要创造的最后一项发明。”

—— Nick Bostrom

“人工智能的关键始终是表征。”

—— Jeff Hawkins

“到目前为止，人工智能的最大危险在于人们过早地得出结论，认为自己已经理解了它。”

—— Eliezer Yudkowsky

自动过程自动化听起来像是那些美妙的禅宗思想之一，但学习如何学习并非没有挑战。在上一章中，我们介绍了机器学习开发生命周期，定义了自动机器学习，并简要介绍了其工作原理。

在本章中，将探索使自动机器学习成为可能的底层技术、技巧和工具。包括自动机器学习的实际工作原理、自动特征工程的算法和技术、自动模型和超参数调优，以及自动深度学习。读者可获得关于元学习的知识和最先进的技术，包括贝叶斯优化、强化学习、进化算法和基于梯度的方法。

2.1 自动机器学习概述

简单来说，典型的机器学习过程包括数据清理、特征选择、预处理、模型开发、部署几个步骤，其工作流程如图 2.1 所示。

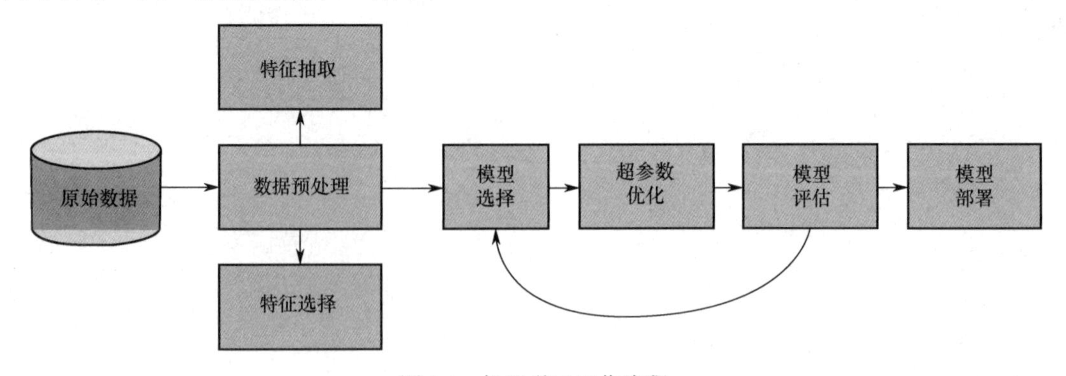

图 2.1　机器学习工作流程

自动机器学习的目标是将上述步骤简化并大众化，从而使数据分析者理解。最初，自动机器学习社区的焦点是模型选择和超参数优化，即找到性能最佳的模型及最适合问题的参数。但近年来，自动机器学习已逐渐包括整个流水线，如图 2.2 所示。

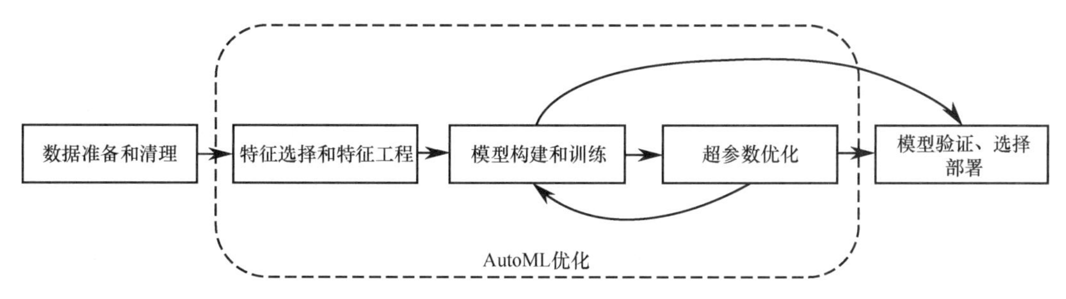

图 2.2　简化的自动机器学习流水线

元学习的概念，即学习如何学习，是自动机器学习领域的首要主题。元学习技术通过观察学习算法、相似任务及先前的模型来学习最佳超参数和架构。如学习任务相似性、主动测试、代理模型转换、贝叶斯优化和堆叠等技术被用来学习这些元特征，以改进基于相似任务的自动机器学习流水线。自动机器学习流水线的功能并没有在模型部署步骤真正结束，还需要一个迭代反馈循环来监控因偏移和一致性而产生的预测。这个反馈循环确保预测的结果分布与业务指标匹配，并且监控硬件资源消耗方面存在的异常。从操作的角度来看，错误和警告日志，包括自定义错误日志，都以自动化的方式进行审计和监控。所有这些最佳实践也适用于训练周期，其中概念偏移、模型偏移或数据偏移可能对预测造成严重破坏；留意“买者自慎”警告。

接下来介绍一些将在本章和后续章节中看到的自动机器学习关键术语。

自动机器学习术语分类

对于自动机器学习新手来说，最大的挑战之一是熟悉行业术语——大量新的或重叠的术语可能会让那些探索自动机器学习领域的人不知所措并望而却步。因此，本书会在不损失深度的前提下尽量保持简单和概括。您将在本书及其他自动机器学习文献中反复看到，重点放在三个关键领域——自动特征工程、超参数优化和神经架构搜索。

自动特征工程进一步分为特征提取、选择和生成或构建。超参数优化，或特定模型的超参数学习，有时与学习模型本身捆绑在一起，因此成为更大的神经架构搜索领域的一部分。这种方法被称为完整模型选择（Full Model Selection，FMS）或组合算法选择和超参数（Combined Algorithm Selection and Hyperparameter，CASH）优化问题。神经架构搜索也称为自动深度学习（Automated Deep Learning，AutoDL），或简称为架构搜索。图 2.3 展示了数据准备、特征工程、模型生成和模型评估及其子类别如何构成更大的自动机器学习流水线的一部分（He 等人，2019）。

用于执行这三个关键领域的自动机器学习技术有一些共同点。贝叶斯优化、强化学习、进化算法、无梯度和基于梯度的方法几乎用于所有这些不同的领域，其差异如图 2.4 所示。

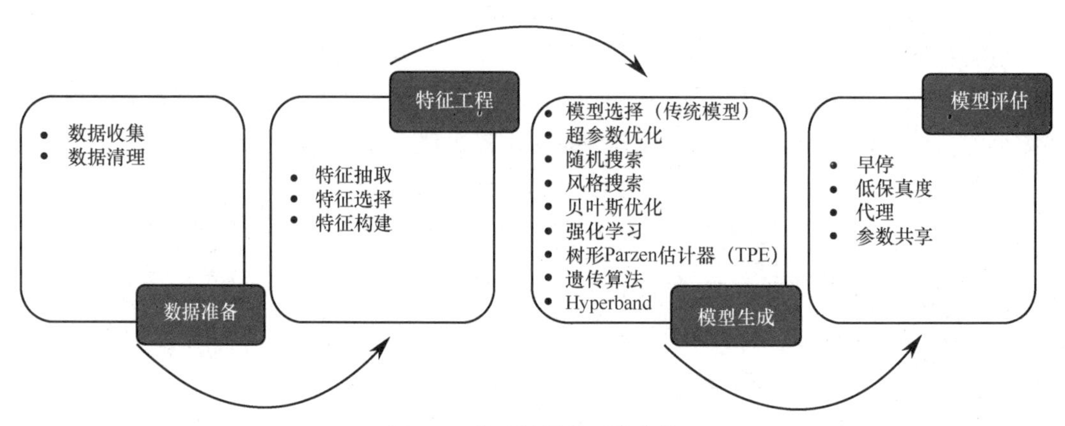

图 2.3 自动机器学习流水线

	贝叶斯优化	强化学习	遗传算法	基于梯度的方法	框架
自动特征工程		FeatureRL	遗传编程（Genetic Programming, GP)做特征工程		Featuretools
超参数优化	TPE - Tree of Parzen Estimator SMAC(Sequential Model-Based Oprimization for General Algorithm Configuration) auto-sklearn FABOLAS Fast Bayesian Optimization of Machine Learning Hyperparameters on Large Datasets BOHB: Robust and Efficient Hyperparameter Optimization at Scale	APRL(Autonomous Predictive Modeler via Reinforcement Learning) Hyperband: A Novel Bandit-Based Approach to Hyperparameter Optimization	TPOT - Tree-based pipeline optimization AutoStacker-Automatic Evolutionary Hierachical Machine Learning System DarwinML - Graph-based Evolutionary Algorithm for Automated Machine Learning		Hyperopt: Distributed Asynchronous Hyper-Parameter Optimization SMAC（Sequential Model-Based Optimization for General Algorithm Configuration） auto-sklearn TPOT - Tree based pipeline optimization
神经架构搜索	AutoKeras NASBot	NAS - Neural Architecture Search NASNET (Neural Architecture Search Network) ENAS - Efficient Neural Architecture Search via Parameter Sharing		DARTS: Differentiable Architecture Search ProxylessNAS: Direct Neural Architecture Search on Target Task and Hardware NAONet(Neural Architecture Optimization NET)	AutoKeras AdaNet Neural Network Intelligence(NNI)

图 2.4 自动机器学习技术的差异

在自动特征工程中使用遗传编程可能会令人感到困惑，有人将进化分层机器学习系统视为一种超参数优化算法。这是因为可以将同一类技术（如强化学习、进化算法、梯度下降或随机搜索）应用于自动机器学习流水线的不同部分，并且效果很好。

图 2.2 和图 2.4 之间提供的信息可以帮助理解机器学习流水线、自动机器学习的显著特征及实现这三个关键领域的技术/算法之间的关系。尤其是当遇到营销体系中创造出的荒谬术语时，本章中建立的心智模型也将大有裨益，例如，使用比特币和超级账本进行基于深度学习的超参数优化产品。

2.2 自动特征工程

特征工程是从数据集中提取和选择正确属性的艺术和科学。它是一门艺术，因为其不仅需要专业知识，还需要领域知识及对道德和社会问题的理解。而从科学的角度来看，一个特征的重要性与其对结果的影响高度相关。预测建模中的特征重要性可以衡量特征对目标的影响程度，因此，回顾起来更容易为影响最大的属性分配排名。图 2.5 解释了自动特征生成的迭代过程（Zoller 等，*Benchmark and survey of automated ML frameworks*，2020）是如何工作的，通过生成候选特征，对它们进行排名，然后选择特定的特征作为最终特征集的一部分。

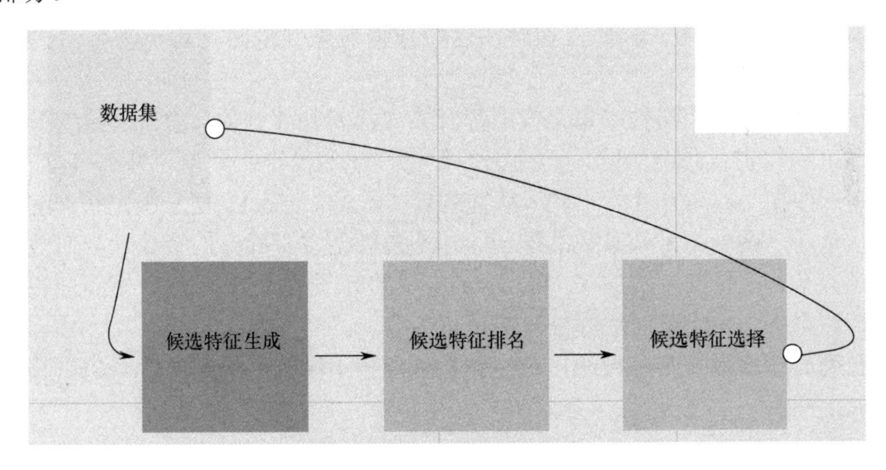

图 2.5 自动特征生成的迭代过程

从数据集中提取特征需要基于具有多个可能值的列生成分类二元特征、缩放特征、消除高度相关的特征、添加特征交互、替换循环特征及处理数据/时间场景。例如，日期字段会产生多种特征，如年、月、日、季节、周末/工作日、假期和注册期。一旦提取，从数据集中选择一个特征需要去除稀疏和低方差特征，以及应用降维技术，如主成分分析（Principal Component Analysis，PCA），使特征的数量易于管理。接下来讨论超参数优化。

2.3 超参数优化

由于超参数优化无处不在且易于构建，其有时被视为自动机器学习的同义词。根据搜索空间的不同，如果包含特征，超参数优化（也称超参数调优和超参数学习）则可称为自动流水线学习。其任务只是为模型找到正确参数，而这些术语也许有些令人生畏了，但对学生而言又必须掌握。

当进一步研究这些结构时，有两个关于超参数的关键点需要注意。众所周知，默认参数是未被优化过的。Olson 等人在其 NIH 论文中证明了使用默认参数几乎总是一个不好的选择。Olson 提到"调优通常可以将算法的准确率提高 3%～5%，具体取决于算法……在某些情况下，参数调优导致 CV 准确率提高 50%。"Olson 等人在 *Cross-validation accuracy improvement - Data-driven advice for applying machine learning to bioinformatics problems* 中观察到这一点，详见链接 2-1。

第二个关键点是对这些模型进行比较分析会带来更高的准确率；正如接下来的章节中可以看到的，整个流程（模型、自动特征、超参数）都是获得最佳准确率的关键。Olson 等人的 *Data-driven advice for applying ML to bioinformatics problems* 中（见链接 2-2）展示了他们的实验，其中使用了 165 个数据集针对多种不同的算法来确定最佳准确率，根据性能从上到下排序。这个实验的结论是：没有一种单独的算法可以被认为是在所有数据集上表现最好的。因此，在解决这些数据科学问题时，肯定需要考虑不同的机器学习算法。

这里快速回顾一下超参数。每个模型都有其内部和外部参数。内部参数或模型参数处于模型内部，如权重或预测矩阵，而外部参数也称超参数，在模型"外部"；如学习率和迭代次数。例如在 k-means 中，k 代表所需的聚类数量，epochs 用于指定在训练数据上完成的传递次数。这两个都是超参数的例子，即不是模型本身固有的参数。类似地，训练神经网络的学习率、支持向量机的 C 和 sigma、树的叶子数 k 和深度、矩阵分解中的隐因子、深度神经网络中的隐藏层数等等，都是超参数。

找到正确的超参数有多种方法，首先看看有哪些不同类型的超参数。超参数可以是连续的，例如：

- 模型的学习率；
- 隐藏层数；
- 迭代次数；
- 批量。

超参数也可以是分类的，如运算符的类型、激活函数或算法的选择。它们还可以是条件的，如果使用卷积层，则选择卷积核的大小；或者如果在 SVM 中选择径向基函数（Radial Basis Function，RBF），则选择核的宽度。由于超参数有多种类型，因此也有多种超参数优化技术（见图 2.7）。网格搜索、随机搜索（见图 2.6）、贝叶斯优化、进化技术、多臂老虎机方法和基于梯度的方法都用于超参数优化。

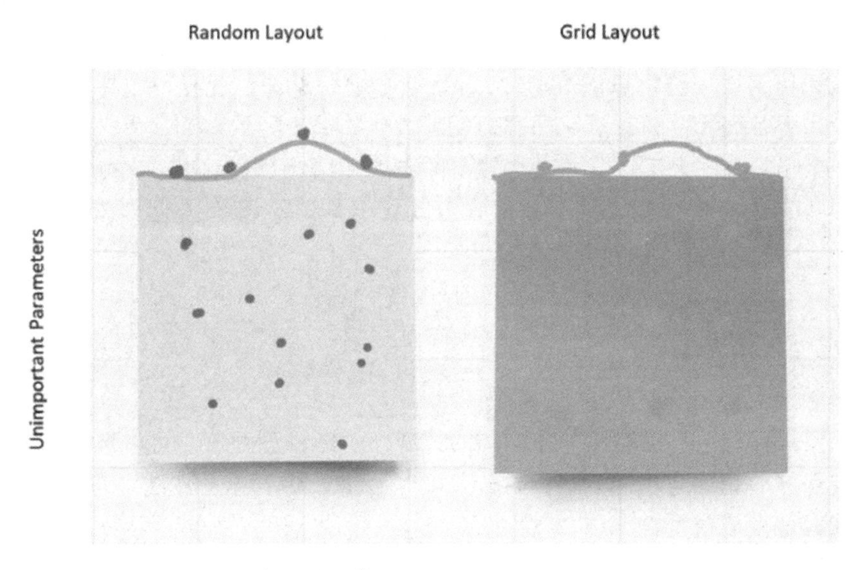

图 2.6 网格搜索和随机搜索布局

最简单的超参数优化技术是手动、网格搜索和随机搜索。手动调优是凭直觉、凭过去的经验猜测。网格搜索和随机搜索略有不同，一个是按网格的参数组合，一个是随机选择一组超参数，然后迭代并保存性能最佳的超参数。但是可以想象，随着搜索空间变大，计算量很快就会失控。

另一个杰出的技术是贝叶斯优化，可以从一组随机的超参数组合开始，用它来构建代理模型。然后用这个代理模型预测超参数的其他组合将如何工作。作为通用原则，贝叶斯优化构建一个概率模型来最小化目标函数，使用过去的表现来选择未来的值，这正是贝叶斯优化的意义所在。正如在贝叶斯宇宙中众所周知的那样，观察不如先验知识重要。

贝叶斯优化的贪婪特性由探索和开发权衡（预期改进）、分配固定时间评估、设置阈值等控制。这些代理模型存在一些变体，如随机森林（Random Forest）代理和梯度提升（Gradient Boosting）代理，使用上述技术来最小化代理函数（Elshawi 等人，2019）。

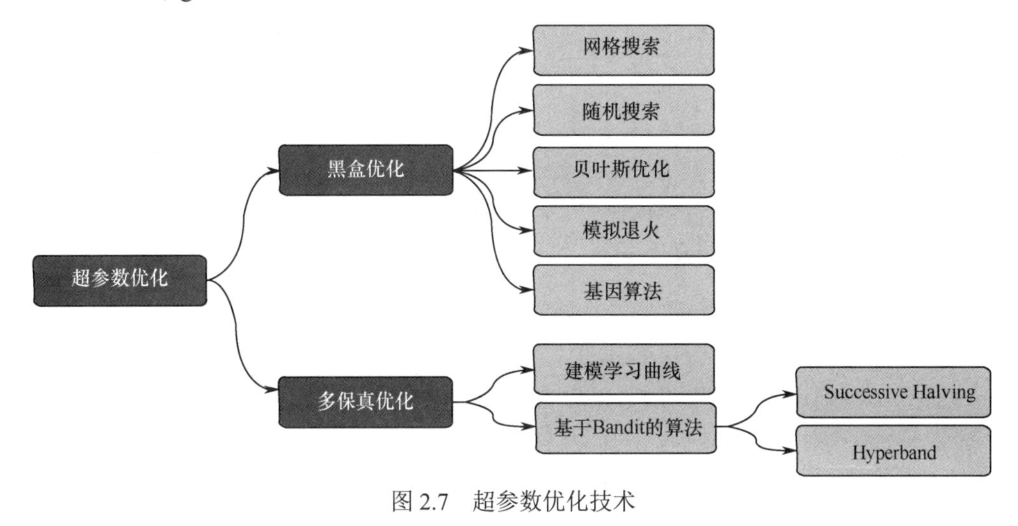

图 2.7 超参数优化技术

基于群体的方法（也称启发式技术或样本优化）也被广泛用于执行超参数优化，其中最流行的是遗传编程（进化算法），它会对超参数进行添加、变异、选择、交叉、调优。在每一轮迭代更新配置空间时，粒子群会朝着最佳的单个配置移动。另一方面，进化算法通过维护一个配置空间来工作，并进行较小的更改和结合个别解决方案来构建新一代超参数配置来改进这个配置空间。接下来探索自动机器学习难题的最后一部分——神经架构搜索。

2.4 神经架构搜索

选择模型具有一定的挑战性。在回归的情况下，即预测数值，可以选择线性回归、决策树、随机森林、套索与岭回归、k-means 弹性网络、梯度提升方法，包括 XGBoost 和 SVM，以及其他很多模型。

按类别划分，可以使用逻辑回归、随机森林、AdaBoost、梯度提升方法和基于 SVM 的分类器。

神经架构搜索有搜索空间的概念，它定义了原则上可以使用哪些架构。然后，必须定义搜索策略，概述如何使用探索与开发互相权衡进行搜索。最后，必须有一个绩效评估策略，用于评估候选架构的绩效，包括架构的训练和验证。

有多种技术可用于执行搜索空间的探索。最常见的包括链结构神经网络、多分支网络、基于单元的搜索和使用现有架构的优化方法。搜索策略包括随机搜索、进化算法、贝叶斯优化、强化学习及无梯度和基于梯度的方法，如可微架构搜索（Differentiable Architecture Search，DARTS）。使用蒙特卡罗树搜索或爬山法分层探索架构搜索空间的搜索策略很受欢迎，因为其可以通过快速接近性能更好的架构来帮助发现高质量的架构。这些是无梯度方法。而在基于梯度的方法中，连续搜索空间的基本假设促进了 DARTS 的提出，与传统的强化学习或进化搜索方法不同，它使用梯度下降探索搜索空间。图 2.8 中可以看到神经架构搜索技术的分类。

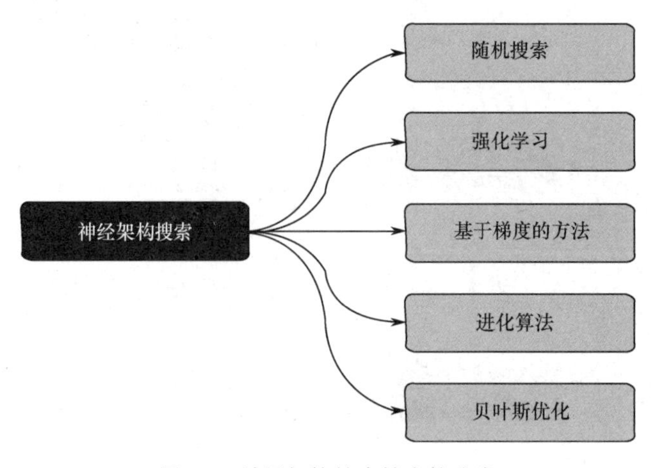

图 2.8 神经架构搜索技术的分类

为了评估哪种方法最适合特定数据集，有从简单到更复杂（尽管经过优化）的一系列性能估计策略方法。估计策略中最简单的就是训练候选架构并评估其在测试数据上的性能——如果成功，那么很好。否则，放弃它并尝试不同的架构组合。随着候选架构数量的增加，这种方法很快就会变得非常耗费资源；因此，一些低保真策略被引入，如更短的训练时间、子集训练和每层使用更少的过滤器等等。提前停止，换句话说就是通过推断其学习曲线来估计架构的性能，也是一种近似的有效优化。对训练有素的神经架构进行变形，以及将所有架构视为超图的子图的一次性搜索，也是一次性架构搜索的有效方法。

人们已经进行了几项与自动机器学习相关的调查，这些调查提供了对这些技术的深入概述。具体技术也有相关的出版物，具有清晰的基准数据、挑战和胜利——所有这些都超出了本书的范围。下一章将利用这些技术库，使读者获取更好的实践经验，了解它们的可用性。

2.5　小结

如今，机器学习在企业中的成功应用在很大程度上依赖优秀的机器学习专家，这些专家能够构建特定于业务功能和工作流的机器学习模型。自动机器学习旨在改变这一点，因为它的目的是使机器学习自动化，以提供无须专业知识即可使用的现成机器学习方法。要了解自动机器学习的工作原理，需要回顾自动机器学习的四个底层子领域或支柱：超参数优化、自动特征工程、神经架构搜索、元学习。

本章解释了使自动机器学习成为可能的技术、技巧和工具的内幕。通过本章可以了解自动机器学习技术，并且准备好深入实施阶段。

在下一章中，将回顾实现这些算法的开源工具和库，亲身体验如何在实践中使用这些概念。

本章链接

扩展阅读

第3章 使用开源工具和库进行自动机器学习

“赋予个人权力是让开源发挥作用的关键部分，因为最终，创新往往来自小的团队，而不是来自大的、结构化的力量。”

—— Tim O'Reilly

“在开源领域，我们强烈认为要真正做好某件事，必须让很多人参与进来。”

—— Linus Torvalds

在上一章中，我们已经了解了自动机器学习技术、技巧和工具。了解了自动机器学习的实际工作，即自动特征工程、超参数调优及神经架构搜索等。还探索了贝叶斯优化、强化学习、进化算法和各种基于梯度的方法在自动机器学习中的使用。

但是一名动手能力强的工程师可能不会只满足于完全理解某件事，除非亲自尝试一番。本章将提供这样的机会。自动机器学习开源软件（Open Source Software, OSS）工具和库可以自动完成预测模型的构思、概念化、开发和部署的整个生命周期。从数据准备到模型训练再到验证和部署，这些工具几乎可以在零人工干预的情况下完成所有工作。

在本章中，将介绍主要的 OSS 工具，包括 TPOT、AutoKeras、auto-sklearn、Featuretools 和 Microsoft NNI 等，并帮助读者了解每个库中所采用的不同价值主张和方法。

3.1 技术要求

- 安装 TPOT：见链接 3-1
- 安装 Featuretools： 见链接 3-2
- 安装 Microsoft NNI：见链接 3-3
- 安装 auto-sklearn：见链接 3-4
- 安装 AutoKeras：见链接 3-5
- 下载 MNIST： 见链接 3-6

3.2　自动机器学习的开源生态系统

回顾自动机器学习的历史，早期自动机器学习的重点一直在超参数优化上。早期的工具，如 Auto-WEKA 和 Hyperopt-sklearn，以及后来的 TPOT，最初的重点是使用贝叶斯优化技术为模型找到最合适的超参数。

然而，后来这种趋势开始转移，包含了模型选择，最终通过包含特征选择、预处理、构建和数据清理，覆盖了整个流水线。有名的自动机器学习工具包括 TPOT、AutoKeras、auto-sklearn 和 Featuretools 等，图 3.1 显示了其中一些，以及它们所使用的技术、机器学习任务和训练框架。

	语言	自动机器学习技术	自动特征工程	元学习	链接
AutoWEKA	Java	贝叶斯优化	是	否	见链接 3-7
auto-sklearn	Python	贝叶斯优化	是	是	见链接 3-8
TPOT	Python	遗传算法	是	否	见链接 3-9
Hyperopt-sklearn	Python	贝叶斯优化 & 随机搜索	是	否	见链接 3-10
Auto-Stacker	Python	遗传算法	是	否	见链接 3-11
AlphaD3M	Python	强化学习	是	是	见链接 3-12
OBOE	Python	协同过滤	否	是	见链接 3-13
PMF	Python	协同过滤 & 贝叶斯优化	是	是	见链接 3-14

图 3.1　自动机器学习框架的功能

本章的几个例子将使用 MNIST 手写数字数据集，会使用 scikit-learn datasets 包，因为其负责了数据加载和预处理 MNIST 的 60000 个训练样本和 10000 个测试样本。大多数数据科学家都是机器学习爱好者，并且非常熟悉 MNIST 数据集，这使其成为学习使用自动机器学习库的绝佳选择。

图 3.2 显示了 MNIST 手写数字数据集可视化的样子。该数据集作为所有主要的机器学习和深度学习库的一部分提供，可以从链接 3-6 下载。

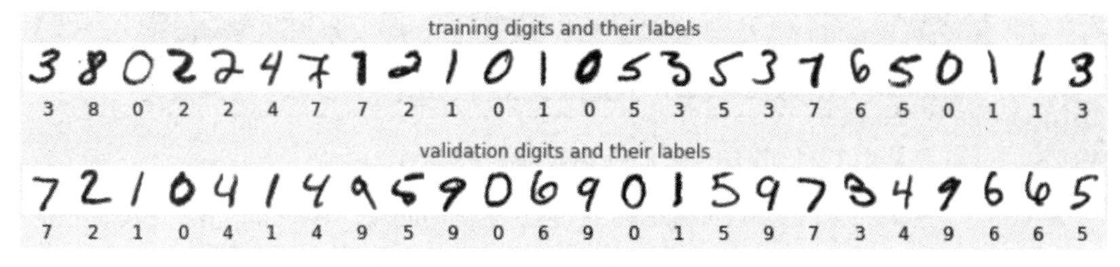

图 3.2　MNIST 手写数字数据集可视化

3.3 TPOT

基于树的流水线优化工具（Tree-based Pipeline Optimization Tool，TPOT）是宾夕法尼亚大学计算遗传学实验室的产品。TPOT 是一个用 Python 编写的自动机器学习工具。它通过遗传编程帮助构建和优化机器学习流水线。TPOT 建立在 scikit-learn 之上，通过“探索数千条可能的流水线以找到最佳流水线”，来帮助特征选择、预处理、构建、模型选择和参数优化过程自动进行。它是少数具有较短学习曲线的工具包之一。

该工具包可在 GitHub 上下载，见链接 3-1。

为了解释这个框架，先从下面一个最简单的实例开始。在这个例子中，将使用 MNIST 手写数字数据集。

1．创建一个新的 Colab Notebook 并运行 pip install TPOT。TPOT 可以直接从命令行或通过 Python 代码使用，如图 3.3 所示。

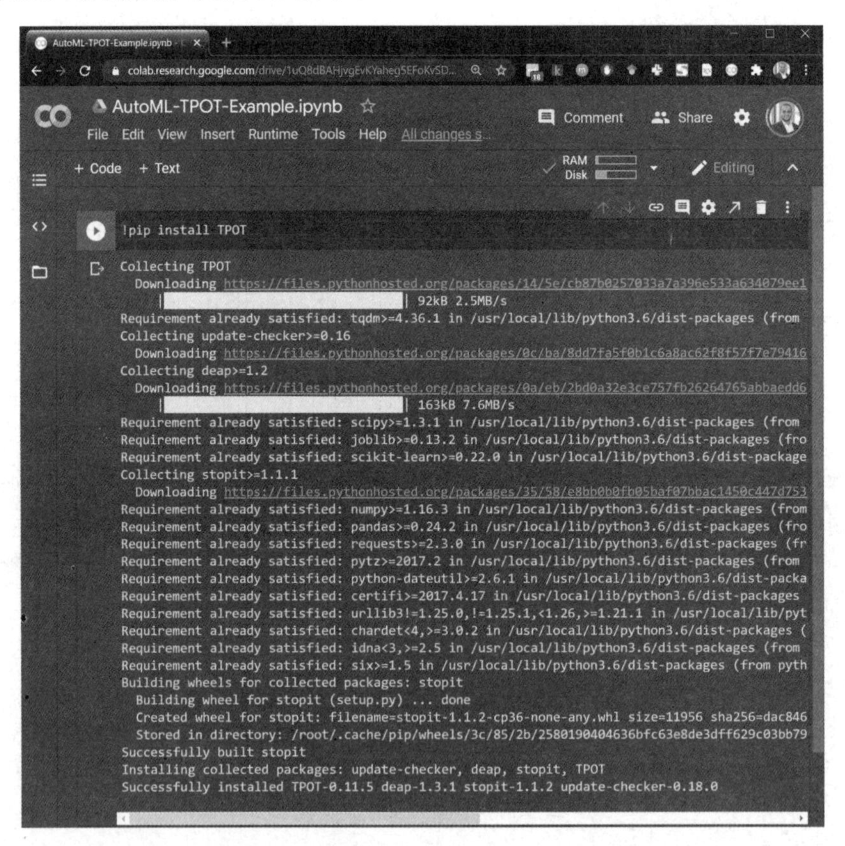

图 3.3 在 Colab Notebook 上安装 TPOT

2．导入 TPOTClassifier、scikit-learn datasets 包和 model_selection 库。使用这些库加载 TPOT 内用于分类的数据，如图 3.4 所示。

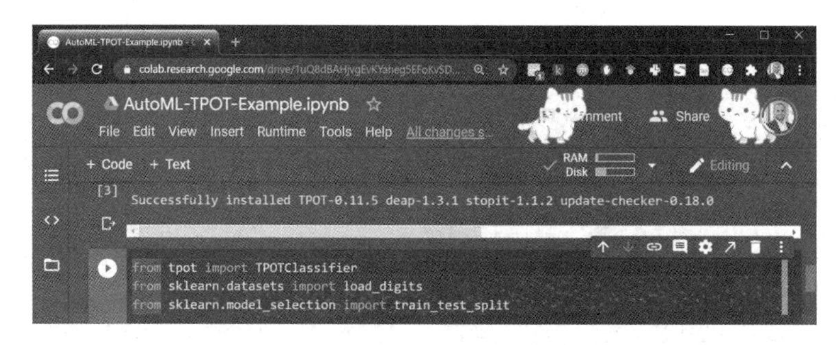

图 3.4　导入语句示例

3．继续加载 MNIST 手写数字数据集。使用 train_test_split 方法返回一个列表，其中包含给定输入的训练集–测试集拆分。在这个示例中，输入是手写数字数据和手写数字目标数组。这里可以看到训练集大小为 0.75，测试集大小为 0.25，表示训练和测试数据按标准的 75-25 分割，如图 3.5 所示。

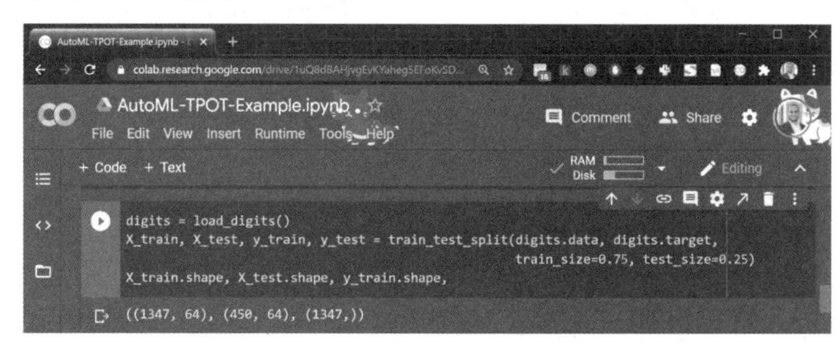

图 3.5　加载手写数字数据集示例

4．在一个典型场景中，选择一个模型分配超参数，然后尝试在给定的数据上拟合。由于要使用自动机器学习作为虚拟助手，所以让 TPOT 来做这件事。这其实很容易。要找到合适的分类器，必须实例化一个 TPOTClassifier。这个类的参数非常多，如图 3.6 所示，但这里只使用三个关键参数，即 verbosity、max_time_mins 和 population_size。

```
class tpot.TPOTClassifier(generations=100, population_size=100,
                          offspring_size=None, mutation_rate=0.9,
                          crossover_rate=0.1,
                          scoring='accuracy', cv=5,
                          subsample=1.0, n_jobs=1,
                          max_time_mins=None, max_eval_time_mins=5,
                          random_state=None, config_dict=None,
                          template=None,
                          warm_start=False,
                          memory=None,
                          use_dask=False,
                          periodic_checkpoint_folder=None,
                          early_stop=None,
                          verbosity=0,
                          disable_update_check=False,
                          log_file=None
                          )
```

图 3.6　实例化 TPOTClassifier 对象示例

传递给 TPOTClassifier 的参数的简短说明：把 verbosity 设置为 2，TPOT 将在进度条旁边打印信息。max_time_mins 参数设置了 TPOT 优化流水线的时间分配，单位是分钟。population_size 参数是每一代遗传编程种群中的个体数。

实验开始，将最大时间设置为 1 分钟，如图 3.7 所示。

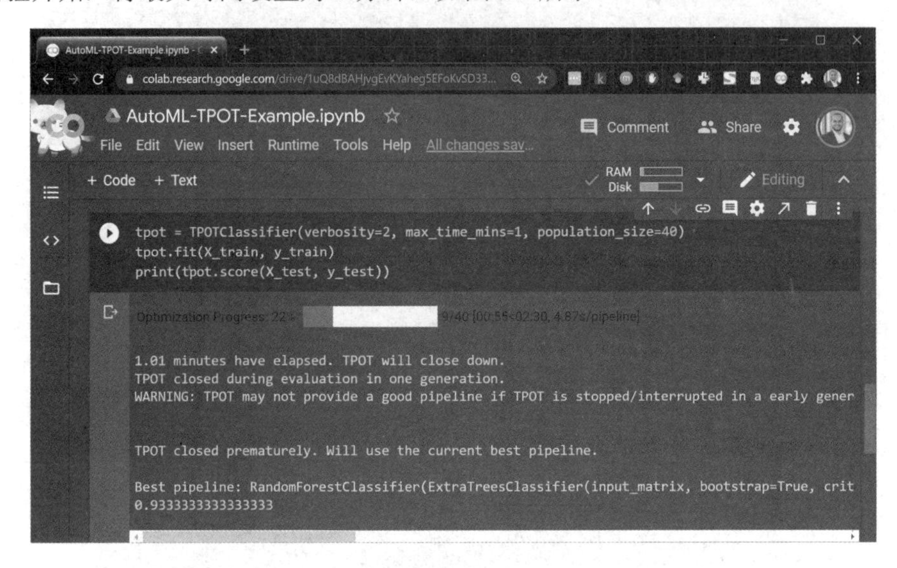

图 3.7 TPOTClassifier 的优化运行示例

可以看到，优化的进度并不是很好，只有 22%。因为在这一代中，40 个个体中只有 9 个得到处理。在这种情况下，最推荐的流水线是基于 RandomForestClassifier 的。

5．把时间增加到 5 分钟，并检查生成的流水线。此时推荐梯度提升（Gradient Boosting）分类器，如图 3.8 所示。

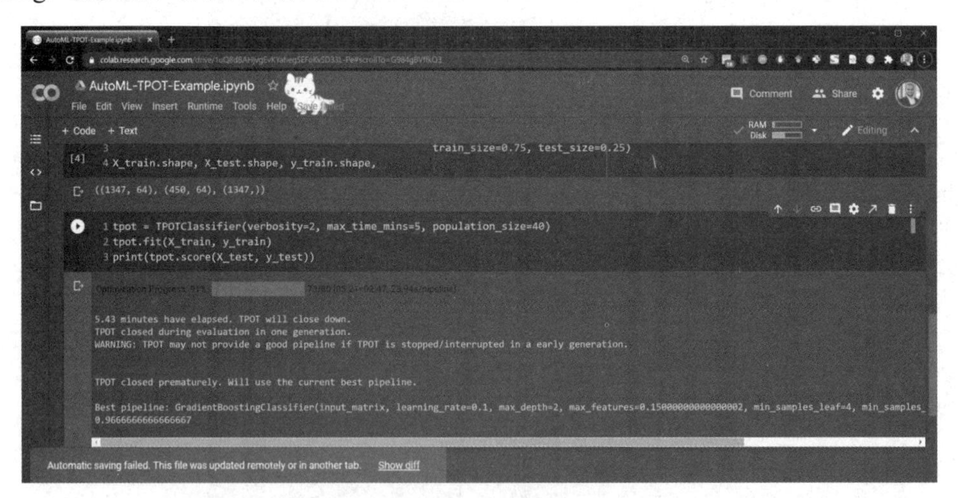

图 3.8 执行 TPOTClassifier 示例

6．将时间逐渐增加到 15 分钟，此时最好的流水线将变成 k 近邻（k-nearest neighbor，KNN）分类器，如图 3.9 所示。

7．将时间增加到 25 分钟不会改变算法，但其他超参数（邻近数）及其准确率增加，如图 3.10 所示。

8．最后，将实验运行时间改为 60 分钟，如图 3.11 所示。

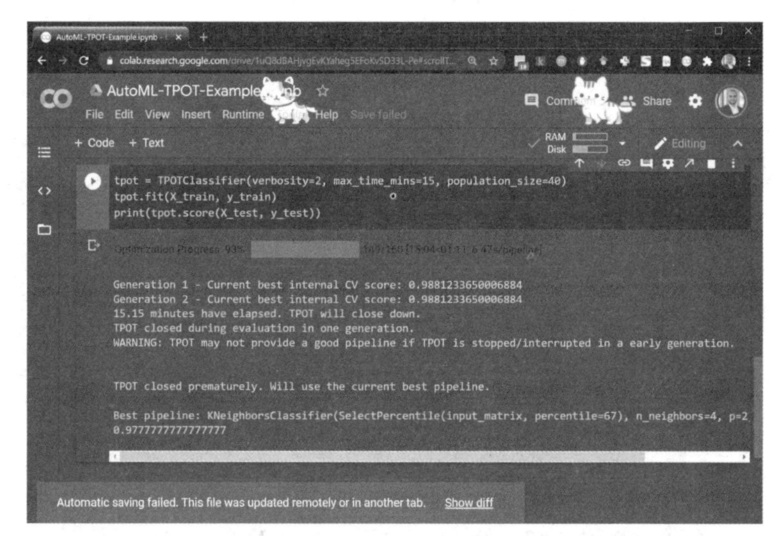

图 3.9　TPOTClassifier 拟合获得预测

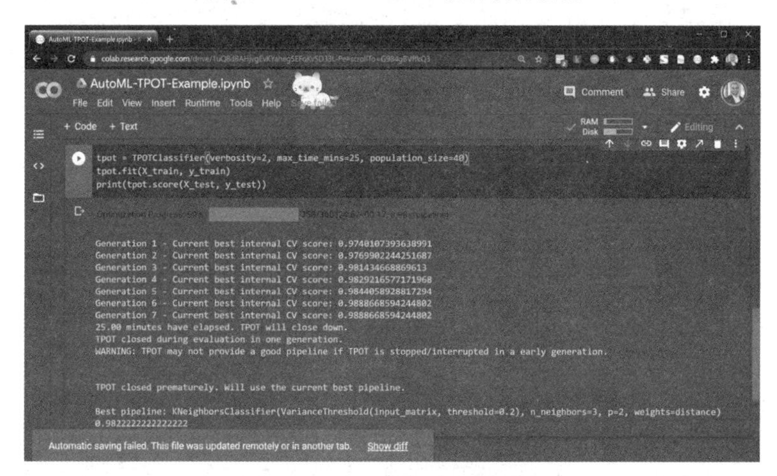

图 3.10　运行多代和分数示例

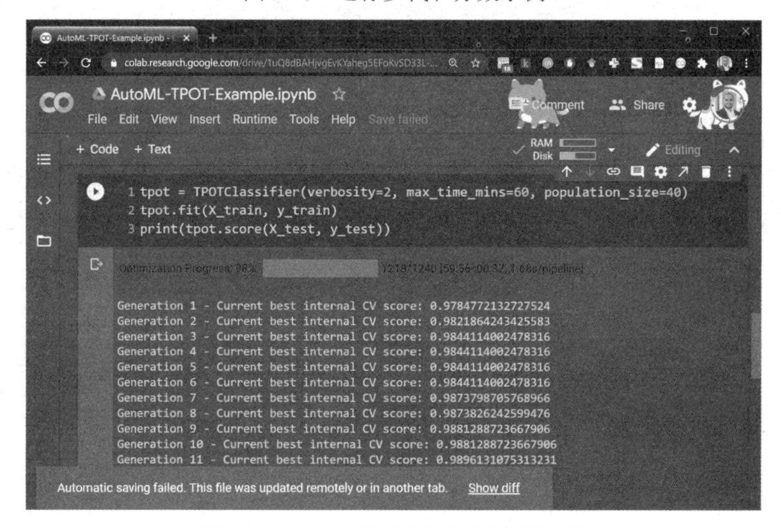

图 3.11　TPOT 代和交叉验证分数示例

最终的最佳流水线是 KNeighborsClassifier，它使用了带有递归特征消除的特征排序，其他超参数包括 max_features 和 n_estimators。该流水线的准确率约为 0.98666，如图 3.12 所示。

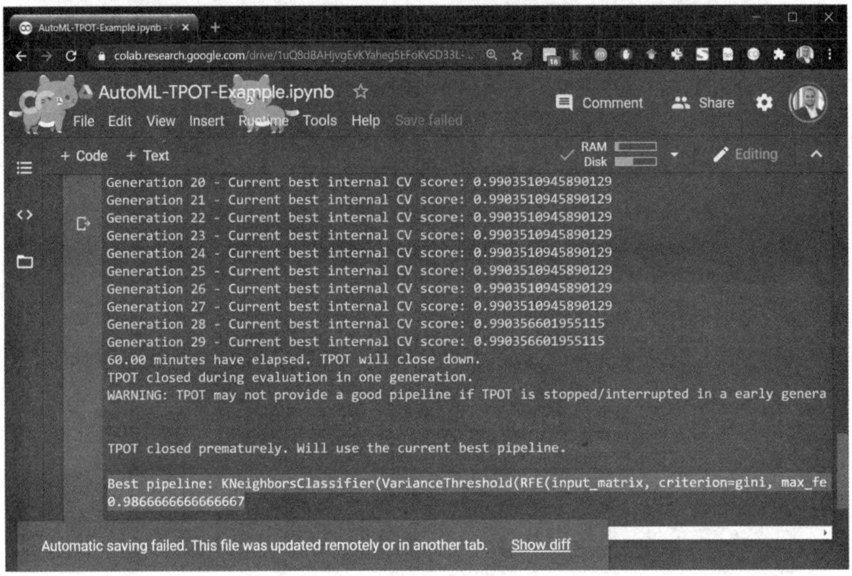

图 3.12　最佳流水线示例

9. 此外，正如所观察到的，TPOT 不得不运行多代交叉验证（Cross Validation，CV），流水线变化的同时，不仅是算法，超参数也在不断变化，同时存在收益递减的情况。CV 分数的改进变得越来越小，以至于在某个点上，这些改进不会产生太大区别。现在通过调用 export 方法从 TPOT 导出实际模型，如图 3.13 所示。

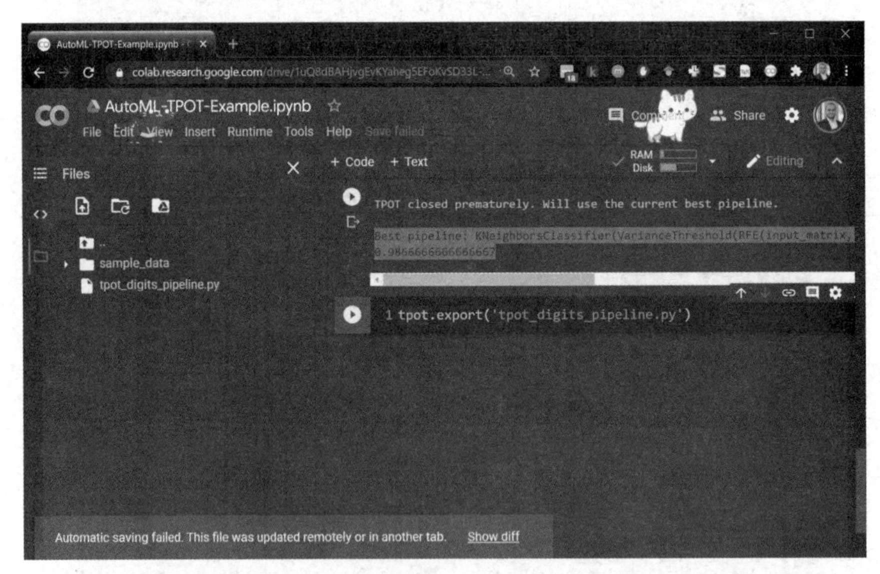

图 3.13　探索手写数字识别流水线示例

模型导出后，可以在 Google Colab 的左侧窗格中看到该文件，如图 3.14 所示。

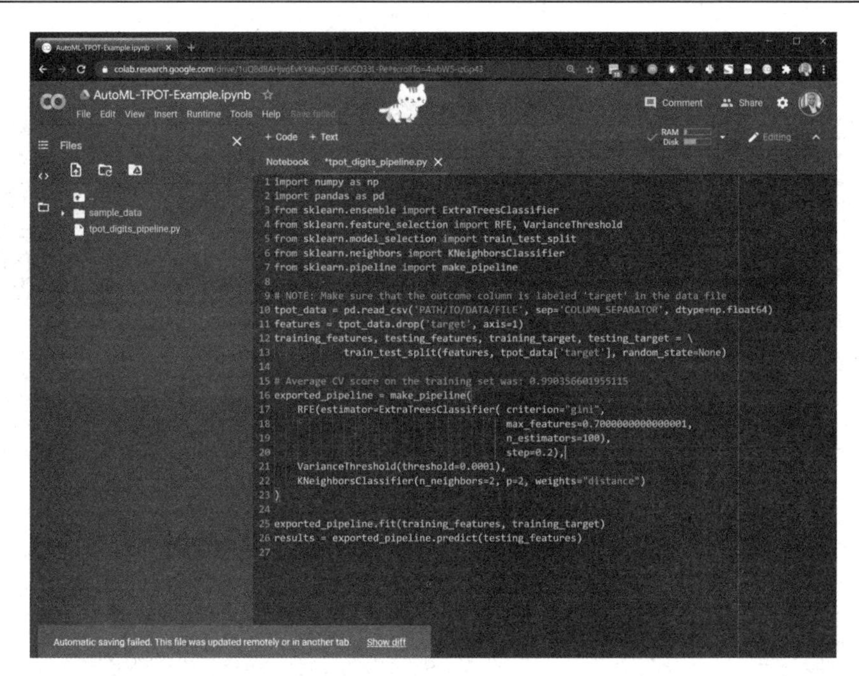

图 3.14　可视化 TPOT 手写数字识别流水线示例

现在可以看出这个流水线效果最好。请注意此时不再需要 TPOT，因为已经有了流水线，如图 3.15 所示。

```
 1 import numpy as np
 2 import pandas as pd
 3 import numpy as np
 4 from sklearn.ensemble import ExtraTreesClassifier
 5 from sklearn.feature_selection import RFE, VarianceThreshold
 6 from sklearn.model_selection import train_test_split
 7 from sklearn.neighbors import KNeighborsClassifier
 8 from sklearn.pipeline import make_pipeline
 9 from sklearn.datasets import load_digits
10 from sklearn.externals import joblib
11
12 exported_pipeline = make_pipeline(
13     RFE(estimator=ExtraTreesClassifier( criterion="gini",
14                                         max_features=0.7000000000000001,
15                                         n_estimators=100),
16                                         step=0.2),
17     VarianceThreshold(threshold=0.0001),
18     KNeighborsClassifier(n_neighbors=2, p=2, weights="distance")
19 )
20 best_model = exported_pipeline._final_estimator
21 print("best model:\n", best_model)
```

图 3.15　使用 ExtraTreesClassifier 导出流水线示例

现在创建了导出的流水线，对数据集进行加载。可以使用 sklearn datasets 来加快处理速度，代替从 CSV 文件中读取它。另外，这里选择了数组中的数字 1（target [10]），其预测是正确的。

TPOT 是如何做到这一点的？

TPOT 使用遗传编程使流水线的关键组件自动化，并在尝试了不同的方法后，最终决定使用 KNN 作为最佳分类器，如图 3.16 及图 3.17 所示。

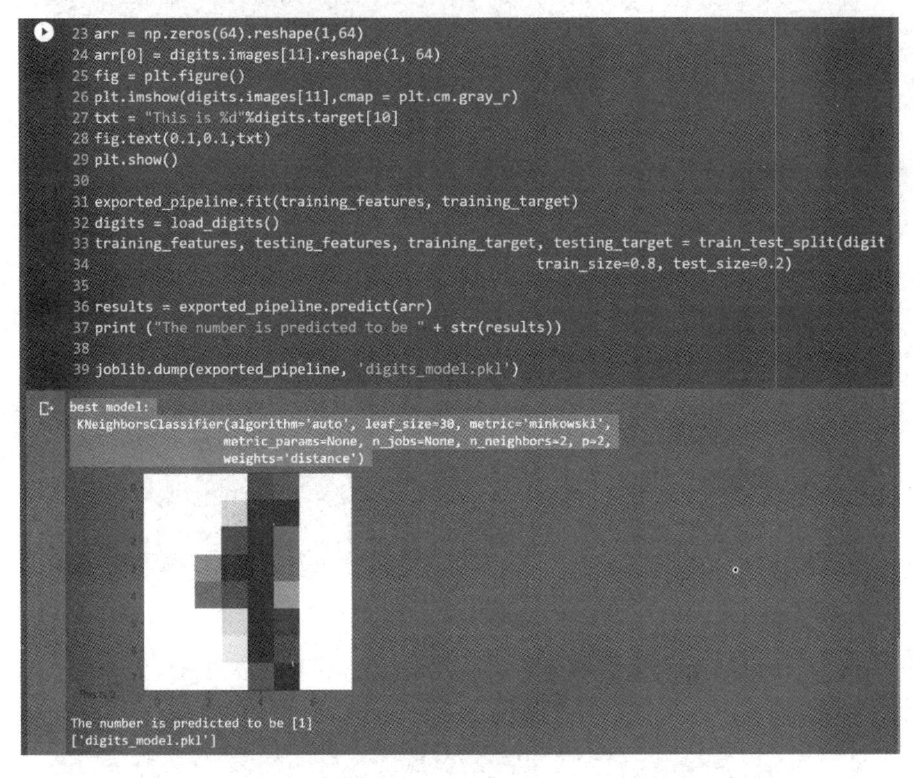

图 3.16 导出流水线的结果

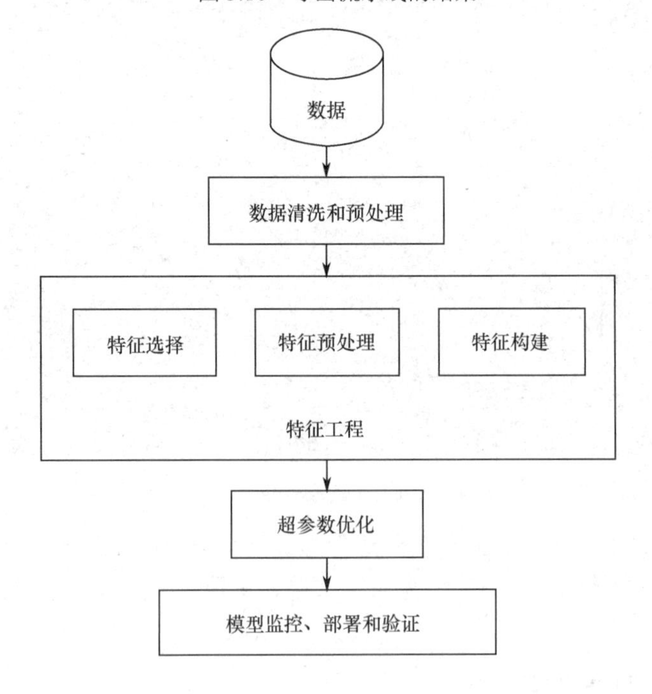

图 3.17 TPOT 流水线搜索总览

TPOT 在后台使用遗传编程构件（选择、交叉和变异）来优化转换，这有助于最大限度地提高分类准确率。TPOT 提供的运算符列表如图 3.18 所示。

监督分类运算符	特征预处理运算符	特征选择运算符
决策树（Decision Tree）、随机森林（RandomForest）、极限梯度提升分类器（eXtreme Gradient Boosting Classifier）、逻辑回归（LogisticRegression）、k 近邻分类器（KNearestNeighborClassifier）	标准归一化（StandardScaler）、鲁棒归一化（RobustDcaler）、最小最大归一化（MinMaxScaler）、最大绝对值归一化（MaxAbsScaler）、随机主成分分析（RandomizedPCA）、二进制化（Binarizer）、多项式特征（PolynomialFeatures）	方差阈值（VarianceThreshold）、选择K最优（SelectKBest）、选择百分位（SelectPercentile）、选择Fwe（SelectFwe）、递归特征消除（Recursive Feature Elimination，RFE）
监督分类运算符将分类器的预测结果作为一个新的特征及流水线的分类来存储。	特征预处理运算符以某种方式修改数据集并返回修改后的数据集。	特征选择运算符用某种标准减少数据集中特征的数量并返回修改后的数据集。

图 3.18　TPOT 提供的运算符列表——用于自动机器学习的基于树的流水线优化工具

3.4　Featuretools

Featuretools 是一个优秀的 Python 框架，通过深度特征合成帮助实现自动特征工程。由于特征工程具有一些非常微妙的性质，因此较为棘手。然而，这个开源工具包凭借其强大的时间戳处理和可重用的特征原语，提供了一个合适的框架来构建和提取特征组合及其影响。

该工具包可在 GitHub 上下载，见链接 3-15。根据下面步骤可完成 Featuretools 安装，并学会如何使用该库运行自动机器学习实验。

1．要在 Colab 中启动 Featuretools，需要使用 pip 来安装该软件包，如图 3.19 所示。在本例中，将尝试为波士顿房价数据集（Boston Housing Prices dataset）创建特征。

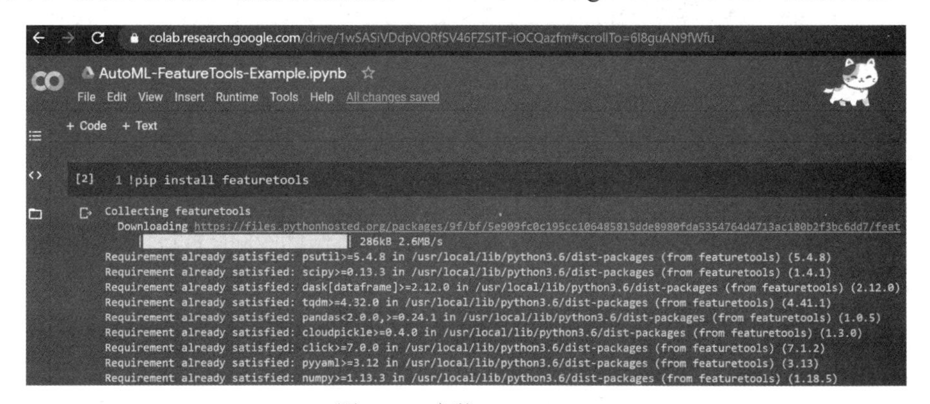

图 3.19　安装 Featuretools

波士顿房价数据集是一个著名的数据集，在机器学习中被广泛使用。波士顿房价数据集的简要说明和元数据如图 3.20 所示。

7.2.1. Boston house prices dataset

Data Set Characteristics:

Number of Instances:	506
Number of Attributes:	13 numeric/categorical predictive. Median Value (attribute 14) is usually the target.
Attribute Information (in order):	• CRIM per capita crime rate by town • ZN proportion of residential land zoned for lots over 25,000 sq.ft. • INDUS proportion of non-retail business acres per town • CHAS Charles River dummy variable (= 1 if tract bounds river; 0 otherwise) • NOX nitric oxides concentration (parts per 10 million) • RM average number of rooms per dwelling • AGE proportion of owner-occupied units built prior to 1940 • DIS weighted distances to five Boston employment centres • RAD index of accessibility to radial highways • TAX full-value property-tax rate per $10,000 • PTRATIO pupil-teacher ratio by town • B 1000(Bk - 0.63)^2 where Bk is the proportion of blacks by town • LSTAT % lower status of the population • MEDV Median value of owner-occupied homes in $1000's
Missing Attribute Values:	None
Creator:	Harrison, D. and Rubinfeld, D.L.

This is a copy of UCI ML housing dataset.

图 3.20 波士顿房价数据集的简要说明和元数据

2．波士顿房价数据集是 scikit-learn 数据集的一部分，这使其方便导入，如图 3.21 所示。

```
1 from sklearn.datasets import load_boston
2 import pandas as pd
3 import featuretools as ft
```

```
1 # Load data and put into dataframe
2 boston = load_boston()
3 df = pd.DataFrame(boston.data, columns = boston.feature_names)
4 df['MEDV'] = boston.target
5 print (df.head(5))
```

```
      CRIM    ZN  INDUS  CHAS    NOX  ...    TAX  PTRATIO       B  LSTAT  MEDV
0  0.00632  18.0   2.31   0.0  0.538  ...  296.0     15.3  396.90   4.98  24.0
1  0.02731   0.0   7.07   0.0  0.469  ...  242.0     17.8  396.90   9.14  21.6
2  0.02729   0.0   7.07   0.0  0.469  ...  242.0     17.8  392.83   4.03  34.7
3  0.03237   0.0   2.18   0.0  0.458  ...  222.0     18.7  394.63   2.94  33.4
4  0.06905   0.0   2.18   0.0  0.458  ...  222.0     18.7  396.90   5.33  36.2

[5 rows x 14 columns]
```

图 3.21 数据集导入

3．使用 Featuretools 来构建特征。Featuretools 通过使用现有特征并对其应用不同的操作来帮助构建新特征。同时还可以连接多个表并建立关系，但首先，需要让其在单个表上工作。图 3.22 中的代码显示了使用 Featuretools 深度特征合成（Deep Feature Synthesis，DFS）API 轻松创建一个实体集（Boston）。

4．为 Boston 表创建一个 Featuretools 实体集，然后定义目标项。在这个例子中，将只创建一些新特征，即现有特征的乘积和总和。一旦 Featuretools 运行了深度特征合成，将拥有所有的总和及乘积特征。结果如图 3.23 和图 3.24 所示。

```
1 # Make an entityset and add the entity
2 es = ft.EntitySet(id = 'boston')
3 es.entity_from_dataframe(entity_id = 'data', dataframe = df,
4                          make_index = True, index = 'index')
5
6 # Run deep feature synthesis with transformation primitives
7 feature_matrix, feature_defs = ft.dfs(entityset = es, target_entity = 'data',
8                                       trans_primitives = ['add_numeric', 'multiply_numeric'])
```

图 3.22 将数据集加载为一个 pandas DataFrame

```
8                      trans_primitives = ['add_numeric', 'multiply_numeric'])
9
10 feature_matrix.head()
```

index	CRIM	ZN	INDUS	CHAS	NOX	RM	AGE	DIS	RAD	TAX	PTRATIO	B	LSTAT	MEDV	AGE + B
0	0.00632	18.0	2.31	0.0	0.538	6.575	65.2	4.0900	1.0	296.0	15.3	396.90	4.98	24.0	462.10
1	0.02731	0.0	7.07	0.0	0.469	6.421	78.9	4.9671	2.0	242.0	17.8	396.90	9.14	21.6	475.80
2	0.02729	0.0	7.07	0.0	0.469	7.185	61.1	4.9671	2.0	242.0	17.8	392.83	4.03	34.7	453.93
3	0.03237	0.0	2.18	0.0	0.458	6.998	45.8	6.0622	3.0	222.0	18.7	394.63	2.94	33.4	440.43
4	0.06905	0.0	2.18	0.0	0.458	7.147	54.2	6.0622	3.0	222.0	18.7	396.90	5.33	36.2	451.10

index	AGE + CHAS	AGE + CRIM	AGE + DIS	AGE + INDUS	AGE + LSTAT	AGE + MEDV	AGE + NOX	AGE + PTRATIO	AGE + RAD	AGE + RM	AGE + TAX	AGE + ZN	B + CHAS	B + CRIM	B + DIS	B + INDUS
0	65.2	65.20632	69.2900	67.51	70.18	89.2	65.738	80.5	66.2	71.775	361.2	83.2	396.90	396.90632	400.9900	399.21
1	78.9	78.92731	83.8671	85.97	88.04	100.5	79.369	96.7	80.9	85.321	320.9	78.9	396.90	396.92731	401.8671	403.97
2	61.1	61.12729	66.0671	68.17	65.13	95.8	61.569	78.9	63.1	68.285	303.1	61.1	392.83	392.85729	397.7971	399.90
3	45.8	45.83237	51.8622	47.98	48.74	79.2	46.258	64.5	48.8	52.798	267.8	45.8	394.63	394.66237	400.6922	396.81
4	54.2	54.26905	60.2622	56.38	59.53	90.4	54.658	72.9	57.2	61.347	276.2	54.2	396.90	396.96905	402.9622	399.08

5 rows × 196 columns

图 3.23 深度特征合成的结果

B + TAX	B + ZN	CHAS + CRIM	...	DIS * RAD	DIS * RM	DIS * TAX	DIS * ZN	INDUS * LSTAT	INDUS * MEDV	INDUS * NOX	INDUS * PTRATIO	INDUS * RAD
592.90	414.90	0.00632	...	4.0900	26.891750	1210.6400	73.62	11.5038	55.440	1.24278	35.343	2.31
538.90	396.90	0.02731	...	9.9342	31.893749	1202.0382	0.00	64.6198	152.712	3.31583	125.846	14.14
534.83	392.83	0.02729	...	9.9342	35.688614	1202.0382	0.00	28.4921	245.329	3.31583	125.846	14.14
516.63	394.63	0.03237	...	18.1866	42.423276	1345.8084	0.00	6.4092	72.812	0.99844	40.766	6.54
518.90	396.90	0.06905	...	18.1866	43.326543	1345.8084	0.00	11.6194	78.916	0.99844	40.766	6.54

INDUS * RM	INDUS * TAX	INDUS * ZN	LSTAT * MEDV	LSTAT * NOX	LSTAT * PTRATIO	LSTAT * RAD	LSTAT * RM	LSTAT * TAX	LSTAT * ZN	MEDV * NOX	MEDV * PTRATIO	MEDV * RAD	MEDV * RM	MEDV * TAX
15.18825	683.76	41.58	119.520	2.67924	76.194	4.98	32.74350	1474.08	89.64	12.9120	367.20	24.0	157.8000	7104.0
45.39647	1710.94	0.00	197.424	4.28666	162.692	18.28	58.68794	2211.88	0.00	10.1304	384.48	43.2	138.6936	5227.2
50.79795	1710.94	0.00	139.841	1.89007	71.734	8.06	28.95555	975.26	0.00	16.2743	617.66	69.4	249.3195	8397.4
15.25564	483.96	0.00	98.196	1.34652	54.978	5.82	20.57412	652.68	0.00	15.2972	624.58	100.2	233.7332	7414.8
15.58046	483.96	0.00	192.946	2.44114	99.671	15.99	38.09351	1183.26	0.00	16.5796	676.94	108.6	258.7214	8036.4

图 3.24 深度特征合成的结果（续）

如果深度特征合成只包含现有特征的总和及乘积，那么做深度特征合成的意义何在？将这些派生特征视为突出多个数据点之间的潜在关系——它与总和及乘积无关。如图 3.25 所示，可使用平均订单总和连接多个表，算法将有额外的预定义特征来寻找相关性。这是深度特征合成提供的一个非常强大且重要的量化价值主张，通常用于机器学习算法竞赛中。

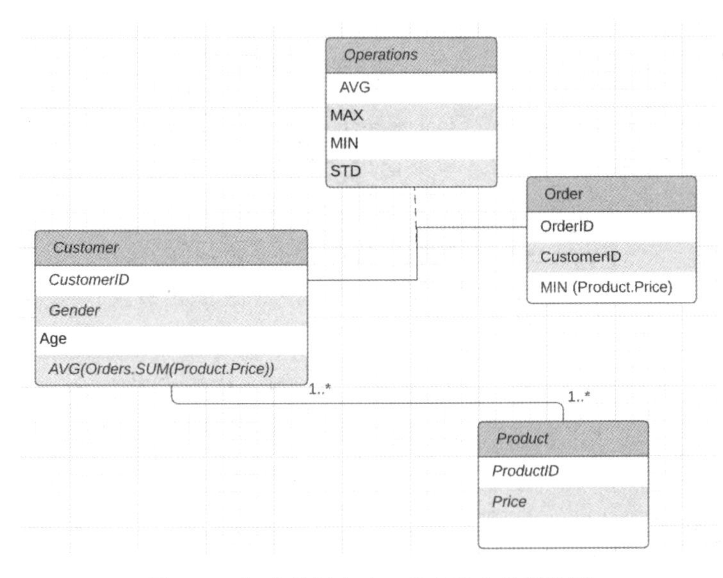

图 3.25 深度特征合成：从实体中分析特征

Featuretools 网站包含一组优秀的演示，用于预测是否下一次购买、剩余使用寿命、是否预约不赴约、贷款偿还可能性、客户流失情况、家庭贫困情况和恶意互联网流量，以及许多其他用例，见链接 3-16。

3.5 Microsoft NNI

Microsoft 神经网络智能（Neural Network Intelligence, NNI）是一个开源平台，可解决任何自动机器学习生命周期的三个关键领域——自动特征工程、架构搜索和超参数调优。该工具包还提供模型压缩功能和操作性。NNI 内置了许多超参数调优算法。

NNI 的高层架构如图 3.26 所示。

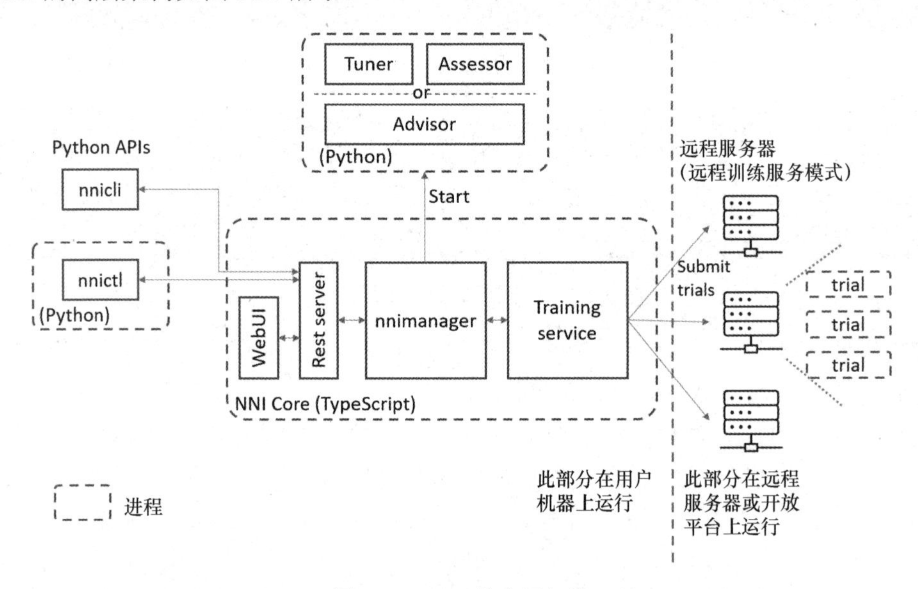

图 3.26 NNI 的高层架构

NNI 内置了几种最先进的超参数调优算法，它们被称为调优器（Tuner）。其中包括 TPE、随机搜索（Random Search）、模拟退火（Anneal）、朴素进化（Naive Evolution）、SMAC、Metis Tuner、Batch Tuner、贪心搜索（Grid Search）、GP Tuner、网络态射（Network Morphism）、Hyperband、BOHB、PPO Tuner 和 PBT Tuner。

相应的工具包可在 GitHub 上下载，见链接 3-3。有关其内置调优器的更多信息，请访问链接 3-17。

接下来学习如何安装 NNI 及如何使用此库运行自动机器学习实验。继续使用 pip 在机器上安装 NNI。

NNI 提供的最佳功能之一是它同时具有命令行界面（CLI）和网页界面（Web UI），以便查看试验和实验。NNICtl 是用于管理 NNI 应用程序的命令行。可在图 3.27 及图 3.28 中看到实验选项。

```
Anaconda Prompt (Anaconda3)
(base) C:\Users\u53704\Desktop\Adnan Masood\My Books\automl-book\src\nni>python -m pip install --upgrade nni
Collecting nni
  Downloading nni-1.8-py3-none-win_amd64.whl (32.9 MB)
     |████████████████████████████████| 32.9 MB 3.2 MB/s
Requirement already satisfied, skipping upgrade: scipy in d:\anaconda3\lib\site-packages (from nni) (1.4.1)
Requirement already satisfied, skipping upgrade: numpy in d:\anaconda3\lib\site-packages (from nni) (1.18.1)
Collecting astor
  Downloading astor-0.8.1-py2.py3-none-any.whl (27 kB)
Collecting hyperopt==0.1.2
  Downloading hyperopt-0.1.2-py3-none-any.whl (115 kB)
     |████████████████████████████████| 115 kB 3.3 MB/s
Requirement already satisfied, skipping upgrade: requests in d:\anaconda3\lib\site-packages (from nni) (2.22.0)
Requirement already satisfied, skipping upgrade: psutil in d:\anaconda3\lib\site-packages (from nni) (5.6.7)
Collecting coverage
  Downloading coverage-5.3-cp37-cp37m-win_amd64.whl (208 kB)
     |████████████████████████████████| 208 kB 6.4 MB/s
Requirement already satisfied, skipping upgrade: pkginfo in d:\anaconda3\lib\site-packages (from nni) (1.5.0.1)
Collecting websockets
  Downloading websockets-8.1-cp37-cp37m-win_amd64.whl (66 kB)
     |████████████████████████████████| 66 kB 4.5 MB/s
Requirement already satisfied, skipping upgrade: colorama in d:\anaconda3\lib\site-packages (from nni) (0.4.3)
Collecting netifaces
  Downloading netifaces-0.10.9-cp37-cp37m-win_amd64.whl (16 kB)
Collecting schema
  Downloading schema-0.7.2-py2.py3-none-any.whl (16 kB)
Collecting PythonWebHDFS
  Downloading PythonWebHDFS-0.2.3-py3-none-any.whl (10 kB)
Collecting scikit-learn>=0.23.2
  Downloading scikit_learn-0.23.2-cp37-cp37m-win_amd64.whl (6.8 MB)
```

图 3.27　使用 NNI 完成自动机器学习：通过 Anaconda 安装

```
Anaconda Prompt (Anaconda3)
(base) C:\Users\u53704\Desktop\Adnan Masood\My Books\automl-book\src\nni\keras-mnist>nnictl --help
usage: nnictl [-h] [--version]
              {ss_gen,create,resume,view,update,stop,trial,experiment,platform,webui,config,log,package,tensorboard
,top}
              ...

use nnictl command to control nni experiments

positional arguments:
  {ss_gen,create,resume,view,update,stop,trial,experiment,platform,webui,config,log,package,tensorboard,top}
    ss_gen              automatically generate search space file from trial
                        code
    create              create a new experiment
    resume              resume a new experiment
    view                view a stopped experiment
    update              update the experiment
    stop                stop the experiment
    trial               get trial information
    experiment          get experiment information
    platform            get platform information
    webui               get web ui information
    config              get config information
    log                 get log information
    package             control nni tuner and assessor packages
    tensorboard         manage tensorboard
    top                 monitor the experiment

optional arguments:
  -h, --help            show this help message and exit
  --version, -v

(base) C:\Users\u53704\Desktop\Adnan Masood\My Books\automl-book\src\nni\keras-mnist>_
```

图 3.28　nnictl 命令

如果不了解 NNI 的工作原理，那么可能会有一个学习曲线。需要熟悉 NNI 的三个主要元素才能使其工作。首先，必须定义搜索空间，可以在 search_space.json 文件中找到该空间。其次，还需要更新模型代码（main.py），以使其包含超参数调优。最后，必须定义实验（config.yml），以便定义调优器和试验（执行模型代码）信息。

搜索空间描述了每个超参数的值范围，并且对于每次试验，会从该空间中挑选各种超参数值。在为超参数调优实验创建配置时，可以限制最大试验次数。此外，在创建超参数搜索空间时，可以列出在使用选择（choice）型超参数时想在调优实验中尝试的值。在这个例子中，采用了一个简单的 Keras MNIST 模型并对其进行了改造，以使用 NNI 来调优参数。现在代码文件已经准备好了，可以使用 nnictl create 命令运行实验。

可使用以下命令来了解有关该实验的更多信息，如图 3.29、图 3.30 及图 3.31 所示。

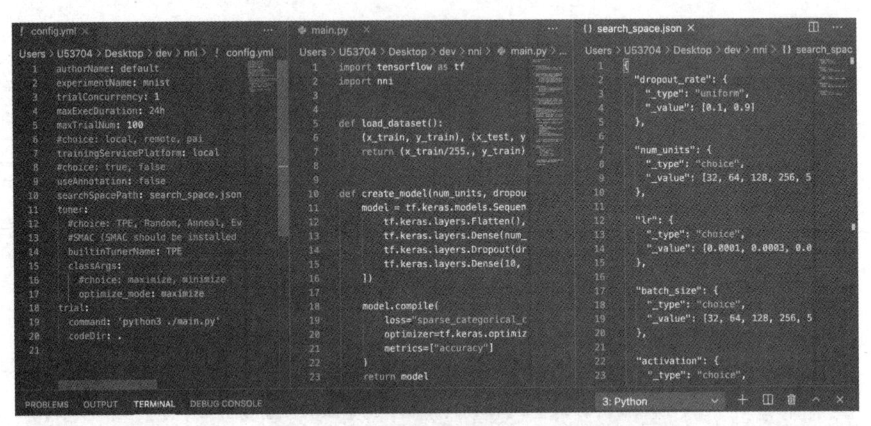

图 3.29 配置和执行文件

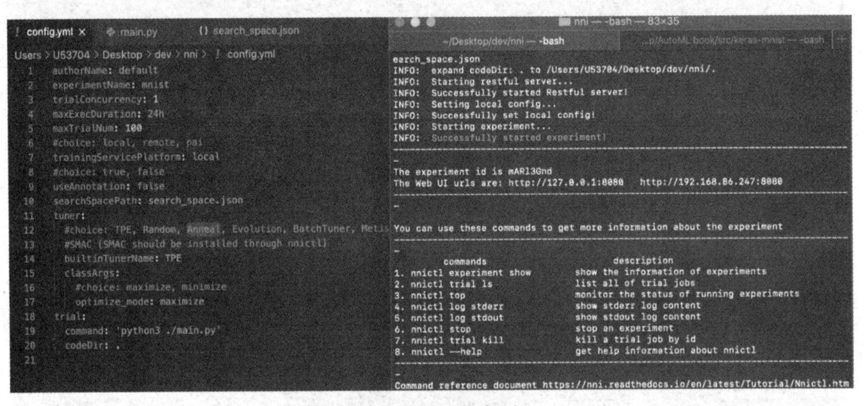

图 3.30 运行实验

```
Anaconda Prompt (Anaconda3)

(base) C:\Users\u53704\Desktop\Adnan Masood\My Books\automl-book\src\nni>nnictl create --config nni\e
xamples\trials\mnist-tfv1\config_windows.yml
INFO:  expand searchSpacePath: search_space.json to C:\Users\u53704\Desktop\Adnan Masood\My Books\aut
oml-book\src\nni\nni\examples\trials\mnist-tfv1\search_space.json
INFO:  expand codeDir: . to C:\Users\u53704\Desktop\Adnan Masood\My Books\automl-book\src\nni\nni\exa
mples\trials\mnist-tfv1\.
INFO:  Starting restful server...
INFO:  Successfully started Restful server!
INFO:  Setting local config...
INFO:  Successfully set local config!
INFO:  Starting experiment...
INFO:  Successfully started experiment!
------------------------------------------------------------------------------
The experiment id is eAm43BLj
The Web UI urls are: http://169.254.62.115:8080   http://169.254.113.205:8080   http://169.254.148.33
:8080   http://169.254.50.227:8080   http://192.168.86.20:8080   http://169.254.39.239:8080   http://
127.0.0.1:8080
------------------------------------------------------------------------------

You can use these commands to get more information about the experiment
------------------------------------------------------------------------------
         commands                       description
1. nnictl experiment show        show the information of experiments
2. nnictl trial ls               list all of trial jobs
3. nnictl top                    monitor the status of running experiments
4. nnictl log stderr             show stderr log content
5. nnictl log stdout             show stdout log content
6. nnictl stop                   stop an experiment
7. nnictl trial kill             kill a trial job by id
8. nnictl --help                 get help information about nnictl
------------------------------------------------------------------------------
Command reference document https://nni.readthedocs.io/en/latest/Tutorial/Nnictl.html
------------------------------------------------------------------------------
```

图 3.31 nnictl 参数

下面介绍 NNI 的用户界面。可以看到正在运行的实验、其参数和详细信息。例如，这个例子中因只运行了 10 次，所以很快就完成了，然而没有得到任何有意义的结果，此时可以看到最佳指标是（N/A），如图 3.32 所示。

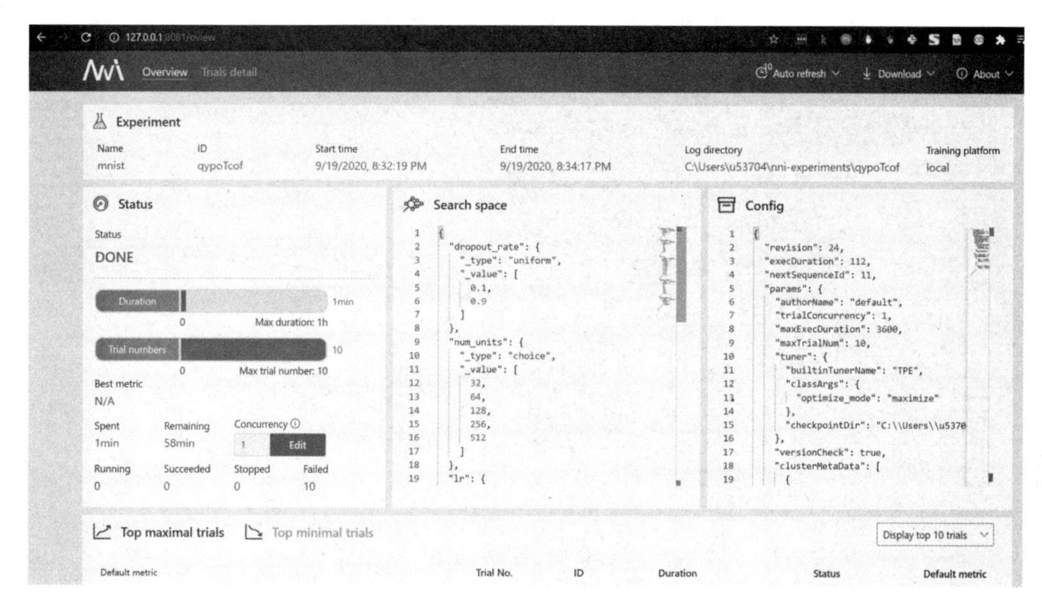

图 3.32　使用 NNI 用户界面完成自动机器学习

将试验次数增加到 30 需要更长的时间，但能得到更准确的结果。NNI 可报告中间结果（在训练完成之前的试验或训练过程中的结果）。例如，如果报告的指标存储在变量“x”中，那么可以使用 NNI 报告中间结果，如下所示。

nni.report_intermediate_result(x)

屏幕上将显示如图 3.33 所示的内容。

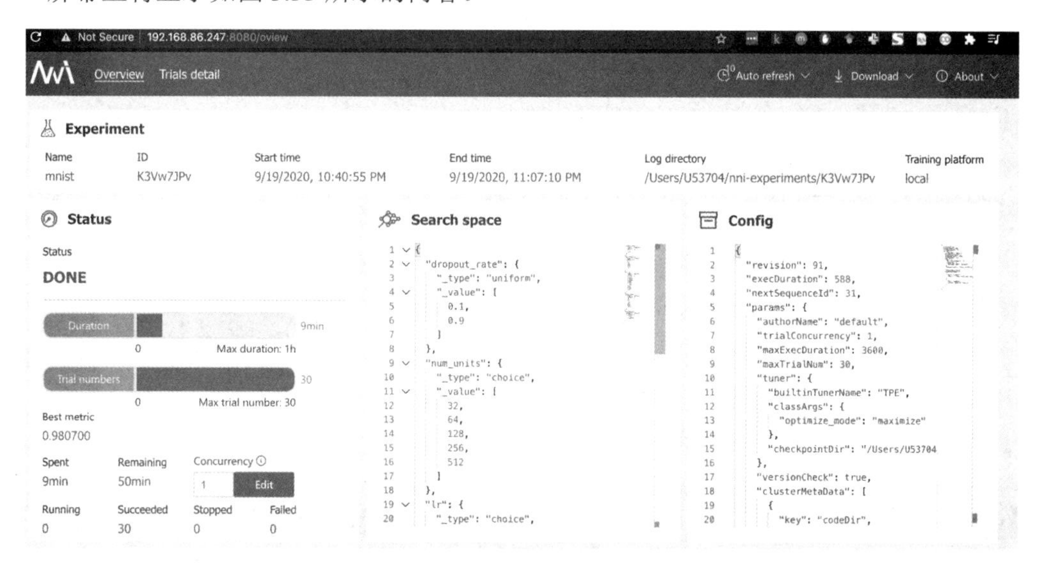

图 3.33　实验完成之后的用户界面

NNI 用户界面还提供每个试验的默认指标（Default metric）、超参数（Hyper-parameter）、持续时间（Duration）和中间结果（Intermediate result）的视图。超参数视图尤其令人惊叹，如图 3.34 所示，可以直观地看到每个超参数是如何选择的。例如，在这个例子中，批处理大小为 1024 的 RELU 提供了非常好的结果。借此能够了解使用什么底层算法来选择模型。

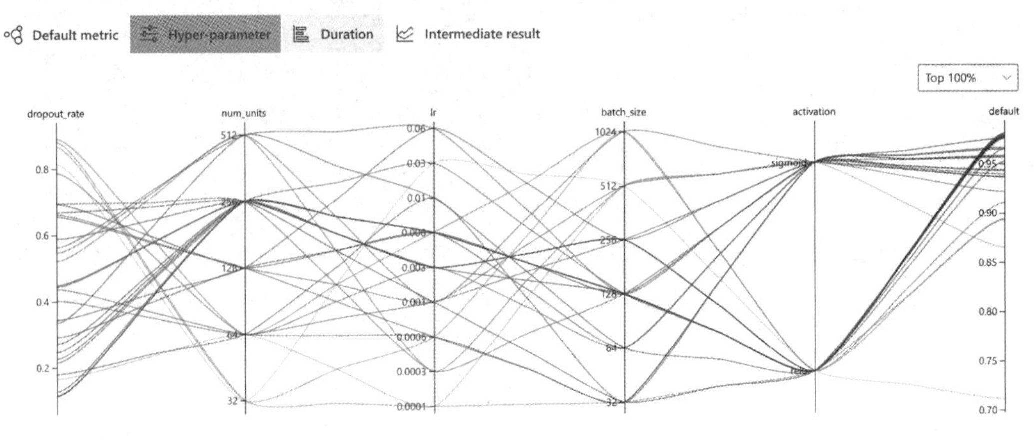

图 3.34　超参数视图

正如之前提到的收益递减，增加试验次数不能显著提高模型的准确率。在这种情况下，用 40 分钟完成了 100 次试验，并提供了 0.9817 的最佳指标，而之前的指标为 0.9807，如图 3.35 所示。

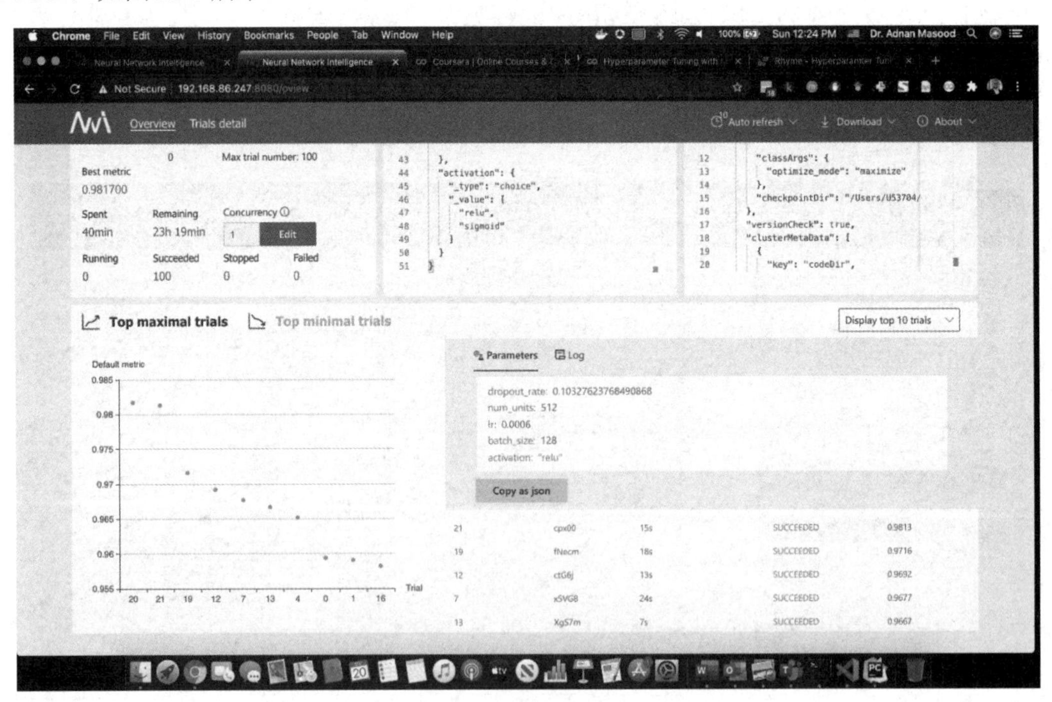

图 3.35　配置的参数

还可以为超参数的结果选择不同的最高百分比，看看用哪些超参数可以获得最好的结果，如图 3.36 所示。

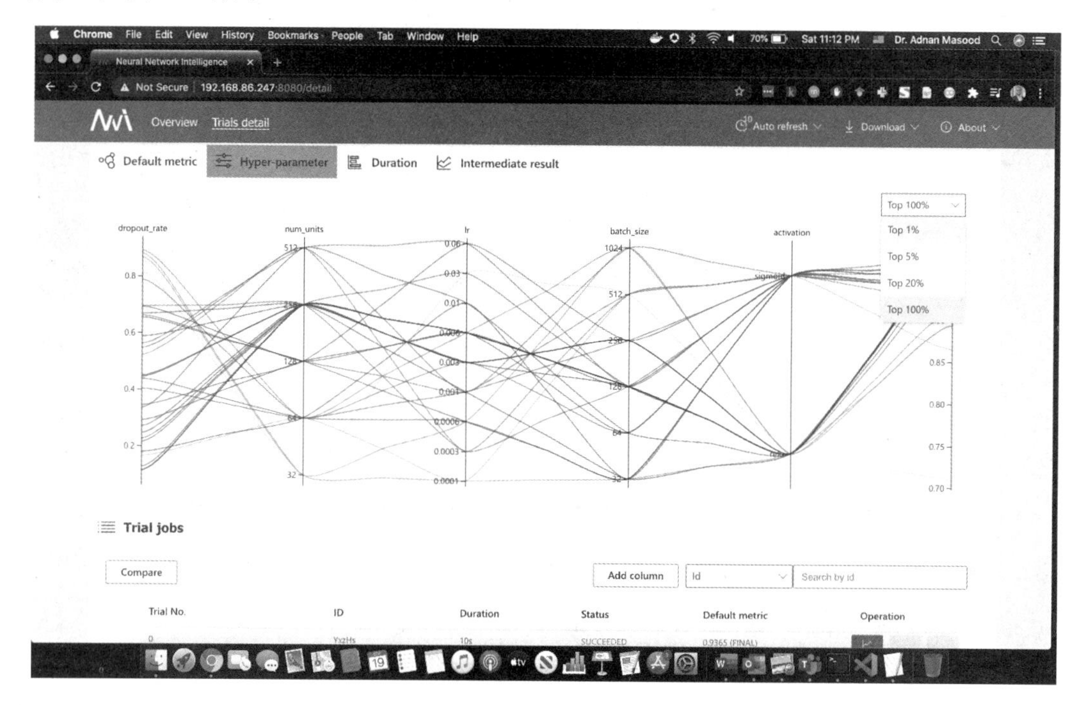

图 3.36　超参数视图

可以通过从图表右上角的下拉列表中选择前 5%（Top 5%）来查看前 5%的超参数，如图 3.37 所示。

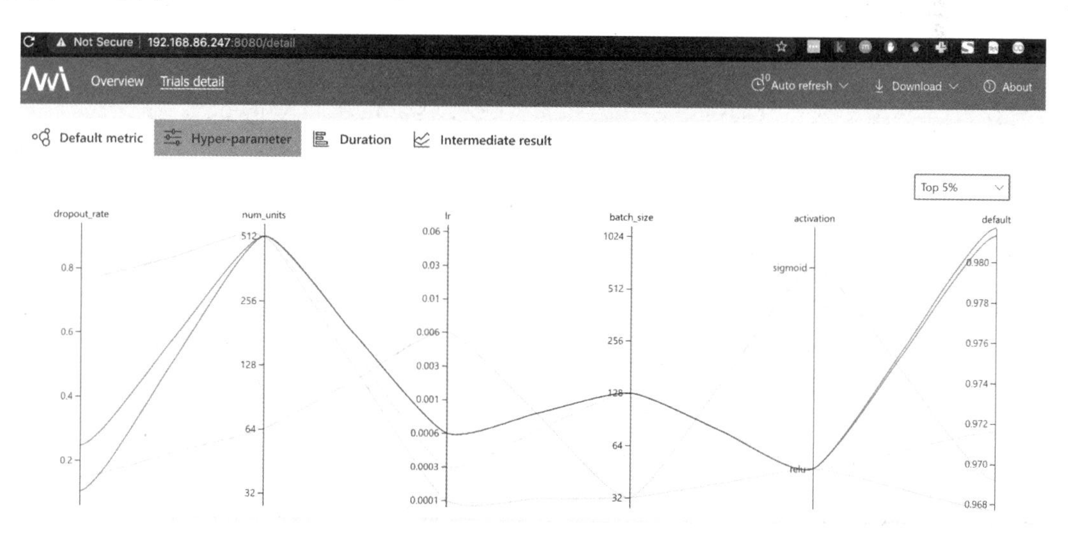

图 3.37　前 5%的超参数

NNI 还可以直观、深入地了解每个试验，可以在图 3.38 中看到所有试验作业。

Trial jobs

Compare | Add column | Id | Search by id

Trial No.	ID	Duration	Status	Default metric ↓	Operation
28	lS2fj	11s	SUCCEEDED	0.9807 (FINAL)	
27	mxn9S	8s	SUCCEEDED	0.9797 (FINAL)	
26	tMNvv	9s	SUCCEEDED	0.9794 (FINAL)	
21	lJJC1	8s	SUCCEEDED	0.9781 (FINAL)	
20	Rdm9Z	9s	SUCCEEDED	0.978 (FINAL)	
29	Ztsfn	9s	SUCCEEDED	0.9778 (FINAL)	
24	GVCUo	9s	SUCCEEDED	0.9777 (FINAL)	
14	z5bYY	16s	SUCCEEDED	0.9769 (FINAL)	
22	BHaar	8s	SUCCEEDED	0.9766 (FINAL)	
17	hHsqt	8s	SUCCEEDED	0.9757 (FINAL)	
23	pRRcL	8s	SUCCEEDED	0.9754 (FINAL)	
3	bbNlr	11s	SUCCEEDED	0.9663 (FINAL)	
18	sNSbm	14s	SUCCEEDED	0.9648 (FINAL)	
8	pof1Y	16s	SUCCEEDED	0.9648 (FINAL)	

图 3.38　列表

或者，可以深入单个作业，查看各种超参数，包括 dropout_rate、num_units、lr（学习率，learning rate）、batch_size、activation 和 default，如图 3.39 所示。

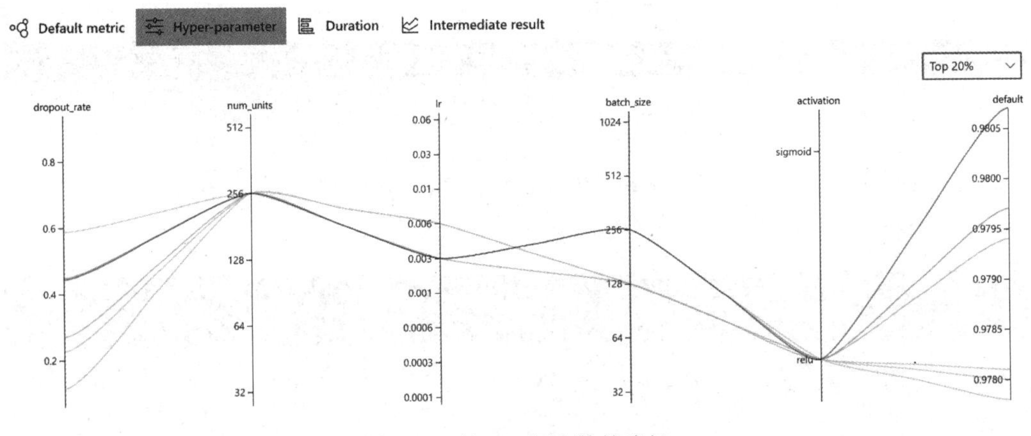

图 3.39　前 20%超参数的路径

从中能够十分详细地看到实验情况及超参数，这使得 NNI 成为自动机器学习的顶级开源工具之一。

在继续之前，要着重注意，就像 AutoGluon 是 AWS 自动机器学习产品的一部分一样，NNI 也是 Microsoft Azure 自动机器学习工具集的一部分，因此通过重复使用，它将变得更加强大和通用。

3.6　auto-sklearn

scikit-learn（又称 sklearn）是一个非常流行的 Python 开发机器学习库，由于其十分受欢迎，所以甚至有自己的 meme，如图 3.40 所示。

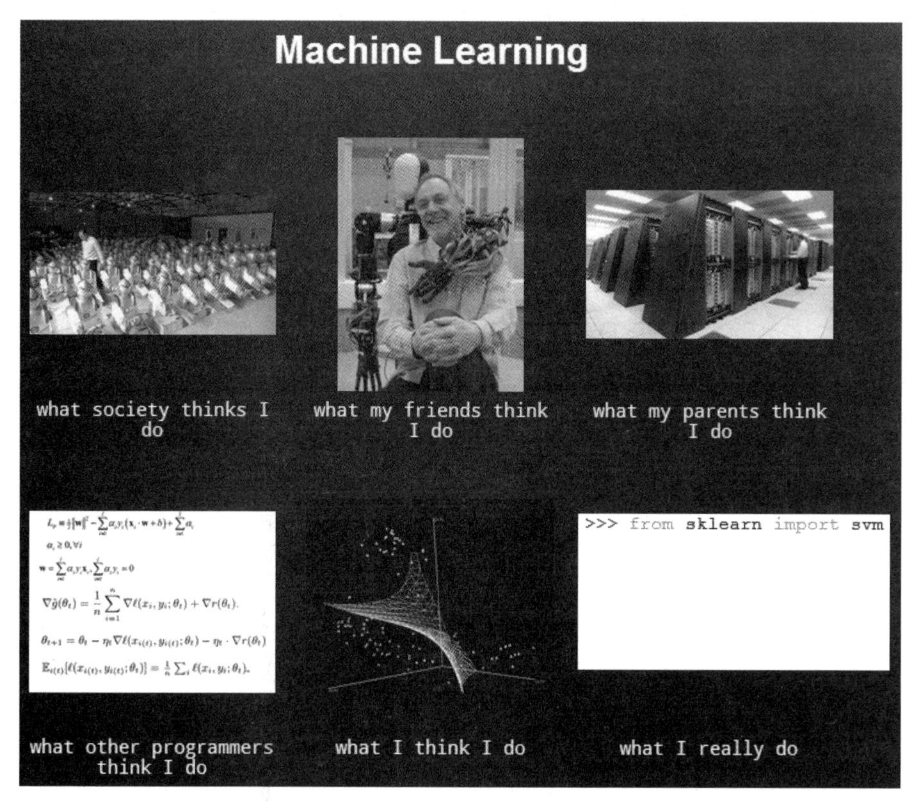

图 3.40　一个机器学习 meme

作为该生态系统的一部分，并基于 Feurer 等人的 *Efficient and Robust Automated Machine Learning* 的介绍，auto-sklearn 是一个自动机器学习工具包，使用贝叶斯优化（Bayesian Optimization）、元学习（Meta-learning）和集成构建（Ensemble construction）来执行算法选择和超参数调优。

该工具包可在 GitHub 上下载，见链接 3-18。

auto-sklearn 宣传其在执行自动机器学习时易于使用，因为它是一个四行自动机器学习工具，如图 3.41 所示。

```
>>> import autosklearn.classification
>>> cls = autosklearn.classification.AutoSklearnClassifier()
>>> cls.fit(X_train, y_train)
>>> predictions = cls.predict(X_test)
```

图 3.41　使用 auto-sklearn 完成自动机器学习：开始

如果这一语法看起来熟悉，那是因为这就是 scikit-learn 进行预测的方式，这使 auto-sklearn 成为最容易使用的库之一。auto-sklearn 使用 scikit-learn 作为其后端框架并通过自动集成构建（Ensembled construction）支持贝叶斯优化（Bayesian optimization）。

基于前文所讨论的组合算法选择和超参数优化（Combined Algorithm Selection and Hyperparameter optimization，CASH），auto-sklearn 解决了同时寻找最佳模型及其超参数

的问题。图 3.42 显示了一个 auto-sklearn 流水线。

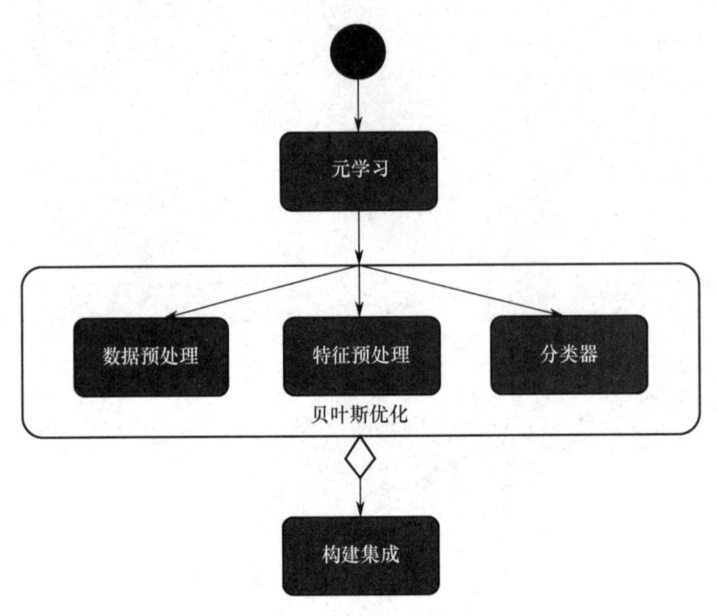

图 3.42 一个 auto-sklearn 流水线

底层自动机器学习“引擎”使用信息检索（Information Retrieval，IR）和统计元特征的方法来选择各种配置，所有这些配置都作为贝叶斯优化输入的一部分。这个过程是迭代的，auto-sklearn 保留了这些模型以创建一个集合，从而迭代地构建模型以最大化性能。

配置

在 Colab 上使用 auto-sklearn 可能较烦琐，因为需要安装必要的库才能开始，如图 3.43 所示。

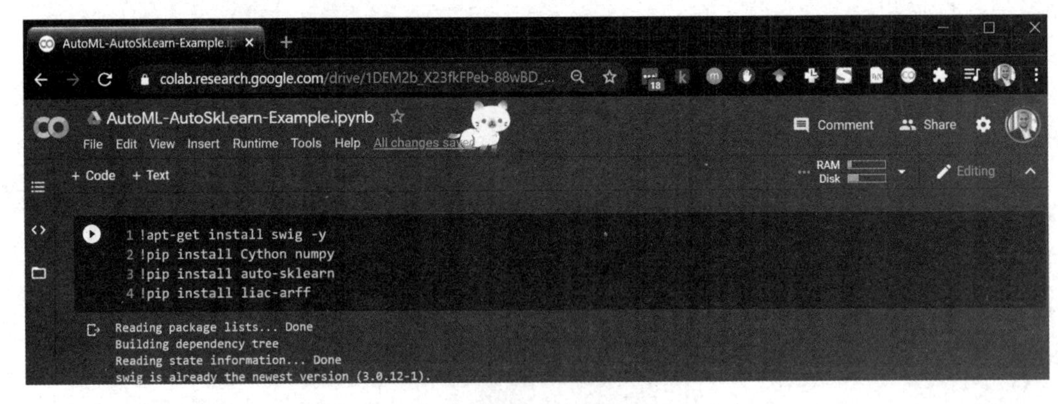

图 3.43 安装必要的库

安装后，需要在 Colab 中重新启动运行时间。还可以按照说明在本地机器上配置，见链接 3-4。

完成安装后，可以运行 auto-sklearn 分类器，并通过自动机器学习获得极高准确率的结果和超参数，如图 3.44 所示。

```
1 import autosklearn.classification
2 import sklearn.model_selection as cv
3 import sklearn.datasets
4 import sklearn.metrics
5 #from autosklearn.experimental.askl2 import AutoSklearn2Classifier
6
7
8 X, y = sklearn.datasets.load_digits(return_X_y=True)
9 X_train, X_test, y_train, y_test = \
10         sklearn.model_selection.train_test_split(X, y, random_state=1)
11 automl = autosklearn.classification.AutoSklearnClassifier()
12 automl.fit(X_train, y_train)
13 y_hat = automl.predict(X_test)
14 print("Accuracy score", sklearn.metrics.accuracy_score(y_test, y_hat))
15

Accuracy score 0.9888888888888889
```

图 3.44 为 auto-sklearn 分类器运行一个简单的实验

应该指出，auto-sklearn 2（auto-sklearn 的测试版本）也已发布，其中包括在自动配置和性能改进方面所做的最新工作。可以使用如下命令导入 auto-sklearn 2。

from auto-sklearn.experimental.askl2 import Auto-sklearn2Classifier

基本分类、回归和多标签分类数据集的示例，以及自定义 auto-sklearn 的高级示例，可在链接 3-19 中获得。

也可以尝试更改优化指标、训练集/验证集拆分、提供不同的特征类型、使用 Pandas DataFrame 和检查搜索过程等高级用例。这些高级示例还演示了如何使用 auto-sklearn 扩展回归（Extend Regression）、分类（Classification）和预处理器组件（Preprocessor Components），以及如何限制大量超参数。

3.7 AutoKeras

Keras 是使用最广泛的深度学习框架之一，是 TensorFlow 2.0 生态系统不可或缺的一部分。AutoKeras 基于 Jin 等人的论文（见链接 3-20），该论文提出了“一种实现贝叶斯优化的使用网络态射进行高效神经架构搜索的新方法”。AutoKeras 建立在这样一个概念上：由于现有的神经架构搜索算法（如 NASNet 和 PNAS）在计算上代价很高，因此使用贝叶斯优化来指导网络态射是探索搜索空间的有效方法。

该工具包可在 GitHub 上下载，见链接 3-21。

根据以下步骤安装 AutoKeras，并使用该库运行自动机器学习实验。

1．在 Colab 或 Jupyter Notebook 中运行 install 命令，安装 AutoKeras 和 Keras tuner。安装 AutoKeras 需要 tuner 大于 1.0.1 版本，发布的候选版本可以在 git uri 中找到，如图 3.45 所示。

```
1 !pip install autokeras
2 !pip install git+https://github.com/keras-team/keras-tuner.git@1.0.2rc1
3 !pip install tensorflow
```

图 3.45 安装

2．一旦满足了依赖项，就可以加载训练数据，如 MNIST 数据集，如图 3.46 所示。

```
1 import tensorflow as tf
2 from tensorflow.keras.datasets import mnist
3
4 (x_train, y_train), (x_test, y_test) = mnist.load_data()
5 print(x_train.shape)
6 print(y_train.shape)
7 print(y_train[:3])

Downloading data from https://storage.googleapis.com/tensorflow/tf-keras-datasets/mnist.npz
11493376/11490434 [==============================] - 0s 0us/step
(60000, 28, 28)
(60000,)
[5 0 4]
```

图 3.46　加载训练数据

3．现在可以获得 AutoKeras 并运行分类器的代码，本例中为图像分类器。AutoKeras 在计算分类指标时会显示数据的准确率，如图 3.47 所示。

```
1 import autokeras as ak
2
3 # Initialize the image classifier.
4 clf = ak.ImageClassifier(
5     overwrite=True,
6     max_trials=1)
7 # Feed the image classifier with training data.
8 clf.fit(x_train, y_train, epochs=10)

Search: Running Trial #1

Hyperparameter     |Value     |Best Value So Far
image_block_1/block_type|vanilla   |?
image_block_1/normalize|True      |?
image_block_1/augment|False      |?
image_block_1/conv_block_1/kernel_size|3         |?
image_block_1/conv_block_1/num_blocks|1         |?
image_block_1/conv_block_1/num_layers|2         |?
image_block_1/conv_block_1/max_pooling|True       |?
image_block_1/conv_block_1/separable|False      |?
image_block_1/conv_block_1/dropout|0.25      |?
image_block_1/conv_block_1/filters_0_0|32        |?
image_block_1/conv_block_1/filters_0_1|64        |?
classification_head_1/spatial_reduction_1/reduction_type|flatten    |?
classification_head_1/dropout|0.5        |?
optimizer          |adam      |?
learning_rate      |0.001     |?

Epoch 1/10
  90/1500 [>.............................] - ETA: 1:42 - loss: 0.7316 - accuracy: 0.7750
```

图 3.47　运行时期

4．快速推进拟合过程，可以看到超参数和模型，接着可以预测测试特征的结果。将得到以下结果，如图 3.48 及图 3.49 所示。

```
1 # Predict with the best model.
2 print (x_test)
3 predicted_y = clf.predict(x_test)
4 print(predicted_y)

[[[0 0 0 ... 0 0 0]
  [0 0 0 ... 0 0 0]
  [0 0 0 ... 0 0 0]
  ...
  [0 0 0 ... 0 0 0]
  [0 0 0 ... 0 0 0]
  [0 0 0 ... 0 0 0]]

 [[0 0 0 ... 0 0 0]
  [0 0 0 ... 0 0 0]
  [0 0 0 ... 0 0 0]
```

图 3.48　使用 predict 命令预测最佳模型

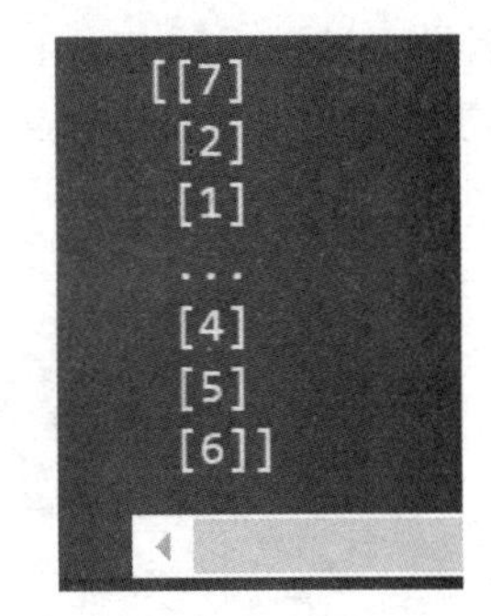

图 3.49　最佳模型的结果

有了这些结果，可以分别在训练集和测试集上评估准确率指标，如图 3.50 所示。

```
1 # Evaluate the best model with testing data.
2 print(clf.evaluate(x_test, y_test))

WARNING:tensorflow:Unresolved object in checkpoint: (root).optimizer.iter
WARNING:tensorflow:Unresolved object in checkpoint: (root).optimizer.beta_1
WARNING:tensorflow:Unresolved object in checkpoint: (root).optimizer.beta_2
WARNING:tensorflow:Unresolved object in checkpoint: (root).optimizer.decay
WARNING:tensorflow:Unresolved object in checkpoint: (root).optimizer.learning_rate
WARNING:tensorflow:A checkpoint was restored (e.g. tf.train.Checkpoint.restore or tf.keras.Mo
313/313 [==============================] - 5s 16ms/step - loss: 0.0332 - accuracy: 0.9893
[0.03324095159769058, 0.989300012588501]
```

图 3.50　用测试数据评估最佳模型

与 TPOT 一样，可以使用 model.save 方法轻松导出模型，并在之后将其用于评估。可以在 Colab Notebook 的左侧窗格中看到存储在 model_autokeras 文件夹中的模型，如图 3.51 所示。

```
image_classifier
model_autokeras
  assets
  variables
  saved_model.pb
sample_data
```

```
1 # Export as a Keras Model.
2 model = clf.export_model()
3 print(type(model))  # <class 'tensorflow.python.keras.engine.training.Model'>
4
5 try:
6     model.save("model_autokeras", save_format="tf")
7 except:
8     model.save("model_autokeras.h5")
```

图 3.51　导出为 Keras 模型

5．模型保存后，可使用 load_model 调用数据，并对其进行预测，如图 3.52 所示。

```
1 from tensorflow.keras.models import load_model
2
3 loaded_model = load_model("model_autokeras", custom_objects=ak.CUSTOM_OBJECTS)
4
5 predicted_y = loaded_model.predict(x_test)
6 print(predicted_y)

[[1.04031775e-11 9.33228213e-13 3.23597726e-09 ... 1.00000000e+00
  1.17060192e-12 1.85679241e-08]
 [4.87752505e-10 1.90604410e-07 9.99998689e-01 ... 7.58147953e-14
  1.23664350e-08 2.22702485e-13]
 [6.41350306e-10 9.99989390e-01 3.39003947e-07 ... 2.34114125e-07
  9.20917387e-08 2.21865425e-11]
 ...
 [4.93693844e-13 1.76908531e-12 3.52099534e-14 ... 6.91528346e-09
  1.48345379e-07 4.70826649e-08]
 [1.18143204e-10 1.15603967e-15 7.66210359e-12 ... 1.39525295e-12
  4.68984922e-07 8.58040028e-11]
 [1.64026692e-09 3.16855014e-16 2.26211161e-09 ... 1.00495569e-16
  8.35135960e-09 3.97002526e-12]]
```

图 3.52　预测值

AutoKeras 使用高效神经架构搜索（Efficient Neural Architecture Search，ENAS），这是一种类似于迁移学习的方法。与集成一样，在搜索过程中学习到的超参数可以重复用于其他模型，这有助于避免重新训练并提供更好的性能。

在结束对开源库的概述前，还要介绍两个优秀且易于使用的自动机器学习框架：Ludwig 和 AutoGluon。

3.8 Ludwig

Uber 的自动机器学习工具 Ludwig 是一个开源深度学习工具箱，用于参与实验、测试和训练机器学习模型。Ludwig 建立在 TensorFlow 之上，使用户能够创建模型基准，并使用不同的网络架构和模型执行自动机器学习式的实验。在其最新版本中，Ludwig 与 CometML 集成，并支持 BERT 文本编码器。

该工具包可在 GitHub 上下载，见链接 3-22。

此外也有很多关于此工具箱的很好的例子，见链接 3-23。

3.9 AutoGluon

基于 AWS 实验室的机器学习大众化的目标，AutoGluon 被描述为“易于使用和易于扩展的自动机器学习，专注于深度学习和跨越图像、文本或者表格数据的真实世界的应用程序”。AutoGluon 作为 AWS 自动机器学习策略不可或缺的一部分，无论是初级的还是经验丰富的数据科学家都可以轻松构建深度学习模型和端到端解决方案。与其他自动机器学习工具包一样，AutoGluon 提供了网络架构搜索、模型选择及改进自定义模型的能力。

该工具包可在 GitHub 上下载，见链接 3-24。

3.10 小结

本章介绍了一些用于自动机器学习的主要开源工具，包括 TPOT、Featuretools、Microsoft NNI、auto-sklearn 和 AutoKeras 等。提供这些工具是为了帮助理解第 2 章中讨论过的概念，以及每个库中使用的底层方法。

下一章将从 Microsoft Azure 平台开始，对商业自动机器学习产品进行深入的介绍。

本章链接

扩展阅读

第4章 Azure Machine Learning

“作为一名技术专家，我看到人工智能和第四次工业革命将如何影响人们生活的方方面面。”

—— Fei-Fei Li，斯坦福大学计算机科学教授

上一章介绍了主要的自动机器学习开源软件（Open Source Software, OSS）工具和库。浏览了主要的开源软件产品，包括 TPOT、AutoKeras、auto-sklearn、Featuretools 和 Microsoft NNI，并帮助读者理解每个库中使用的不同的价值主张和方法。

本章开始探索许多商业产品中的第一个，即 Azure 在自动机器学习方面的功能。Azure Machine Learning 是 Microsoft 人工智能生态系统的一部分，利用 Azure 平台和服务的强大功能，加速端到端机器学习的生命周期。本章将从用于构建和部署模型的企业级机器学习服务开始介绍，该服务能够使开发人员和数据科学家更快地构建、训练和部署机器学习模型。通过示例和演练，读者可学习使用 Azure 构建和部署自动机器学习解决方案的基础知识。

4.1 Azure Machine Learning 入门

不久前，如果想在 Azure 平台的生产环境中使用机器学习，需要将多个不同的服务组合在一起使用，才能支持完整的机器学习生命周期。

例如，为了使用数据集，需要存储仓库，如 Azure Blob Storage 或 Azure Data Lake Storage。在计算方面，需要单独的虚拟机，并使用 HDInsight 的 Spark 集群或 Azure Databricks 来实际运行模型代码。为了保护企业的数据，需要引入虚拟网络，或在同一个虚拟网络中配置计算和数据，同时使用 Azure Key Vault 来管理和保护凭据。为了使用一套一致的机器学习库及其不同版本为实验提供可重复性，需要创建 Docker 容器并使用 Azure Container Registry 来存储这些 Docker 容器。需要将其放在虚拟网络中，然后使用 Azure Kubernetes Service。这一切听起来像是要拼凑使用多个功能，才能让机器学习和所有模型正常工作。

然而，这一点后来有了改善，通过 Azure Machine Learning 服务，Microsoft 消除了这种复杂性。作为一项托管服务，Azure Machine Learning 带有自己的计算、托管笔记本及

内置的模型管理、版本控制和模型再现功能。可以在现有 Azure 服务之上将其分层。例如，可以插入已有的计算和存储及其他基础设施服务。Azure Machine Learning 在一个单一的环境中连接并协调它们，这样就有一个端到端的模块化平台，用于整个机器学习生命周期，方便准备数据、构建、训练、打包和部署机器学习模型。

Microsoft 的 Azure Machine Learning 开发小组提供了一个很好的备忘单（见链接 4-1），可为手头的预测分析任务选择最佳机器学习算法。无论是在类别之间进行预测、发现结构还是从文本中提取信息，在图 4.1 所示的流程中，都可以根据需要找出最佳算法。

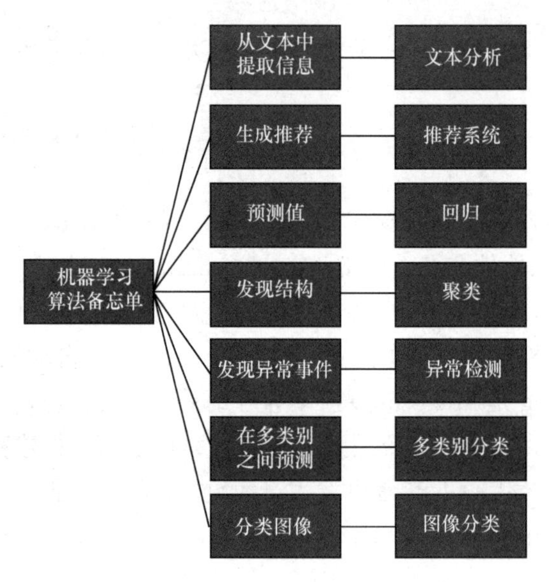

图 4.1　机器学习算法备忘单

Azure Machine Learning 服务为平民数据科学家提供了理想的工作环境，包括为他们配置的服务、工具和几乎所有的东西，而他们不必编译这些单独的服务，这种便利有助于他们做最重要的事情——解决业务问题。行业专家们也不需要学习如何使用新工具，可以直接使用 Jupyter Notebook、喜欢的 Python 编辑器——包括 VS Code 和 PyCharm。此外，Azure Machine Learning 可以与任何 Python 机器学习框架库一起使用，如 TensorFlow、PyTorch、scikit-learn 等。这让机器学习生命周期大大缩短，让一切工作启动运行。在本章中，当逐步使用 Azure Machine Learning 服务构建一个分类模型时，可以看到其中一些示例。

4.2　Azure Machine Learning 栈

Azure 生态系统非常广泛，本章将重点介绍其与人工智能和机器学习相关的云产品，尤其是 Azure Machine Learning 服务。

图 4.2 显示了 Azure 云中可用于机器学习的部分产品。

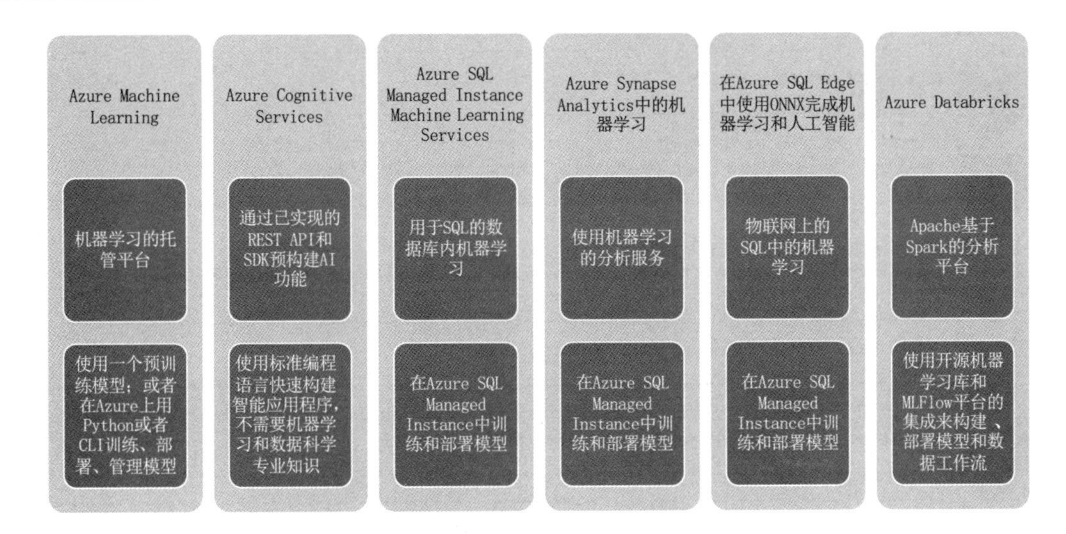

图 4.2　Azure 云中可用于机器学习的部分产品

访问链接 4-2 可获取上述产品的更多信息。

在众多产品中，应选择哪种 Azure Machine Learning 产品可能会让人困惑。图 4.3 对根据给定的业务和技术场景选择正确的产品给出了参考。

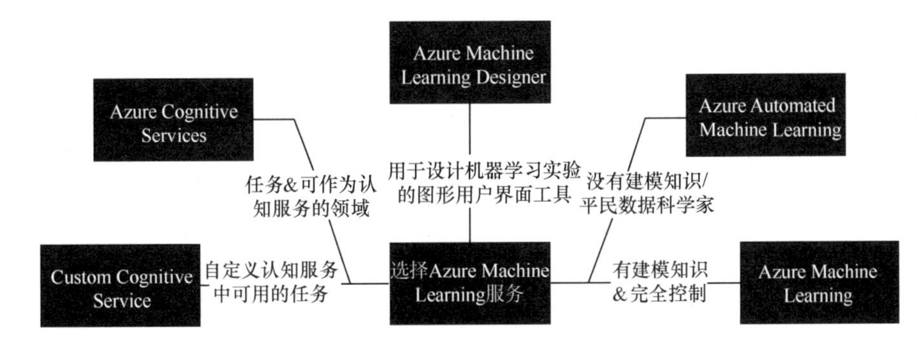

图 4.3　Azure Machine Learning 决策流程

自动机器学习是 Azure Machine Learning 服务功能的一部分。其他功能包括协作笔记本、数据标记、机器学习运算符（MLOP）、拖拽式机器学习、自动扩展计算（Auto Scaling Compute）功能及许多其他工具。

Azure 提供的人工智能和机器学习功能非常全面，可从 Microsoft Learn 上详细了解这些功能，见链接 4-3。

Azure Machine Learning 服务几乎可以提供数据科学家所需的一切，包括环境、实验、流水线、数据集、模型、终结点和工作区，这有助于启用其他 Azure 资源，例如：

- Azure Container Registry（ACR），存储了有关训练和部署期间使用的 Docker 容器的信息；
- Azure Storage Account，机器学习工作区的默认数据存储，还存储相关的 Jupyter notebook；

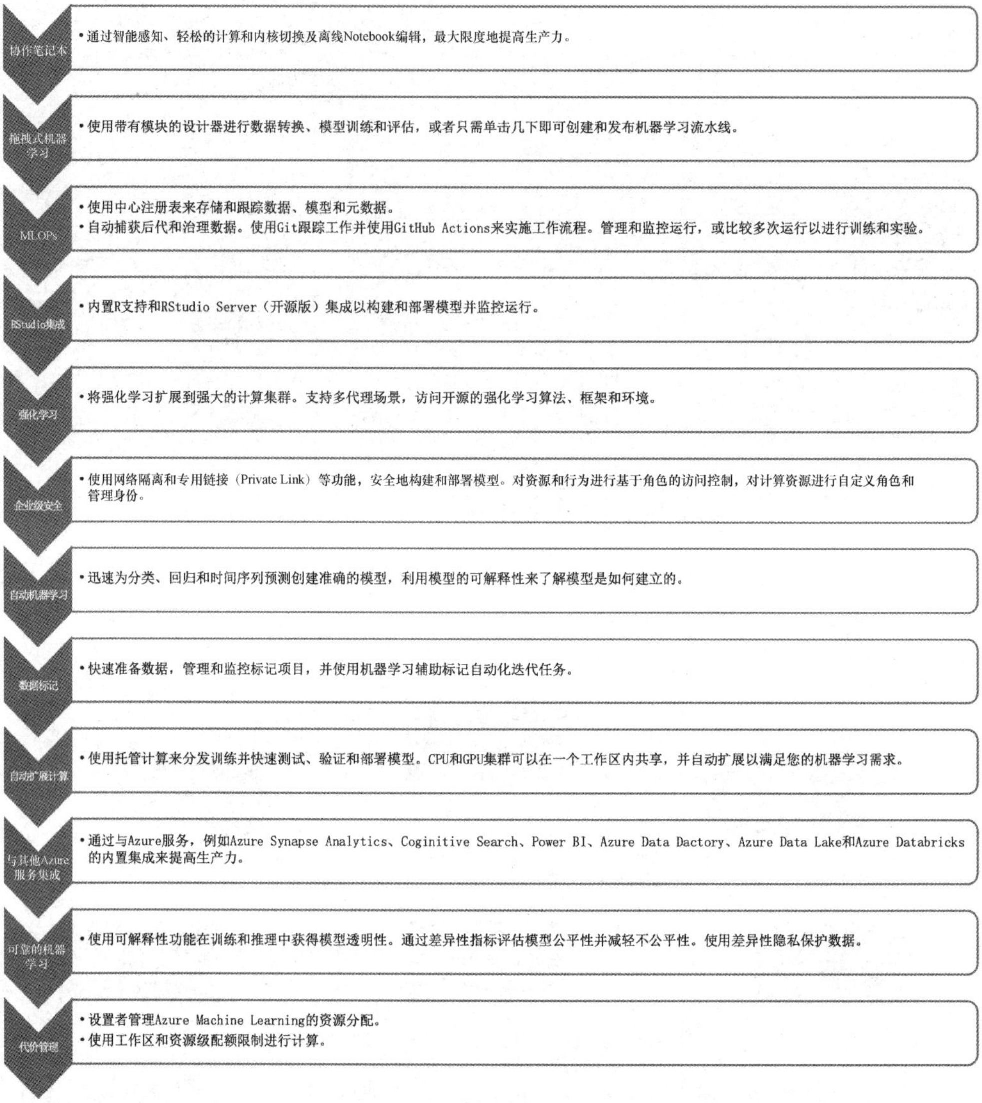

协作笔记本
• 通过智能感知、轻松的计算和内核切换及离线Notebook编辑，最大限度地提高生产力。

拖拽式机器学习
• 使用带有模块的设计器进行数据转换、模型训练和评估，或者只需单击几下即可创建和发布机器学习流水线。

MLOPs
• 使用中心注册表来存储和跟踪数据、模型和元数据。
• 自动捕获后代和治理数据。使用Git跟踪工作并使用GitHub Actions来实施工作流程。管理和监控运行，或比较多次运行以进行训练和实验。

RStudio集成
• 内置R支持和RStudio Server（开源版）集成以构建和部署模型并监控运行。

强化学习
• 将强化学习扩展到强大的计算集群。支持多代理场景，访问开源的强化学习算法、框架和环境。

企业级安全
• 使用网络隔离和专用链接（Private Link）等功能，安全地构建和部署模型。对资源和行为进行基于角色的访问控制，对计算资源进行自定义角色和管理身份。

自动机器学习
• 迅速为分类、回归和时间序列预测创建准确的模型，利用模型的可解释性来了解模型是如何建立的。

数据标记
• 快速准备数据，管理和监控标记项目，并使用机器学习辅助标记自动化迭代任务。

自动扩展计算
• 使用托管计算来分发训练并快速测试、验证和部署模型。CPU和GPU集群可以在一个工作区内共享，并自动扩展以满足您的机器学习需求。

与其他Azure服务集成
• 通过与Azure服务，例如Azure Synapse Analytics、Coginitive Search、Power BI、Azure Data Dactory、Azure Data Lake和Azure Databricks的内置集成来提高生产力。

可靠的机器学习
• 使用可解释性功能在训练和推理中获得模型透明性。通过差异性指标评估模型公平性并减轻不公平性。使用差异性隐私保护数据。

代价管理
• 设置者管理Azure Machine Learning的资源分配。
• 使用工作区和资源级配额限制进行计算。

图 4.4 Azure Machine Learning 关键服务功能

- Azure Application Insights，存储了模型监控信息；
- Azure Key Vault，用于计算和工作区所需的凭据和其他机密。

要训练任何机器学习算法，都需要具备处理能力，即计算资源。Azure 支持各种不同的计算资源，从本地计算机到远程虚拟机。图 4.5 展示了 Azure Machine Learning 训练目标。

如图 4.5 所示，可以使用本地计算机、计算集群、远程虚拟机和各种其他训练目标来运行自动机器学习工作负载。

在一步步的演练中，可以看到如何创建和选择一个计算目标。最后，所有机器学习算法都需要操作化和部署。那句臭名昭著的格言“这在我的机器上可以运行”可以到此为止。因此，需要一个部署的计算资源来托管模型并提供一个终结点。

训练目标	自动机器学习	机器学习流水线
本地计算机	支持	
Azure Machine Learning Compute Cluster	支持超参数调优（Hyperparameter Tuning）	支持
Azure Machine Learning Compute Instance	支持超参数调优（Hyperparameter Tuning）	支持
远程虚拟机（VM）	支持超参数调优（Hyperparameter Tuning）	支持
Azure Databricks	支持（仅限 SDK 本地模式）	支持
Azure Data Lake Analytic		支持
Azure HDInsight		支持
Azure Batch		支持

图 4.5　Azure Machine Learning 训练目标

这是服务所在及被使用的位置，也被称为用于部署的计算目标。图 4.6 显示了不同类型的部署目标。

计算目标	用途	GPU/FPGA 支持	描述
本地网页服务	测试/调试		用于有限的测试和故障排除。硬件加速取决于本地系统中库的使用。
Azure Machine Learning compute instance 网页服务	测试/调试		用于有限的测试和故障排除。
Azure Kubernets Service (AKS)	实时推理	通过网络服务部署支持 GPU。支持 FPGA。	用于大规模生产部署。为已部署的服务提供快速响应时间和自动扩展。Azure Machine Learning SDK 不支持集群自动扩展。若要更改 AKS 群集中的节点，请在 Azure 门户中使用 AKS 群集的用户界面。AKS 是设计人员唯一可用的选项。
Azure Container Instances	测试或开发	通过机器学习流水线支持 GPU。	用于基于 CPU 的小规模工作负载，需要少于 48GB 的 RAM。
Azure Machine Learning compute clusters	批量推理		在无服务器计算上运行批量评分。支持普通和低优先级的虚拟机。
Azure Functions	（预览）实时推理		
Azure IOT Edge	（预览）物联网模块		在物联网设备上部署和提供机器学习模型。
Azure Data Box Edge	通过 IOT Edge	支持 FPGA。	在物联网设备上部署和提供机器学习模型。

图 4.6　Azure Machine Learning 计算目标

通过对 Azure Machine Learning 功能的介绍，继续逐步探索如何使用 Azure Machine Learning 服务构建一个分类模型。

4.3 Azure Machine Learning 服务

本节将探索使用 Azure Machine Learning 创建分类模型的分布演练。

1．注册一个 Microsoft 帐户，然后登录 Azure Machine Learning 门户（见链接 4-4）。这里可以看到机器学习工作室，首先会看到一个服务订阅启动页，如图 4.7 所示。订阅 Azure 本质上是为服务付费的方式。对于一个全新的用户，Azure 会提供 200 美元的信用额度让您熟悉起来。请确保在您不使用资源时关闭资源，不要让数据中心的标识亮着。

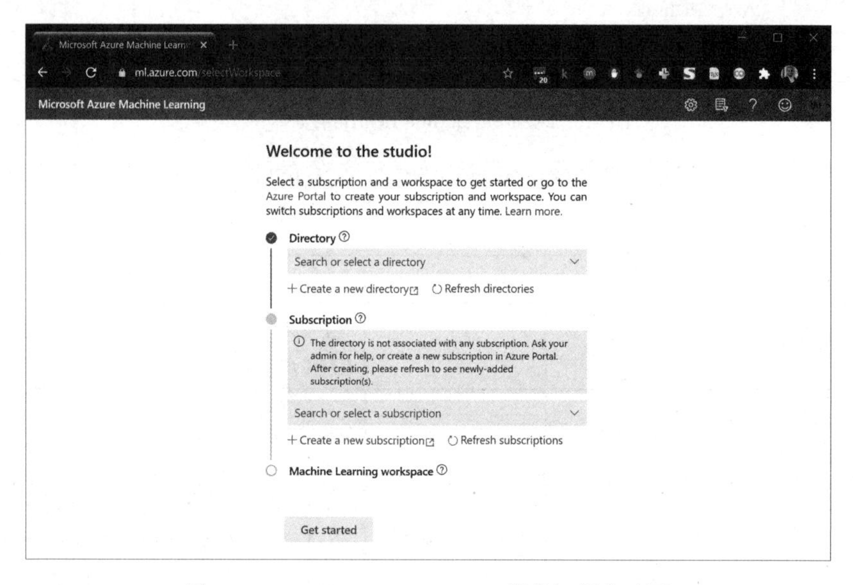

图 4.7 Azure Machine Learning 服务订阅启动页

2．在图 4.8 中，可以看到被要求选择一种订阅方式。在这个例子中，可选择免费试用（Free Trail）来探索服务，也可以选择按需付费（Pay-As-You-Go）。

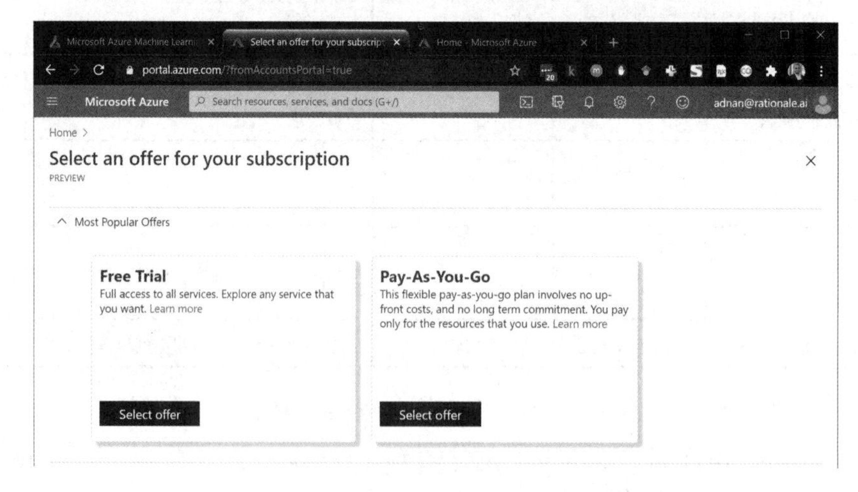

图 4.8 Azure Machine Learning 服务订阅选择页

3．选择了订阅后，将跳转至 Azure 门户主页，单击“创建资源”（Create a resource）并选择“机器学习”（Machine Learning）服务，如图 4.9 所示。

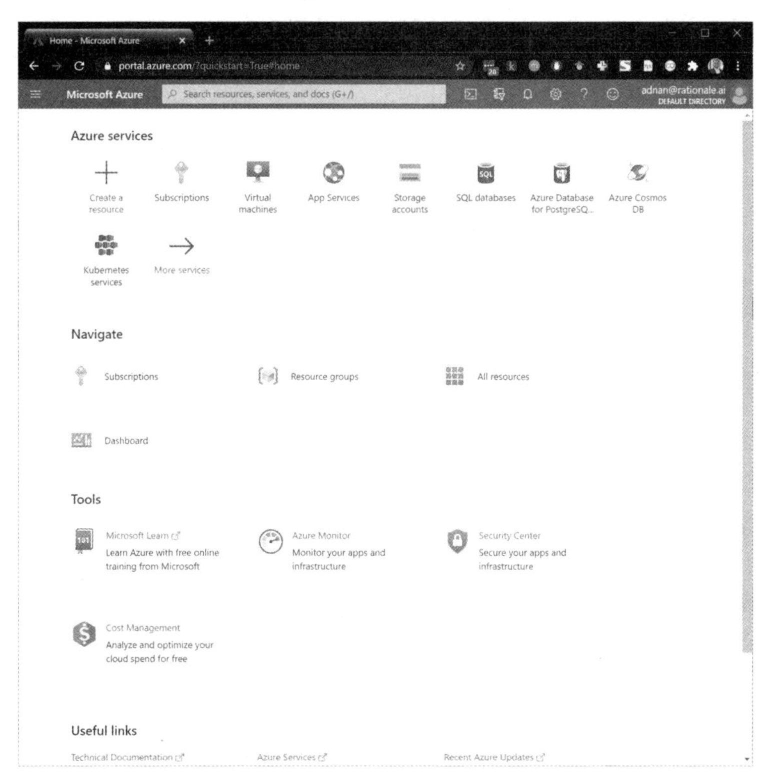

图 4.9　Azure 门户主页

选择“机器学习”（Machine Learning）服务后，可以看到如图 4.10 所示页面，创建 Azure Machine Learning 服务。可以在此处创建一个或多个机器学习工作区。现在单击“创建 Azure 机器学习”（Create azure machine learning）按钮继续。

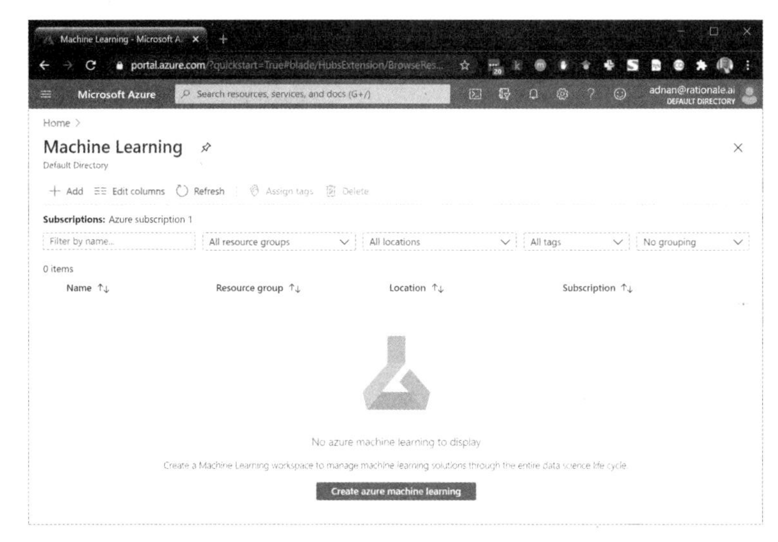

图 4.10　门户中的 Azure Machine Learning 服务启动页

4．单击“Create azure machine learning”按钮后，进入如图 4.11 所示的页面，创建机器学习工作区。在此处可选择订阅、创建资源组并选择地理区域。

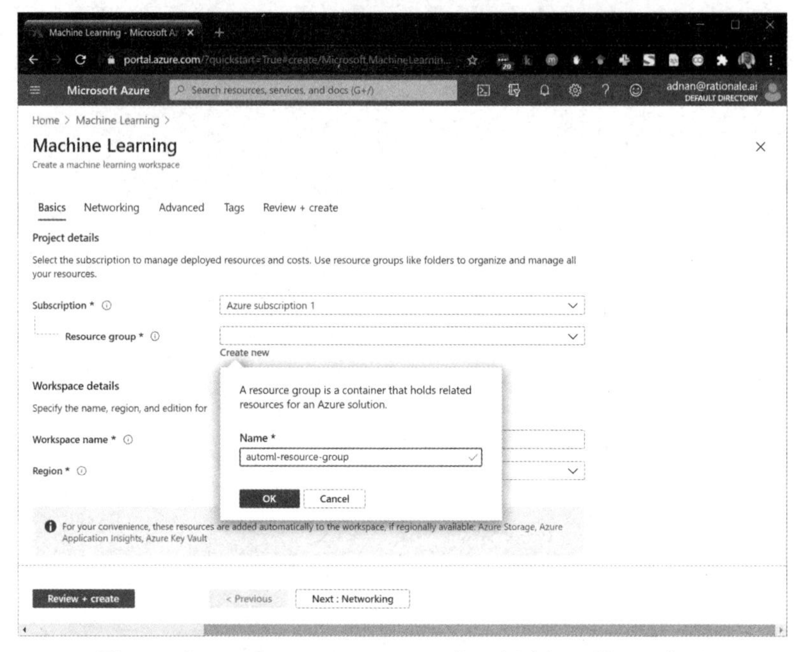

图 4.11　Azure Machine Learning 服务：创建机器学习工作区

5．图 4.12 显示了创建机器学习工作区需要填写的表格，将这个工作区命名为 auto-ml-workspace。一个资源组（Resource group）充当了不同资源集合的容器，因此也是相关资产（计算、存储等）的容器。

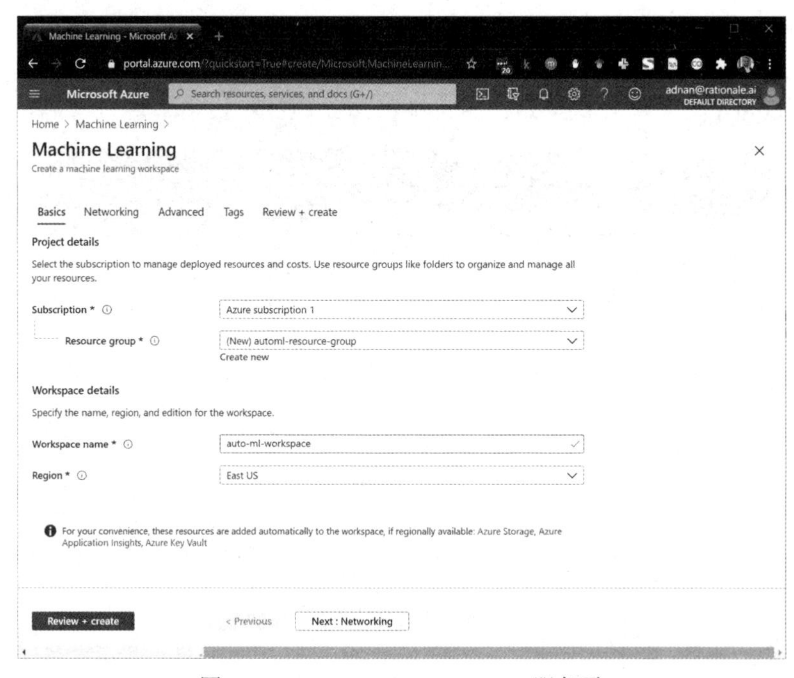

图 4.12　Azure Machine Learning 服务页

工作区可以包含计算实例、实验、数据集、模型、部署终结点等，并且是 Azure Machine Learning 中的顶级资源。可以参考如图 4.13 所示的 Azure 工作区细分。

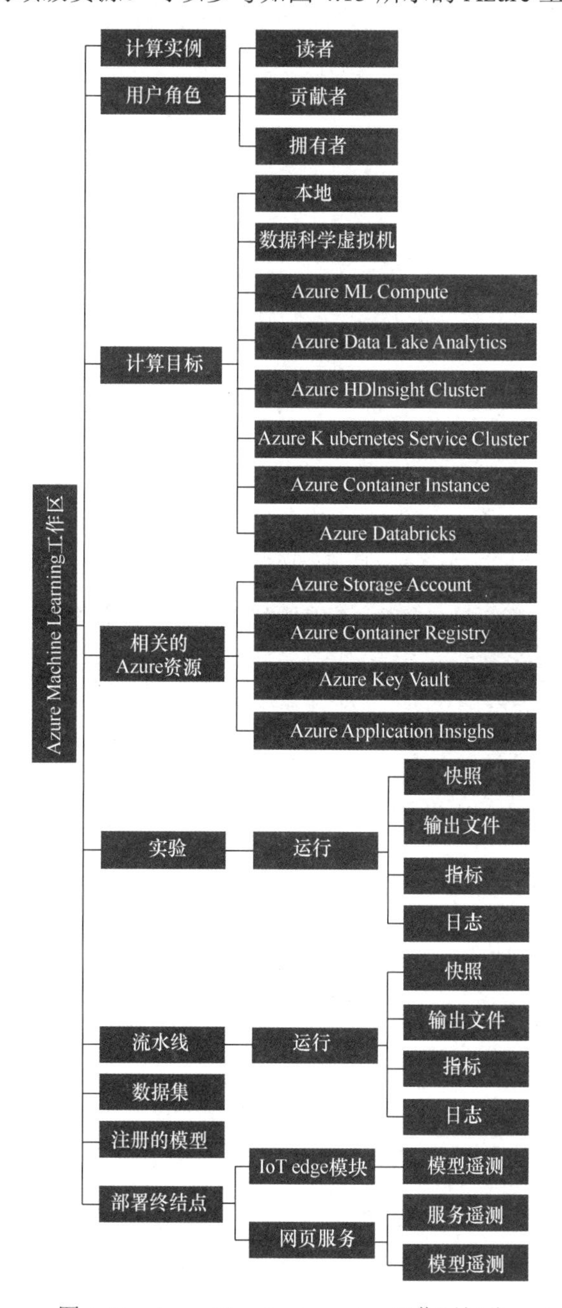

图 4.13　Azure Machine Learning 工作区细分

单击“项目详细信息”（Project details）下的“创建”（Create）按钮后，机器学习服务将被部署，相关的附属项也将被创建。这可能需要花几分钟，接下来就可以看到如图 4.14 所示内容。

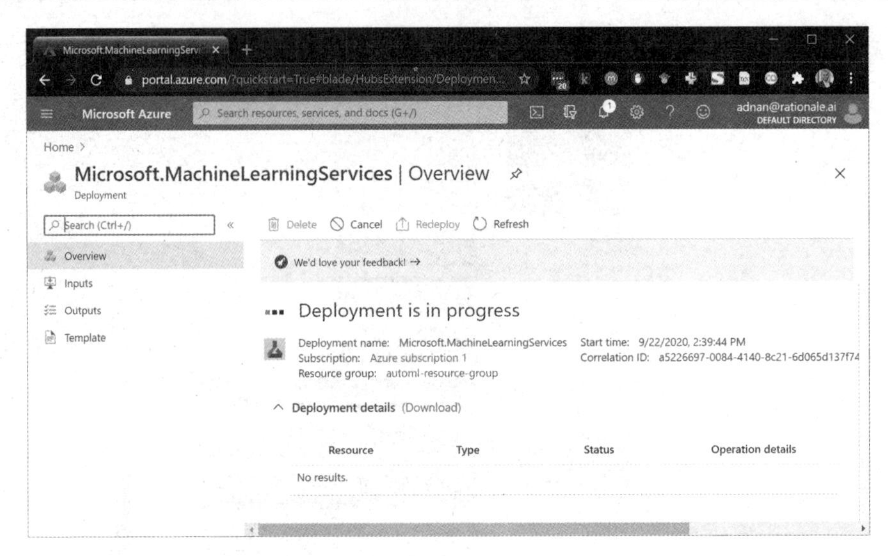

图 4.14　Azure Machine Learning 服务部署

6．部署完成后，可以看到资源组及其相关的资源，如图 4.15 所示。现在单击“转到资源”（Go to resource）按钮，跳转至机器学习工作区。

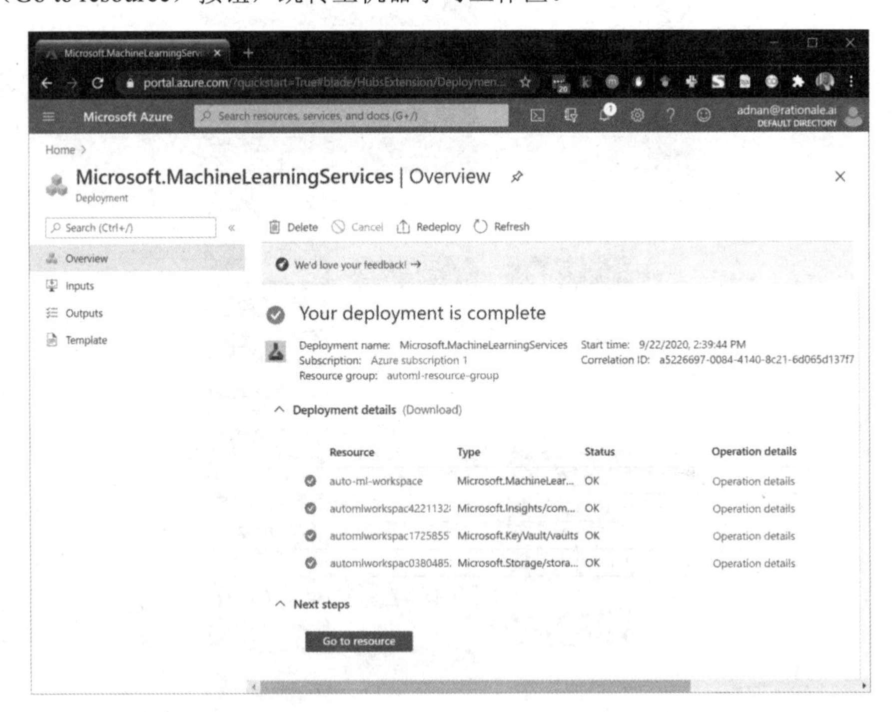

图 4.15　Azure Machine Learning 服务部署完成

7．这是机器学习工作区。在这里，可以看到资源组（Resource group）、订阅（Subscription）、密钥保管库（Key Vault）和所有重要的详细高级信息，但还没有进入机器学习领域（ML arena）。还需要一次单击。继续单击“启动工作室”（Launch studio）按钮，跳转到机器学习工作室，如图 4.16 所示。

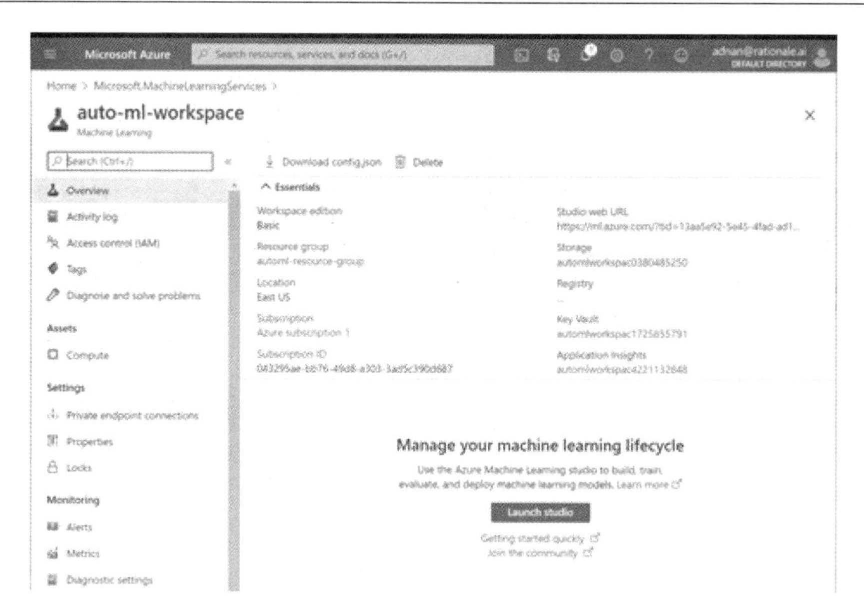

图 4.16　用于启动工作室的 Azure Machine Learning 工作区控制台

8．现在，图 4.17 所示就是一直等待的画面：机器学习工作室。单击“开始旅程”（Start the tour）按钮开始。

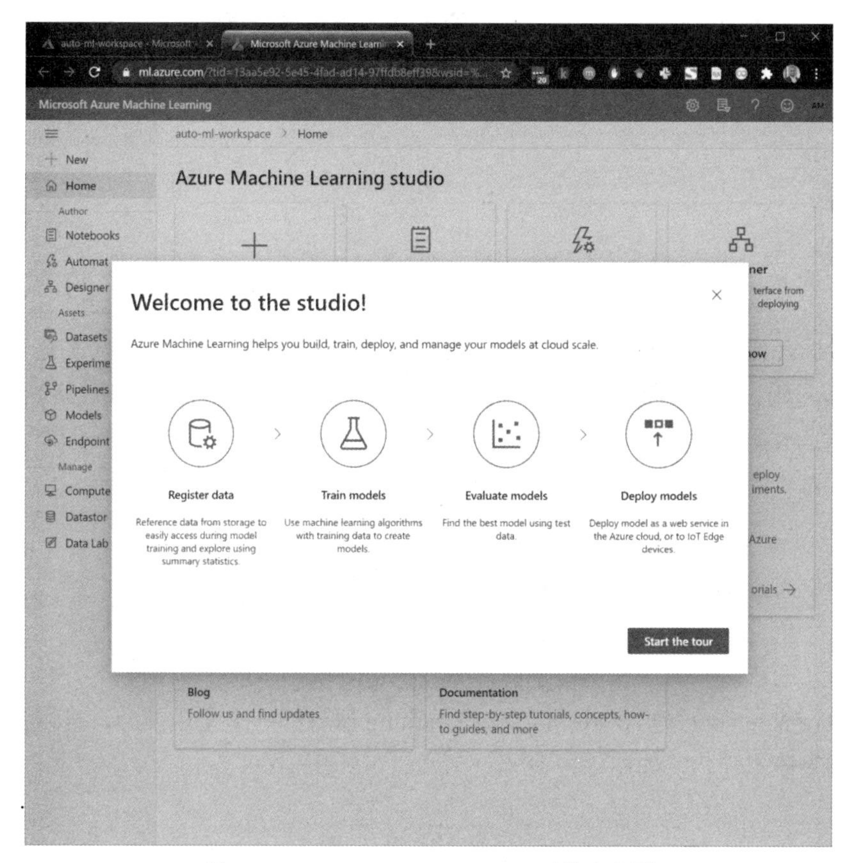

图 4.17　Azure Machine Learning 工作室主页

图 4.18 显示了 Azure Machine Learning 工作室。过去有一个“经典”（classsic）版本，但已不再运行，所以这里只关注这个新的基于网络的门户，它可以完成机器学习的所有事情。在左侧窗格中，可以看到所有不同的产品，这些产品也可以通过下拉菜单提供。

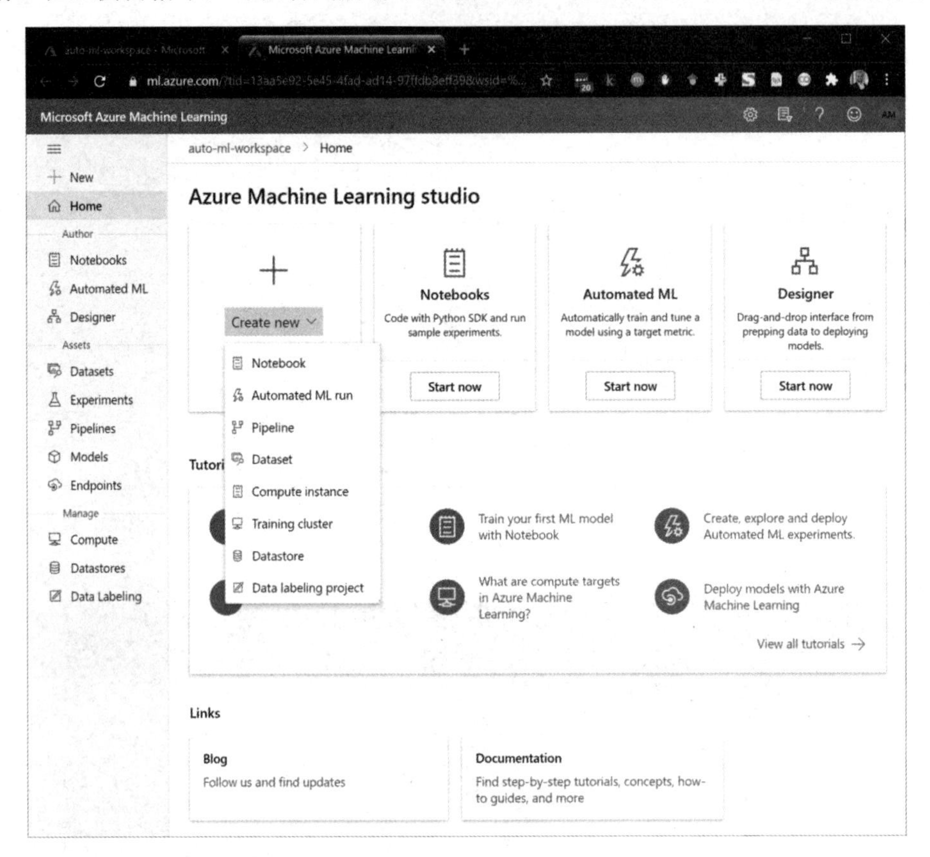

图 4.18 Azure Machine Learning 工作室主页

用户界面现代、干净且高效。可以从创建一个新的笔记本、一个自动机器学习实验或一个设计器开始。这些产品中的每一个都有不同的用途，但它们具有相似的底层基础架构。笔记本是数据科学家动手实践的绝佳工具，而自动机器学习实验的目标是人工智能大众化。设计器界面提供的拖放功能便于用户准备数据和部署模型。

4.4 使用 Azure Machine Learning 建模

在创建自动机器学习工作流程之前，先从一个简单的 Azure Notebook 开始。

1. Azure Notebook 是 Azure Machine Learning 服务的一个集成部分，可以从创建或使用一个示例笔记本开始，如图 4.19 所示。

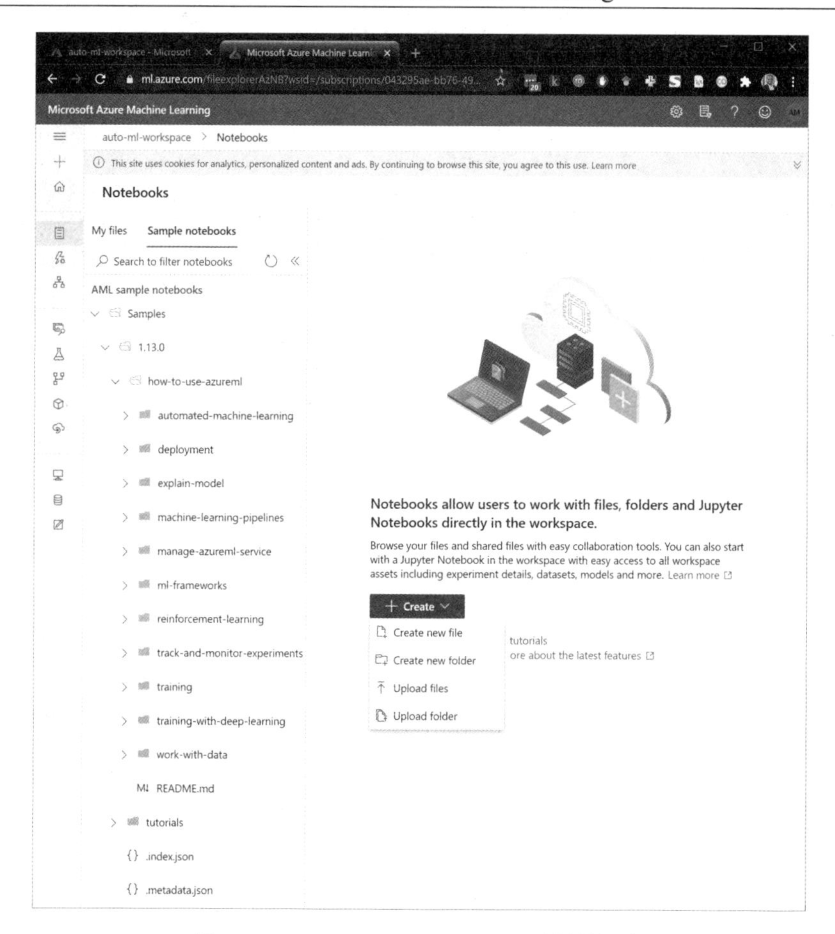

图 4.19　Azure Machine Learning 示例笔记本

2. 如图 4.20 所示，在左侧窗格的“搜索过滤笔记本”（Search to filter notebooks）框中，搜索 mnist，它将过滤后显示笔记本。选择 image-classification-part1-training.ipynb 文件，在右侧窗格中查看笔记本，然后单击“复制此笔记本”（Clone this notebook）按钮，创建副本。

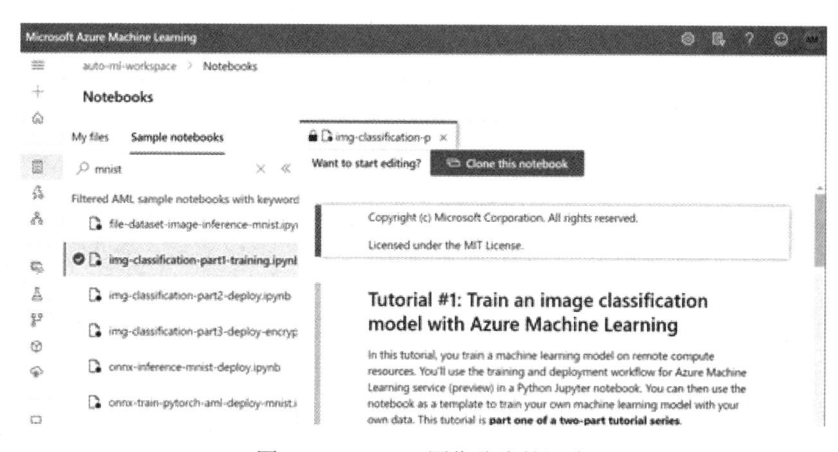

图 4.20　MNIST 图像分类笔记本

3．单击“复制此笔记本”（Clone this notebook）按钮来复制笔记本。复制笔记本会将笔记本和相关配置复制到用户文件夹中，如图 4.21 所示。此步骤将笔记本和 yml 配置文件复制到用户目录。

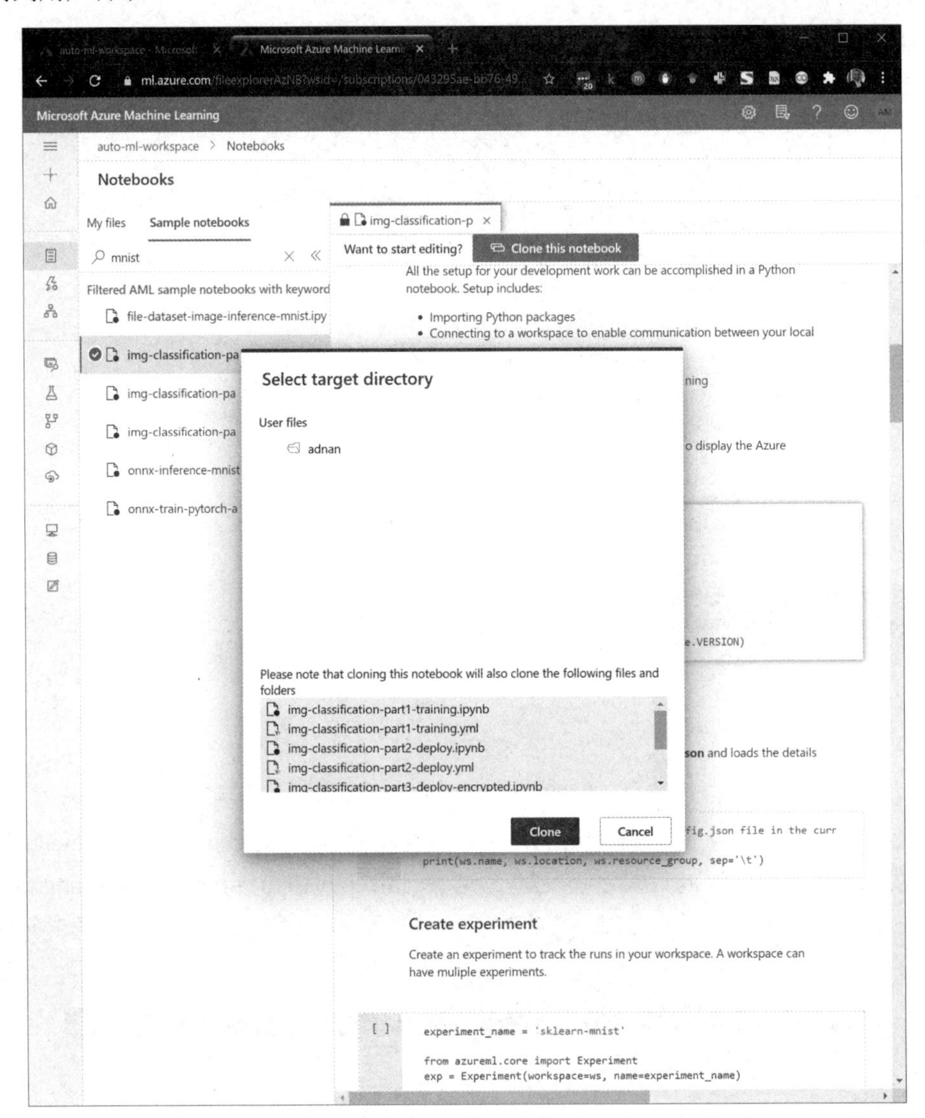

图 4.21　MNIST 图像分类笔记本

4．现在已经复制了资料，还需要拥有一个计算目标。如果没有实际运行笔记本的机器，就无法运行它，但在 Google Colab 或本地能够运行代码。在这个例子中，在 Azure 上运行此工作负载，这要求更明确地说明工作意图，因此必须创建一个计算目标才能继续。单击“创建计算”（Create compute）按钮，如图 4.22 所示。

5．单击“创建计算”（Create compute）按钮后，可以看到所提供的计算选项类型及其相关费用，如图 4.23 所示。选择更大更好的硬件会花费更多。

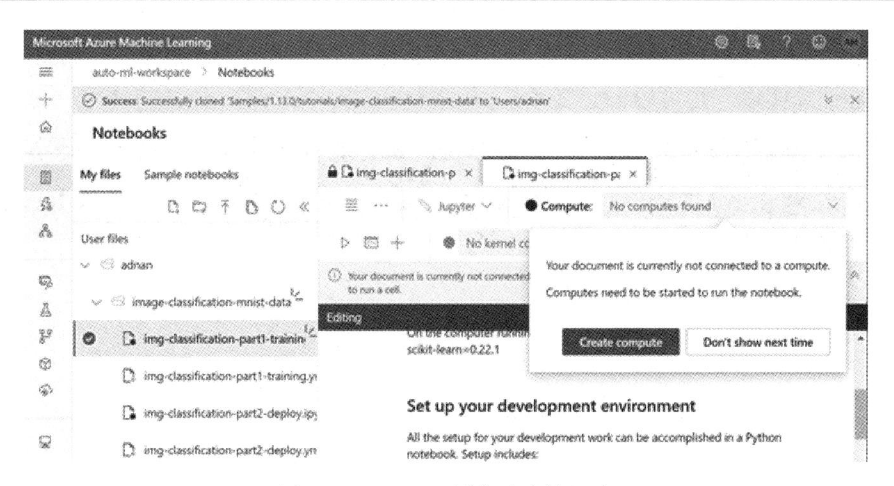

图 4.22　MNIST 图像分类笔记本

提示

可以访问链接 4-5 查看不同类型的虚拟机及其相关费用。

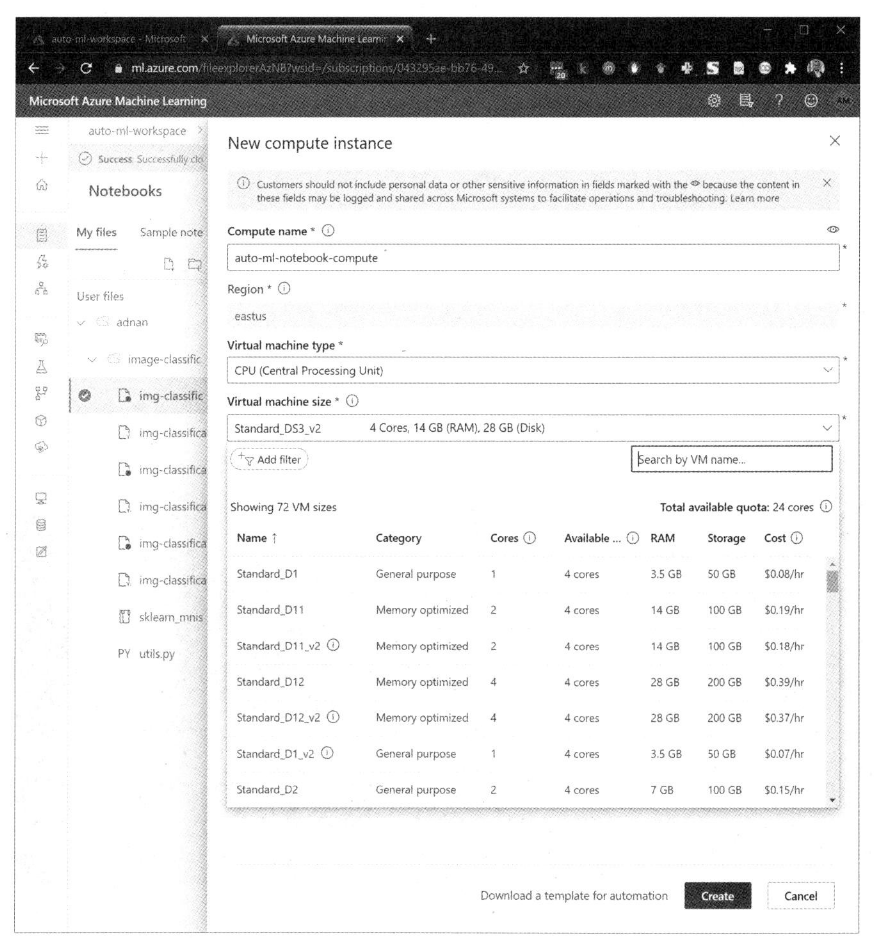

图 4.23　创建一个新的计算实例

6．出于这个自动机器学习笔记本的目的，将选择一个标准的小型虚拟机，如图 4.24 所示，并创建计算实例。也可以创建多个计算实例，并根据需要将它们分配给不同的实验。

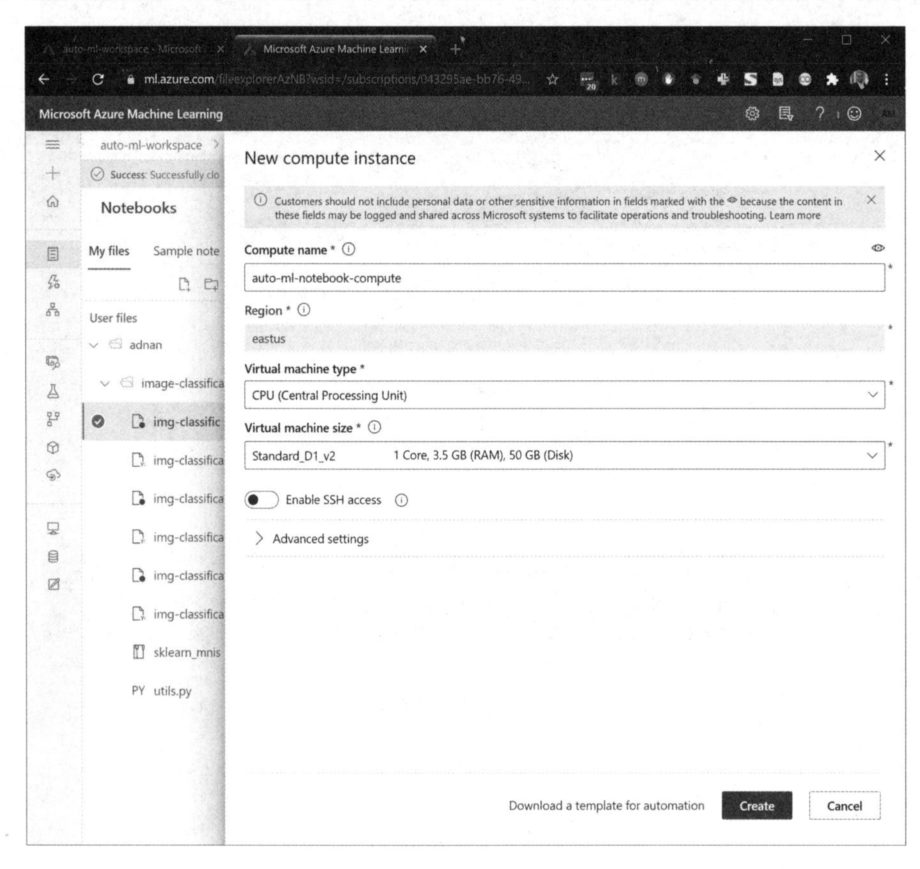

图 4.24　创建一个新的计算实例

7．单击“创建”（Create）按钮以创建新的计算实例——创建计算实例可能需要一些时间，此时可以探索 Azure Machine Learning 门户的其他部分。

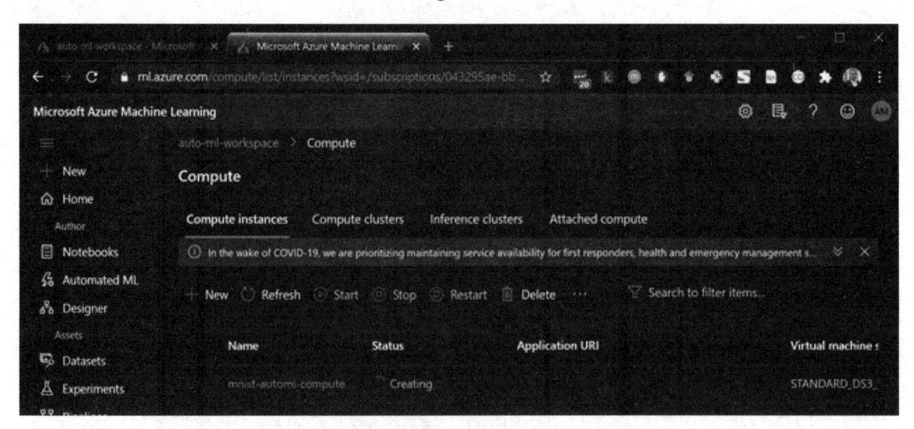

图 4.25　MNIST 自动机器学习计算实例

现在，计算已准备好使用，如图 4.26 所示。首先，进入“正在启动”（Starting）状态。

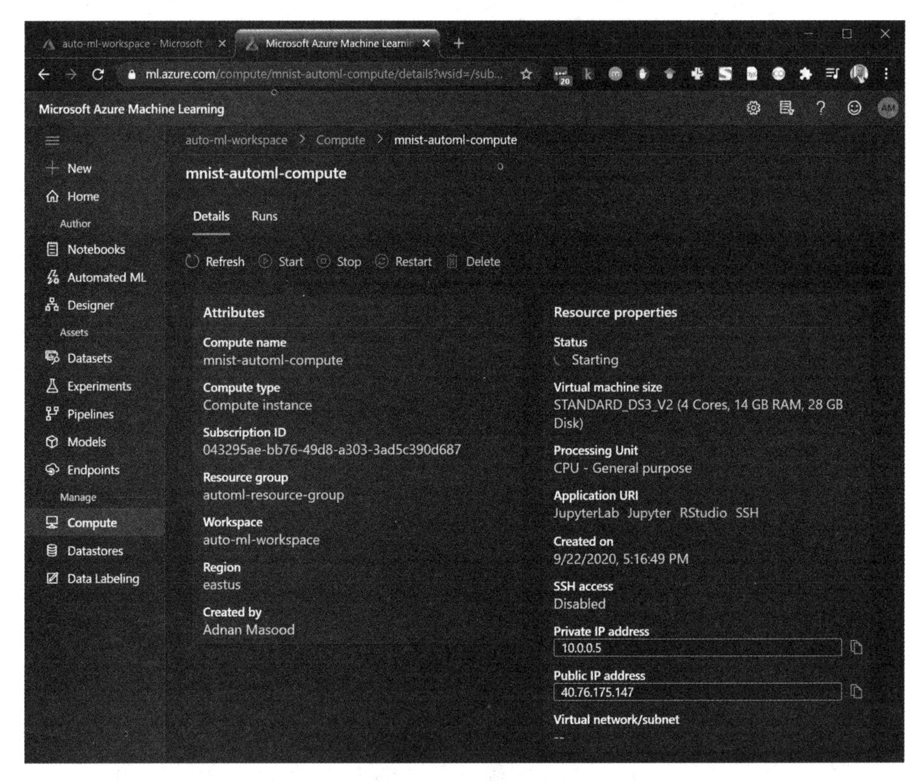

图 4.26　计算实例属性

当计算实例准备好时，计算实例的状态将更改为“正在运行”（Running），如图 4.27 所示。可以根据需要选择“停止”（Stop）、“重新启动”（Restart）或“删除”（Delete）计算资源。但这会危及其依赖项（使用或计划使用此计算资源的项）。

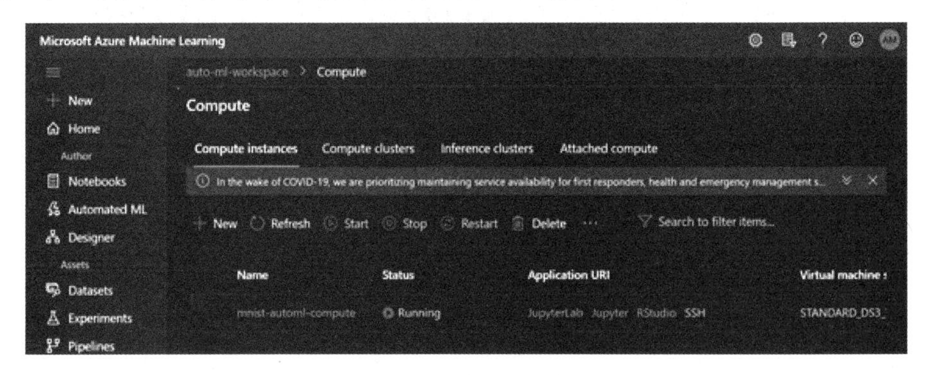

图 4.27　计算实例运行

8．单击左侧窗口中的“笔记本”（Notebooks）选项返回到笔记本。现在已经打开了 image-classification-mnist-data 笔记本，可以运行代码以确保它可以工作。可以看到 Azure Machine Learning SDK 的版本显示在图 4.28 中。

9．还剩一个配置步骤——必须进行身份验证才能使用工作区并利用资源。为此，Azure 内置了一个交互式身份验证系统，可以单击图 4.29 中的跳转链接（devicelogin），然后输入代码进行身份验证。

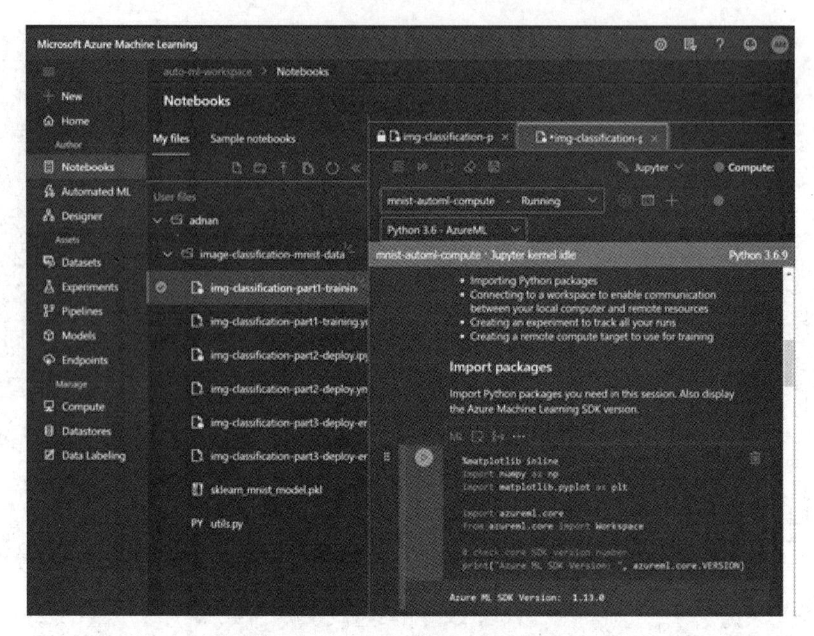

图 4.28 MNIST 图像识别笔记本

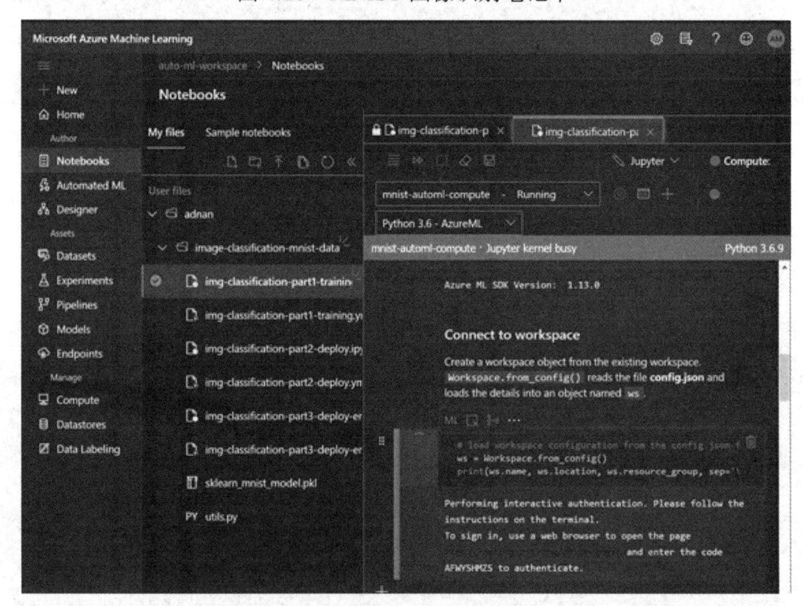

图 4.29 MNIST 图像识别笔记本

10．通过身份验证后，创建一个计算目标。所有用于配置的模板代码都已经作为 Jupyter Notebook 的一部分写好了。通过运行如图 4.30 所示的单元（cell），可以以编程的方式连接到 ComputeTarget 并配置节点。

11．以编程的方式下载 MNIST 数据集进行训练。Yann LeCun（Courant Institute, NYU）和 Corinna Cortes（Google Labs, New York）拥有 MNIST 数据集的版权，该数据集是原始 NIST 数据集的衍生。MNIST 数据集根据 Creative Commons Attribution-Share Alike 3.0 许可条款提供。下载后还可以将其可视化，如图 4.31 所示。

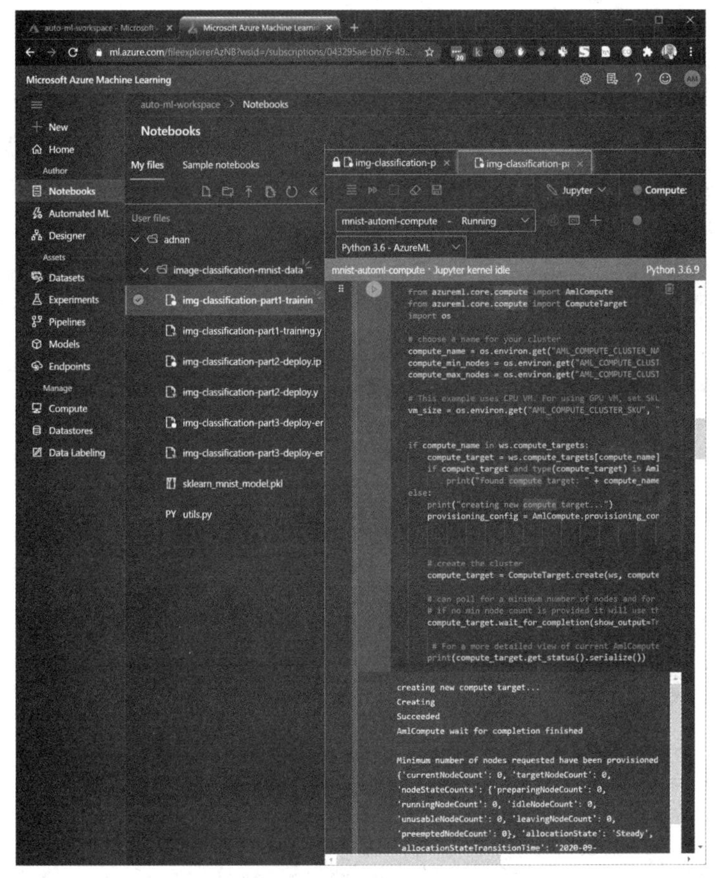

图 4.30　MNIST 图像识别笔记本

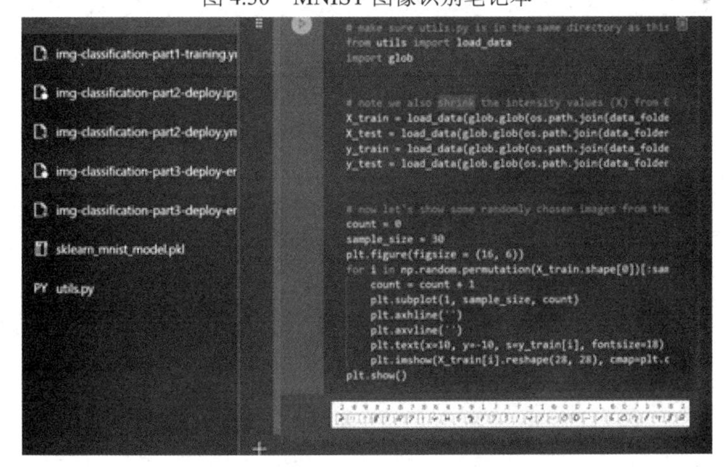

图 4.31　MNIST 图像识别笔记本

12．回顾之前使用 MNIST 的经历，将为数据集创建训练集测试集拆分，如图 4.32 所示，并训练逻辑回归模型。再创建一个估算器，用于将运行提交到集群。

在 Azure Machine Learning 中工作时，需要记住的一个基本规则是，所有实验和相关运行都是相互关联的，以保持系统的一致性。这一点很有用，因为无论在哪里运行实验（在笔记本中、JupyterLab 中、作为自定义代码等），都可以提取运行并查看详细信息。关于这一点，稍后会有更多的介绍。

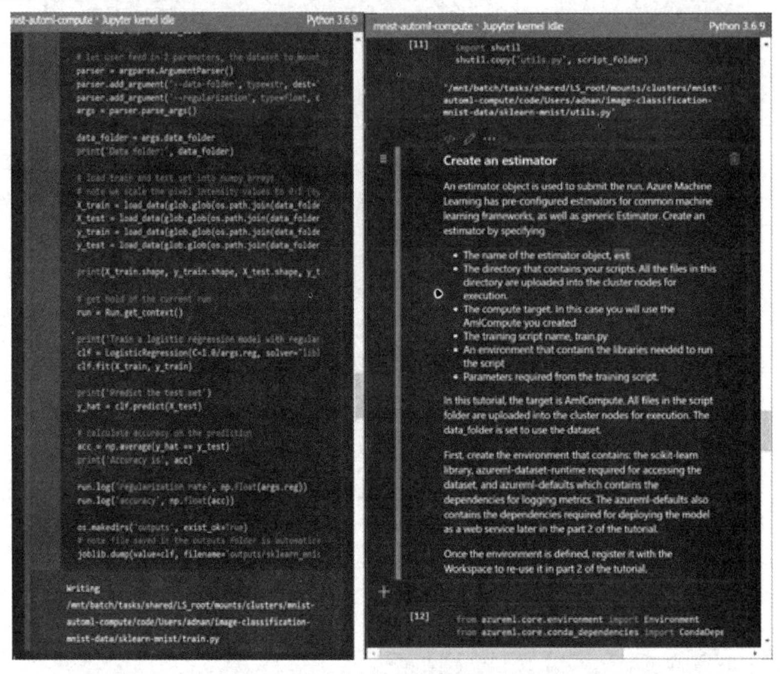

图 4.32 MNIST 图像识别笔记本

在图 4.33 中，可以看到演示创建一个 estimator 的代码，然后通过调用 experiment 对象的 submit 函数将作业提交到集群。

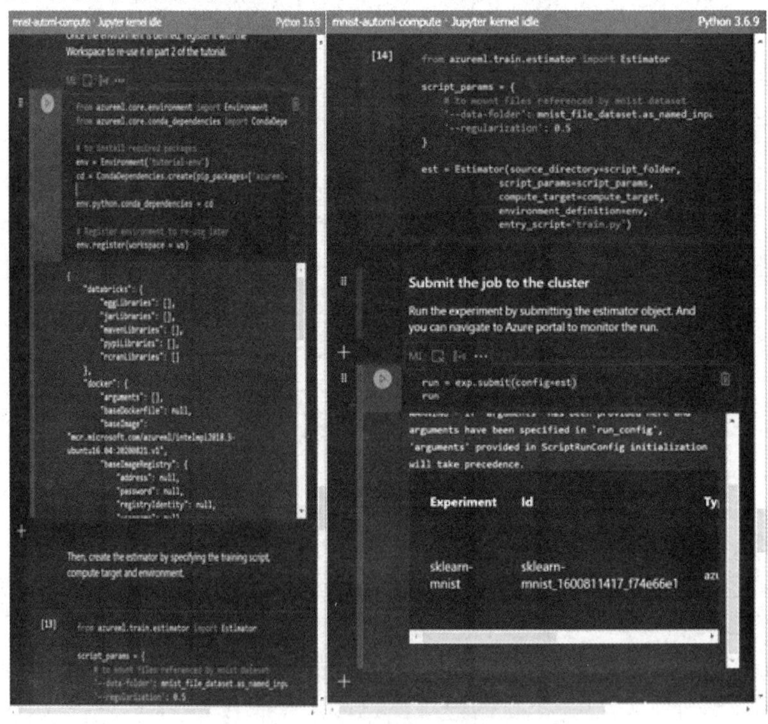

图 4.33 MNIST 图像识别笔记本

13．此时，运行图 4.34 中的模块，演示如何使用 Jupyter 的组件 wait_for_completion，将实验的细节可视化，以查看作业的状态。界面上会显示在远程集群上运行的作业，以及相应的构建日志。可以在小窗口中看到运行的详细信息，如图 4.34 所示。

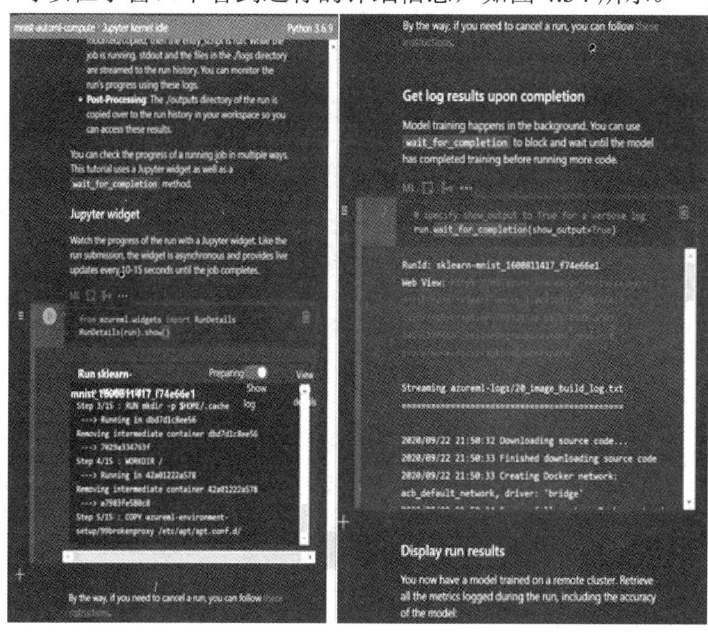

图 4.34　MNIST 图像识别笔记本

当作业在远程集群上运行时，能够看到结果正在流入，可以通过相应的百分比指示器观察训练，如图 4.35 所示。

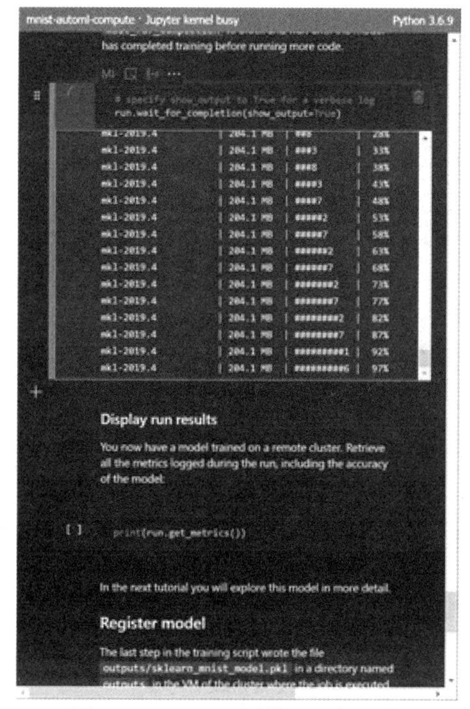

图 4.35　MNIST 图像识别笔记本

作业完成后，将看到小窗口中显示的时间和运行的 ID，如图 4.36 所示。

Get log results upon completion

Model training happens in the background. You can use `wait_for_completion` to block and wait until the model has completed training before running more code.

```
[14]
# specify show_output to True for a verbose log
run.wait_for_completion(show_output=True)

2020/09/23 02:00:41 The following dependencies were found:
2020/09/23 02:00:41
- image:
    registry: 934b9f82f47a4ac8bede2c0ab17f6a6a.azurecr.io
    repository: azureml/azureml_0a6838d76e7468052f3a857ca80cfaa3
    tag: latest
    digest: sha256:09cdccf921b046044cb49ecf0464d04435ff952cadc1c054a5ae28b913433103
  runtime-dependency:
    registry: mcr.microsoft.com
    repository: azureml/intelmpi2018.3-ubuntu16.04
    tag: 20200821.v1
    digest: sha256:8cee6f674276dddb23068d2710da7f7f95b119412cc482675ac79ba45a4acf99
  git: {}

Run ID: cal was successful after 5m2s
```

图 4.36　MNIST 图像识别笔记本

还可以通过单击下面的详细信息页面（Details Page），在网络用户界面中查看实验的详细信息。可以通过查看图 4.37 中显示的文档页面 Docs Page 链接，来查看有关实验如何工作的详细文档。

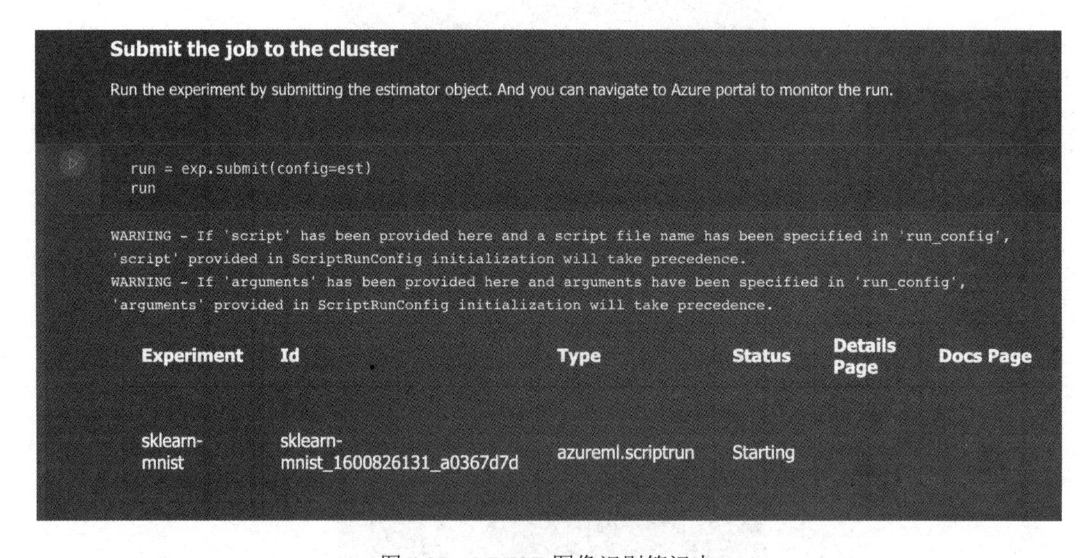

图 4.37　MNIST 图像识别笔记本

训练完成后，可以看到运行期间记录的结果指标，也可以注册模型。这意味着可以获得模型的相应.pkl 文件，如图 4.38 所示。

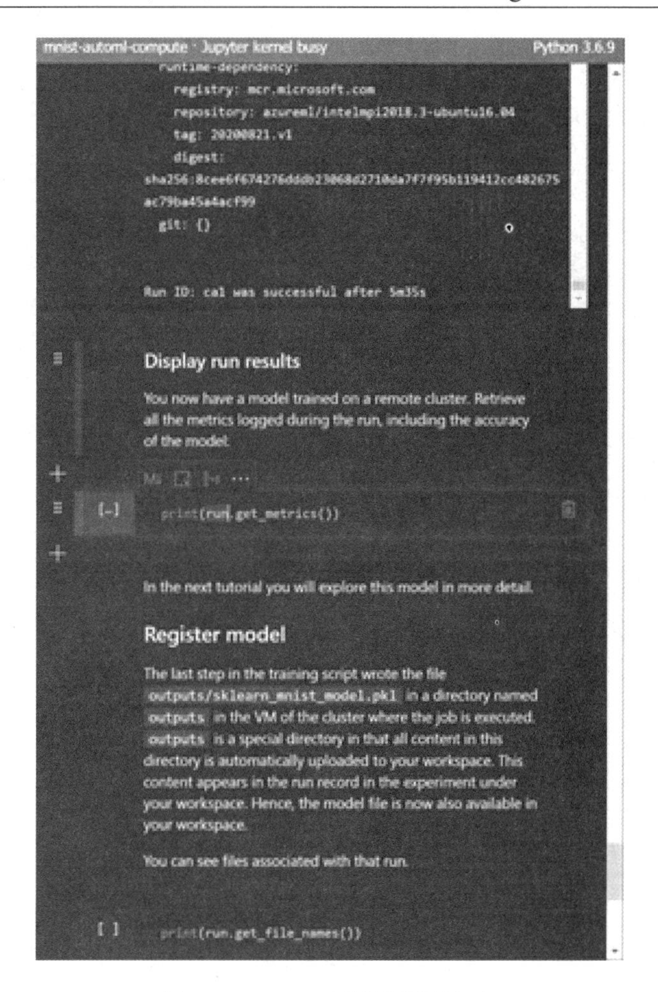

图 4.38　MNIST 图像识别笔记本

现在，可以通过调用 run.get_metrics()来检索运行期间记录的所有指标，包括模型的准确率。在这个例子中，准确率为 0.9193，如图 4.39 所示。

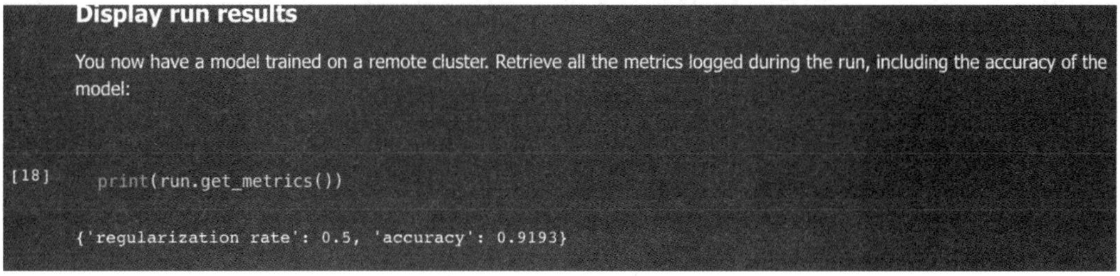

Display run results

You now have a model trained on a remote cluster. Retrieve all the metrics logged during the run, including the accuracy of the model:

```
[18]  print(run.get_metrics())

{'regularization rate': 0.5, 'accuracy': 0.9193}
```

图 4.39　MNIST 图像识别笔记本

此时，笔记本会自动将模型文件（.pkl）作为输出保存在输出文件夹中。可以通过调用 run.get_file_names()方法来查看文件。在接下来的步骤中，将使用这个模型文件创建一个网页服务并调用它，如图 4.40 所示。

Register model

The last step in the training script wrote the file `outputs/sklearn_mnist_model.pkl` in a directory named `outputs` in the VM of the cluster where the job is executed. `outputs` is a special directory in that all content in this directory is automatically uploaded to your workspace. This content appears in the run record in the experiment under your workspace. Hence, the model file is now also available in your workspace.

You can see files associated with that run.

```
print(run.get_file_names())
```

```
['azureml-logs/20_image_build_log.txt', 'azureml-logs/55_azureml-execution-tvmps_4ac17b36679f8faa19f3b03f634710f765c4d13ba57a6c3e96b075965b4af794_d.txt', 'azureml-logs/65_job_prep-tvmps_4ac17b36679f8faa19f3b03f634710f765c4d13ba57a6c3e96b075965b4af794_d.txt', 'azureml-logs/70_driver_log.txt', 'azureml-logs/75_job_post-tvmps_4ac17b36679f8faa19f3b03f634710f765c4d13ba57a6c3e96b075965b4af794_d.txt', 'azureml-logs/process_info.json', 'azureml-logs/process_status.json', 'logs/azureml/109_azureml.log', 'logs/azureml/dataprep/backgroundProcess.log', 'logs/azureml/dataprep/backgroundProcess_Telemetry.log', 'logs/azureml/dataprep/engine_spans_l_8e589ded-fe2b-474a-b7b7-9d60265f5567.jsonl', 'logs/azureml/dataprep/engine_spans_l_964ab3d8-9263-416f-b59d-fc49bd448e5d.jsonl', 'logs/azureml/dataprep/python_span_l_8e589ded-fe2b-474a-b7b7-9d60265f5567.jsonl', 'logs/azureml/dataprep/python_span_l_964ab3d8-9263-416f-b59d-fc49bd448e5d.jsonl', 'logs/azureml/job_prep_azureml.log', 'logs/azureml/job_release_azureml.log', 'outputs/sklearn_mnist_model.pkl']
```

图 4.40　MNIST 图像识别笔记本

4.5　使用 Azure Machine Learning 部署和测试模型

模型现已训练完毕，已创建.pkl 文件，可部署模型进行测试。部署部分在第二个笔记本 part2-deploy.ipynb 中完成，如图 4.41 所示。通过单击左窗格中的笔记本，打开 part2-deploy.ipynb 笔记本部署模型。通过调用 joblib.Load 方法加载.pkl 文件。还可以在图 4.41 中看到 run 方法，接收原始 JSON 数据，调用模型的 predict 方法，并返回结果。

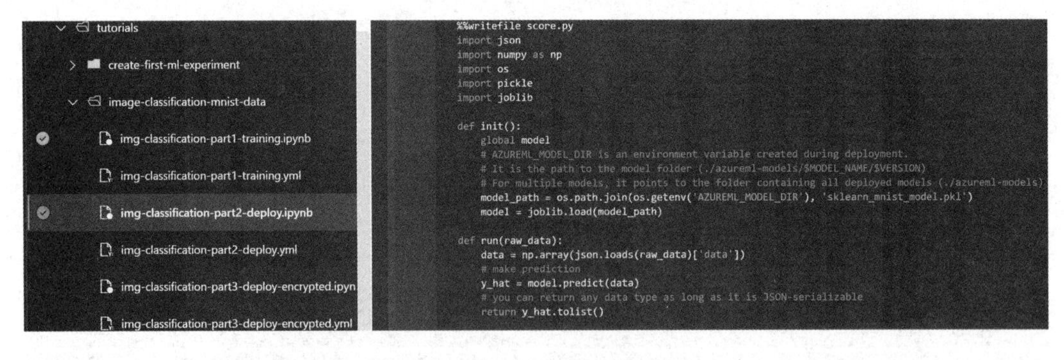

图 4.41　MNIST 图像识别笔记本

在这一步中，通过调用 Model 构造函数来创建模型对象，如图 4.42 所示。此模型使用来自 Environment 对象的配置属性和服务名称来部署终结点。这个终结点使用 Azure Container Instances (ACI) 部署。部署成功后，终结点的位置就可用。

1．查询评分网址，该网址可用于调用服务并从模型中获取结果，如图 4.43 所示。

```
ws = Workspace.from_config()
model = Model(ws, 'sklearn_mnist')


myenv = Environment.get(workspace=ws, name="tutorial-env", version="1")
inference_config = InferenceConfig(entry_script="score.py", environment=myenv)

service_name = 'sklearn-mnist-svc-' + str(uuid.uuid4())[:4]
service = Model.deploy(workspace=ws,
                       name=service_name,
                       models=[model],
                       inference_config=inference_config,
                       deployment_config=aciconfig)

service.wait_for_deployment(show_output=True)

Running..........................
Succeeded
ACI service creation operation finished, operation "Succeeded"
CPU times: user 279 ms, sys: 56.5 ms, total: 336 ms
Wall time: 2min 36s
```

图 4.42　MNIST 图像识别笔记本

```
print(service.scoring_uri)
```

图 4.43　MNIST 图像识别笔记本

2．调用网页服务来获取结果，如图 4.44 所示。

```
[ ]  import json
     test = json.dumps({"data": X_test.tolist()})
     test = bytes(test, encoding='utf8')
     y_hat = service.run(input_data=test)
```

图 4.44　MNIST 图像识别笔记本

还可以通过调用 confusion_ matrix 方法来查看相应的混淆矩阵，如图 4.45 所示。

```
from sklearn.metrics import confusion_matrix

conf_mx = confusion_matrix(y_test, y_hat)
print(conf_mx)
print('Overall accuracy:', np.average(y_hat == y_test))

[[ 960    0    2    2    1    4    6    3    1    1]
 [   0 1113    3    1    0    1    5    1   11    0]
 [   9    8  919   20    9    5   10   12   37    3]
 [   4    0   17  918    2   24    4   11   21    9]
 [   1    4    4    3  913    0   10    3    5   39]
 [  10    2    0   42   11  768   17    7   28    7]
 [   9    3    7    2    6   20  907    1    3    0]
 [   2    9   22    5    8    1    1  948    5   27]
 [  10   15    5   21   15   26    7   11  852   12]
 [   7    8    2   14   32   13    0   26   12  895]]
Overall accuracy: 0.9193
```

图 4.45　MNIST 图像识别笔记本

这就完成了在 Azure Machine Learning 中构建模型、部署和测试模型的整个周期。在下一章中，将继续和 AML 一起进行自动机器学习。

4.6 小结

本章讲解了如何使用 Microsoft Azure 平台、机器学习服务生态系统功能，介绍了 Microsoft 的人工智能和机器学习产品。还介绍了 Azure 平台内的不同功能，如协作笔记本、拖拽式机器学习、MLOPS、RStudio 集成、强化学习、企业级安全、自动机器学习、数据标记、自动扩展计算、与其他 Azure 服务的集成、可靠的机器学习和费用管理等。最后，为了测试新发现的 Azure 超能力，使用 Azure Machine Learning 笔记本配置、构建、部署和测试了一个分类网页服务。

下一章将进一步探讨如何使用 Azure Machine Learning 服务的自动机器学习功能。

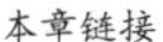
本章链接

扩展阅读

第5章 使用 Azure 进行自动机器学习

到目前为止，人工智能的最大危险在于人们过早地得出结论认为他们已经了解了他。

—— Eliezer Yudkowsky

Azure 平台及其相关的工具集多种多样，是大企业生态系统的一部分，是一股不可忽视的力量。它使企业能够通过改进沟通、资源管理和促进先进的可操作分析来加速增长，从而使企业专注于他们最擅长的事情。上一章介绍了 Azure Machine Learning 平台及其服务，以及如何开始使用 Azure Machine Learning，并通过使用 Azure 平台及其服务的强大功能瞥见了端到端机器学习生命周期。但这些只是冰山一角。

在本章中，将介绍 Azure 中的自动机器学习。使用 Azure 的自动机器学习功能构建分类模型并执行时间序列预测。还将提供构建和部署自动机器学习解决方案所需的技能。

5.1 Azure 中的自动机器学习

自动机器学习在 Azure 平台中为第一梯队。特征工程、网络架构搜索和超参数调优背后的基本思想与第 2 章和第 3 章中讨论的相同。然而，让这些技能大众化的抽象层使其对非机器学习专家更具吸引力。

Azure 自动机器学习工作原理如图 5.1 所示。用户输入，如数据集目标指标和约束条件（运行作业的时间、分配的计算预算等）驱动自动机器学习“引擎”，完成迭代以找到最佳模型并根据训练成功（Training Success）分数排序。

本节将逐步介绍自动机器学习方法。在第 4 章中，已经看到了 Azure Machine Learning 的主页，创建了一个分类模型并使用笔记本对其进行了测试。

接下来继续探索基于自动机器学习的模型开发在训练和调整模型时的工作原理。

1．在 Azure 门户中，单击“自动机器学习 | 现在开始”（Automated ML | Start now）按钮。进入以下界面，可以在其中创建一个新的自动机器学习进程，如图 5.2 所示。

2．创建自动机器学习进程的第一步是选择一个要使用的数据集。这里可以创建自己的数据集，或从 Azure 提供的公共数据集仓库中选择一个现有的数据集，如图 5.3 及图 5.4 所示。

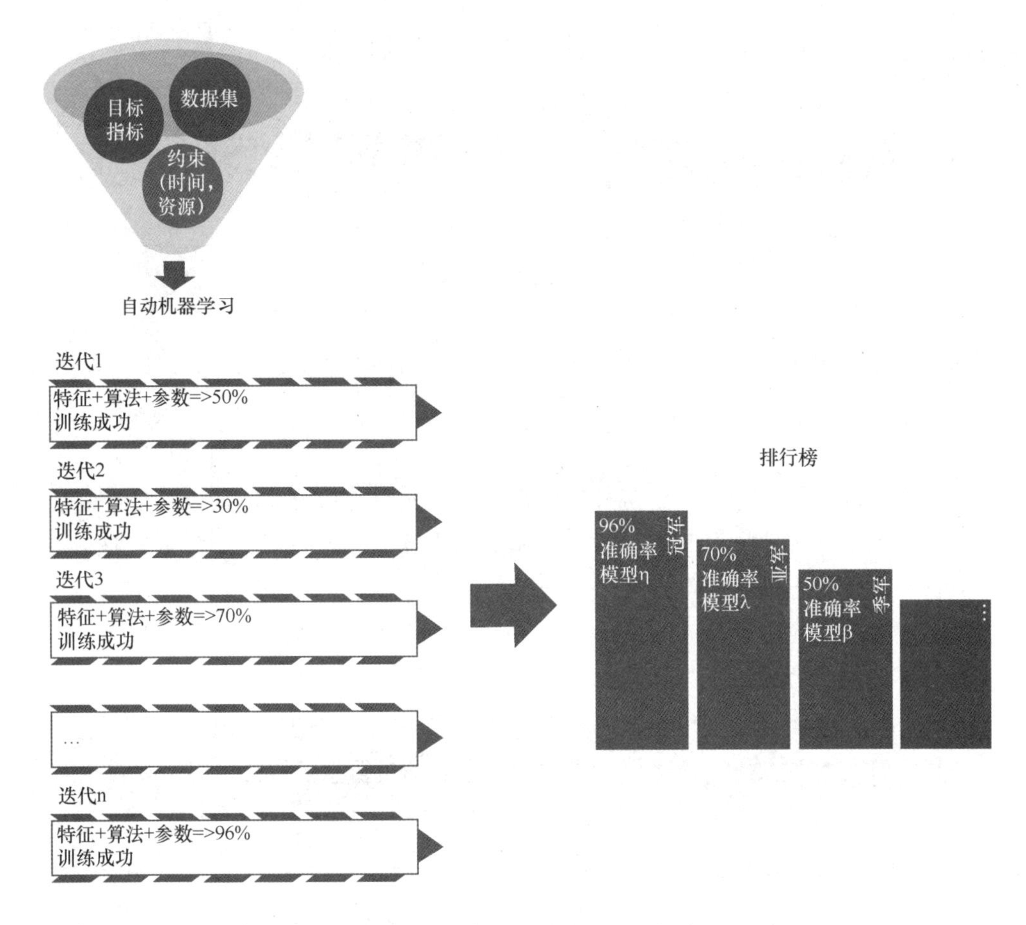

图 5.1 Azure 自动机器学习工作原理

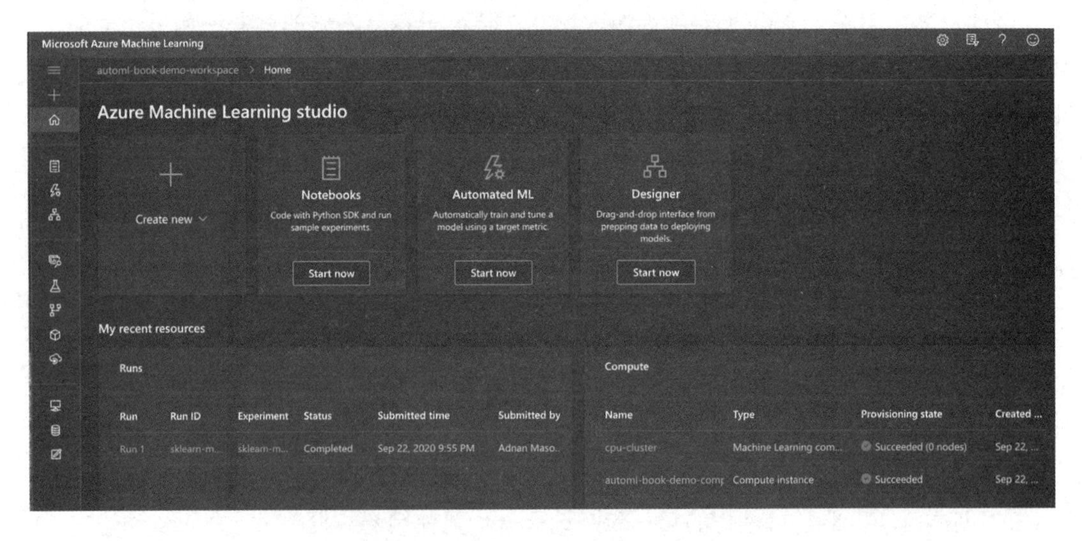

图 5.2 Azure Machine Learning 门户

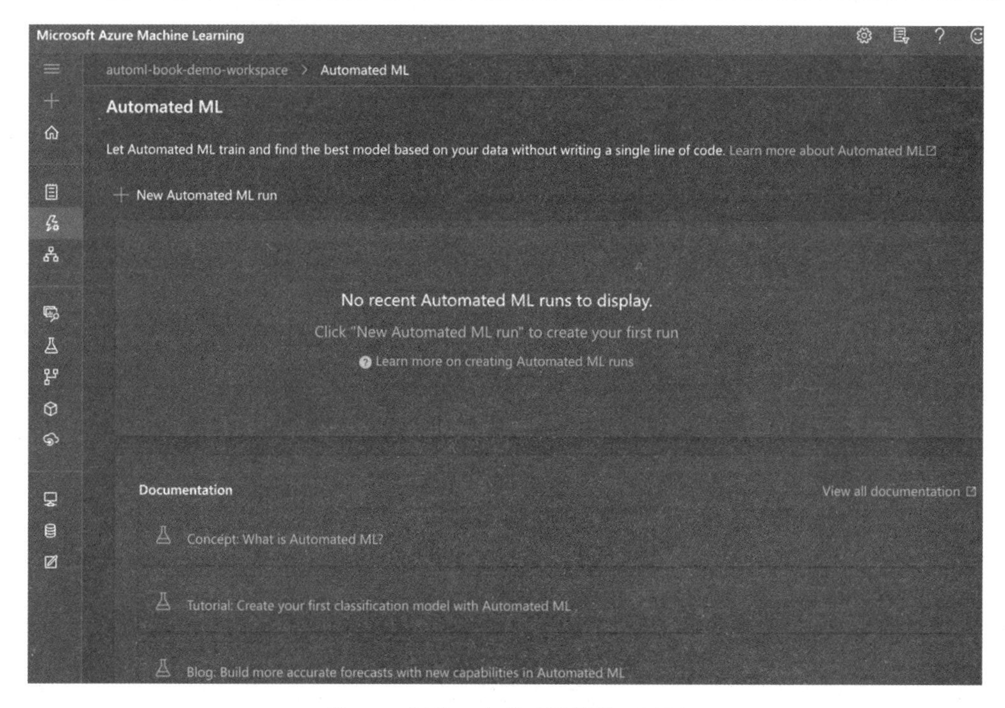

图 5.3　创建一个自动机器学习运行

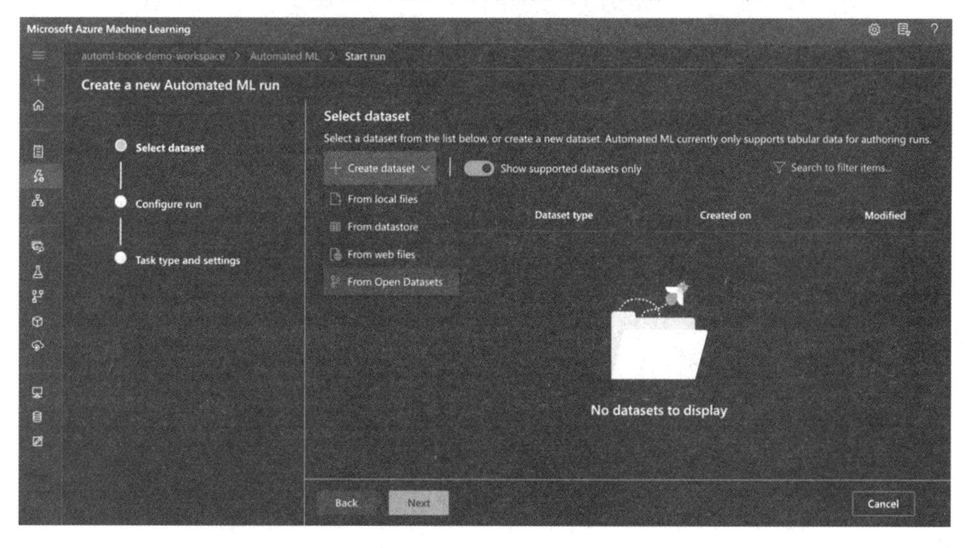

图 5.4　自动机器学习数据集选择页

3．可以从开源的数据集中创建一个数据集。在这个例子中，将使用久经考验的 MNIST 数据集来创建自动机器学习运行，如图 5.5 所示。

> MNIST 数据集
>
> Yann LeCun（Courant Institute, NYU）和 Corinna Cortes（Google Labs, New York）拥有 MNIST 数据集的版权，MNIST 数据集是原始 NIST 数据集的衍生品。MNIST 数据集已根据 Creative Commons Attribution-Share Alike 3.0 许可条款提供。

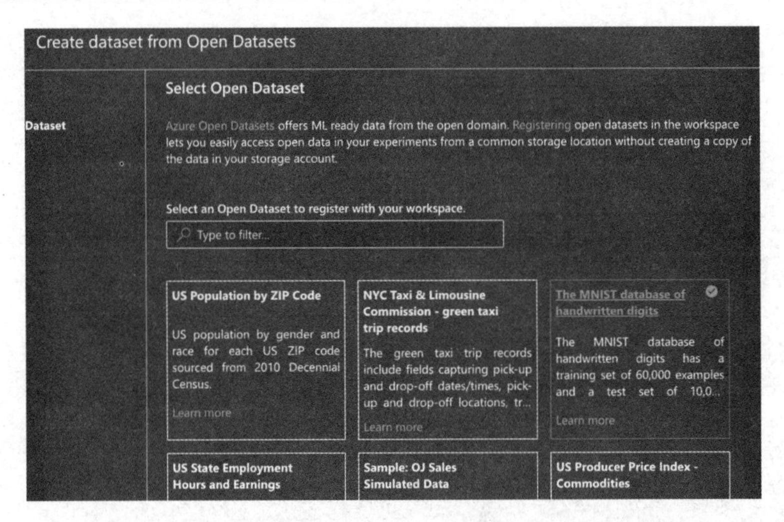

图 5.5　从“打开数据集”（Open Datasets）页打开数据集

选择数据集后，它将作为运行的一部分出现，也可以预览。除了指定数据集的版本，还可以指定是否要使用整个数据集，或者是否应将其注册为表格数据源或文件类型数据源，如图 5.6 所示。

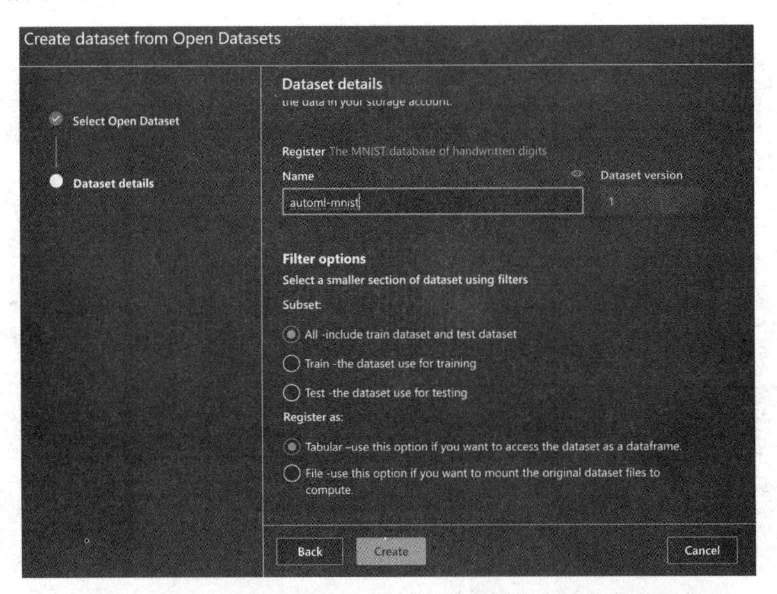

图 5.6　来自 Azure Machine Learning 精选数据集仓库的数据集

选择“创建”（Creating）后，可以看到如图 5.7 所示界面，数据集成为运行的一部分。

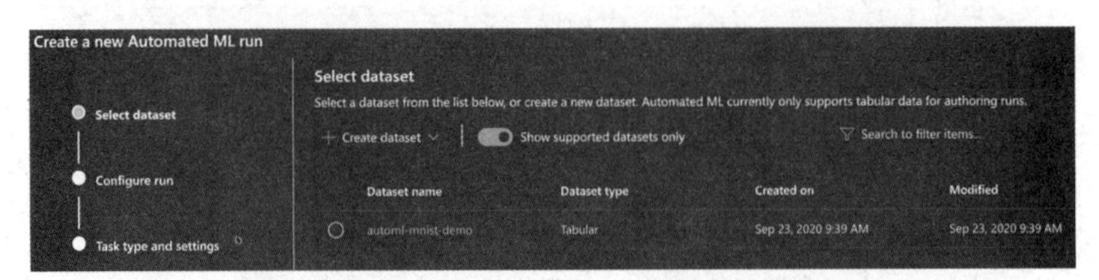

图 5.7　来自 Azure Machine Learning 精选数据集仓库的数据集

如果单击数据集名称，那么 MNIST 数据集也可以作为数据预览的一部分被看到，如图 5.8 所示。

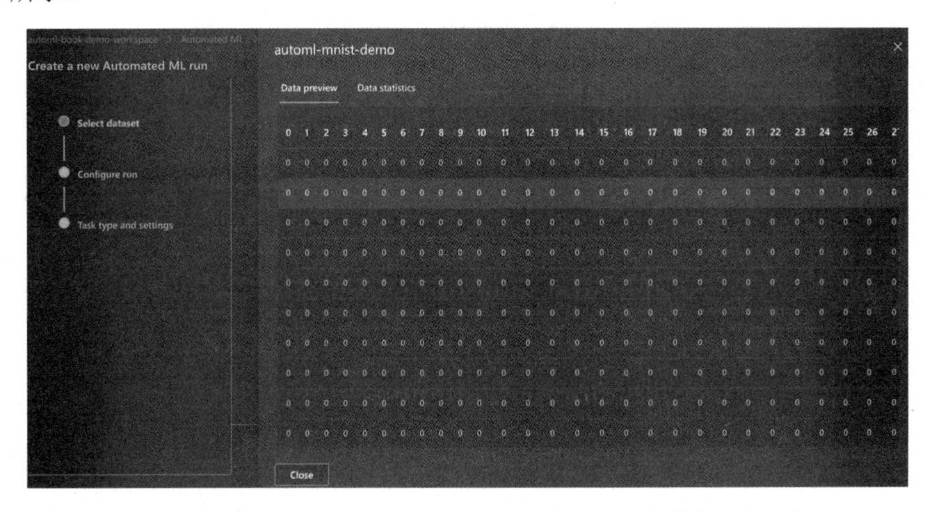

图 5.8　来自 Azure Machine Learning 精选数据集仓库的数据集预览

事实上，MNIST 像素数据集的这个预览确实不尽如人意，如果有一些更具代表性的数据（如医疗保健、零售或金融数据等），那么通过预览将能很好地了解摄取过程，不会有分隔符带来尴尬的风险。

同样，数据统计如图 5.9 所示。如果使用 pandas，那么可以将其视为 describe()功能。由于其基于图像的性质，这并不是很重要，但是当涉及本章后面将要使用的一些其他数据集时，它就非常方便了。

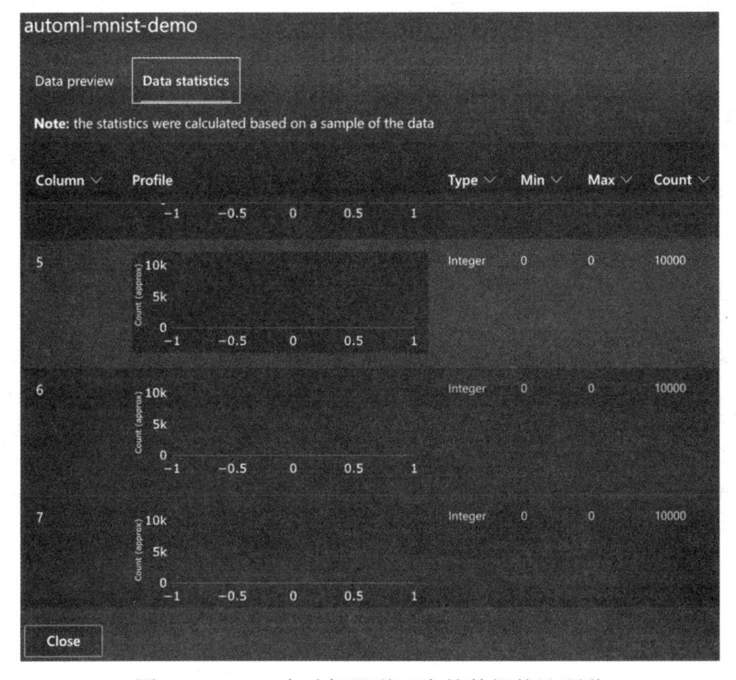

图 5.9　Azure 自动机器学习中的数据统计预览

1．现在已经选择了数据集，可以通过提供实验名称、目标列（用于训练和分类的标记特征）和计算集群来配置运行，如图 5.10 所示。

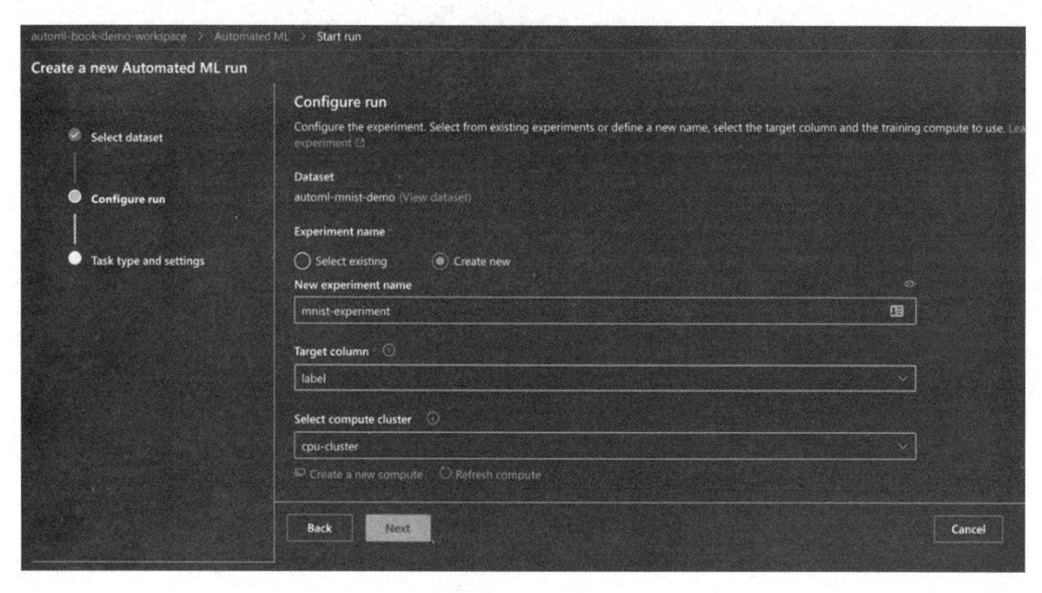

图 5.10 配置一个自动机器学习运行

2．第三步也是最后一步，是选择任务类型——分类、回归或时间序列预测，如图 5.11 所示。在这个例子中，要根据相关标签对数字进行分类。将在以后的示例中学习如何使用其他任务类型。

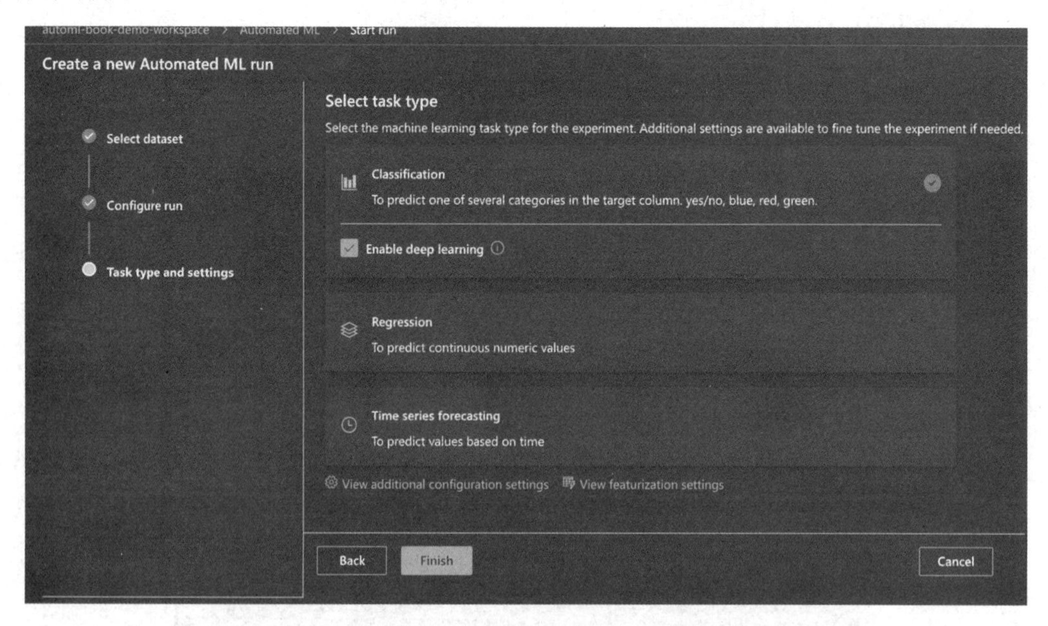

图 5.11 为自动机器学习运行选择一个任务类型

3．考虑额外的配置是很重要的。这里可以选择主要指标、其可解释性、任何允许的算法（默认情况下，所有算法都被允许）、退出标准，以及验证拆分信息，如图 5.12 所示。

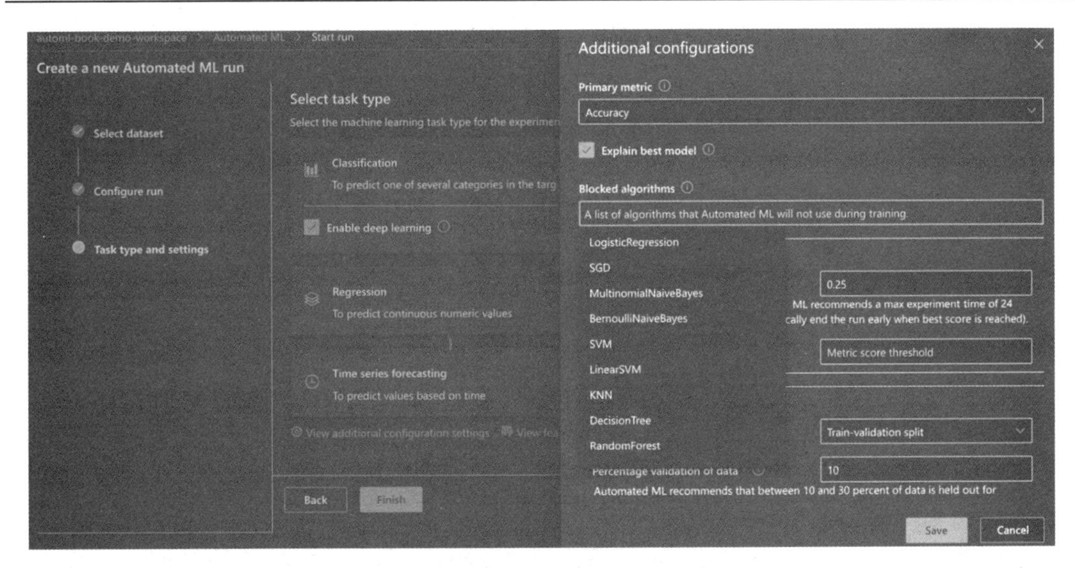

图 5.12　对自动机器学习运行的任务类型的额外配置

额外配置因任务类型而异。图 5.13 显示了回归配置元素。

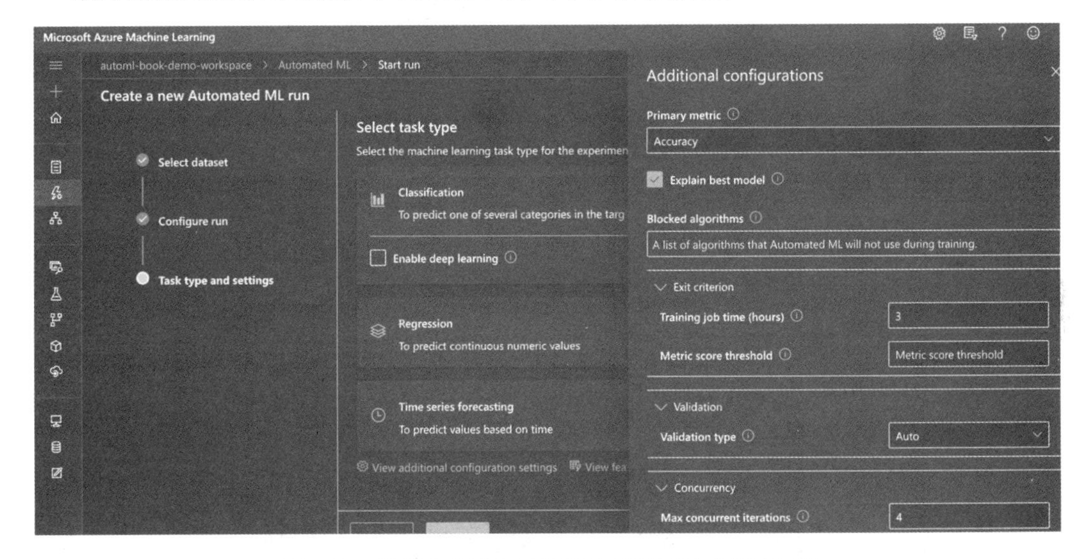

图 5.13　对自动机器学习运行的任务类型的额外配置

特征化（Featurization）——选择和转换特征——是处理数据集时要牢记的重要因素。单击“查看特征化设置”（View Featurization Settings）时，Azure Machine Learning 会显示以下界面。从这里可以选择特征的类型，分配特定的数据类型，并指定希望用什么来插补特征。

自动特征化（Automatic Featurization）——将不同的数据类型转换为数值向量——是任何数据科学工作流程的典型部分。图 5.15 显示了特征化开始时自动应用于数据集的技术（见图 5.14 顶部的开关），展示了在自动特征化过程中采取的一些关键步骤。可以在链接 5-1 中找到有关枚举特征化技术的更多信息。

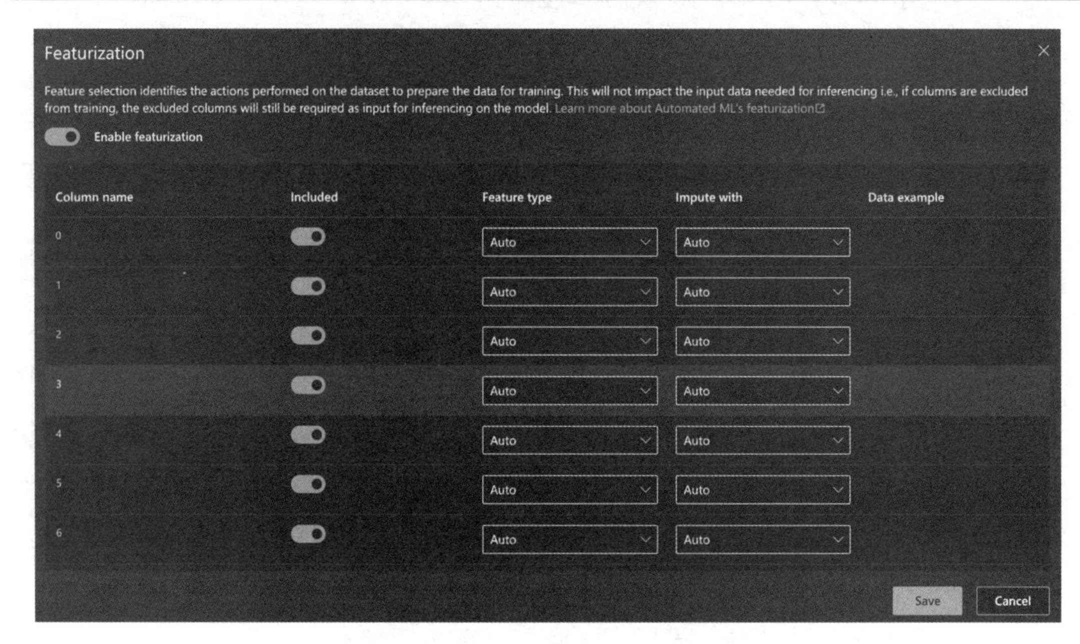

图 5.14　自动机器学习运行的特征化

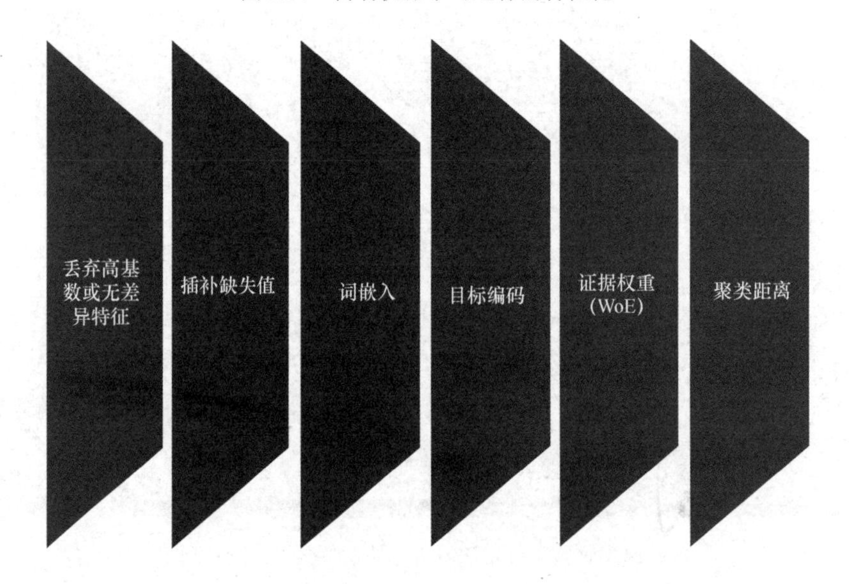

图 5.15　自动机器学习运行的特征化方法

缩放（Scaling）与归一化（Normalization），有时也称为正则化（Regularization）和标准化（Standaridization），是两种重要的特征化方法，用于将数据转换为一个共同的数值范围。自动特征化算法中使用的缩放和归一化技术可以在图 5.16 中看到。

可以在链接 5-1 中找到有关各种枚举缩放和特征化技术的更多信息。

如果不提护栏，特征化的话题就不算完整。数据护栏（Data guardrails）是自动机器学习引擎的一部分，有助于识别和解决数据集的问题，如特征值缺失、高基数特征处理（许多唯一值）、类不平衡（少数类和异常值）等。图 5.17 展示了一些护栏，可以在 Azure

文档（见链接 5-1）中阅读有关这些护栏的更多详细信息。

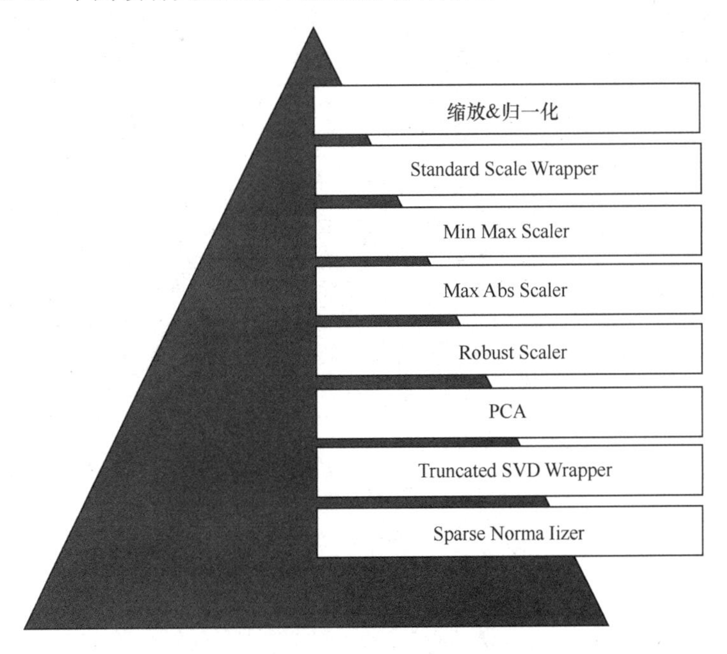

图 5.16　Azure 自动机器学习——缩放和归一化

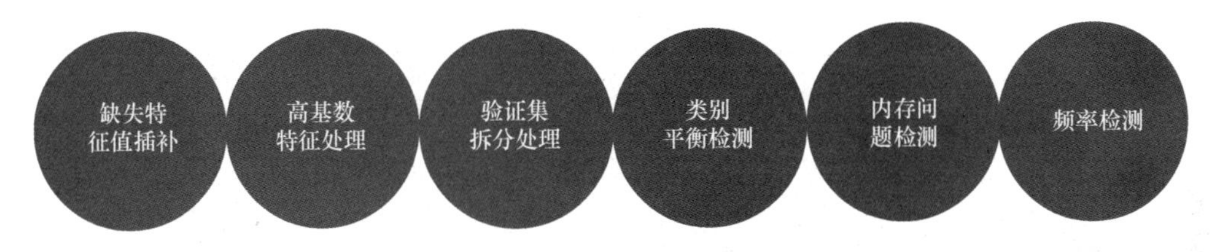

图 5.17　自动机器学习运行的数据护栏

4．单击“完成”（Finish）按钮时，如图 5.11 所示，在为任务类型和任何额外配置项设置给定参数后，可以看到如图 5.18 的显示。

图 5.18　自动机器学习运行的数据护栏

要记住的一个重点是，运行实验需要拥有良好的计算资源，否则将会失败。例如，在这个实验中，将训练时间设置为 0.25 小时，也就是 15 分钟。这对于给定的计算来说是不够的，意味着运行肯定会失败，如图 5.19 所示。

如图 5.20 显示，由于没有分配正确的计算资源来运行自动机器学习实验，因此运行失败。

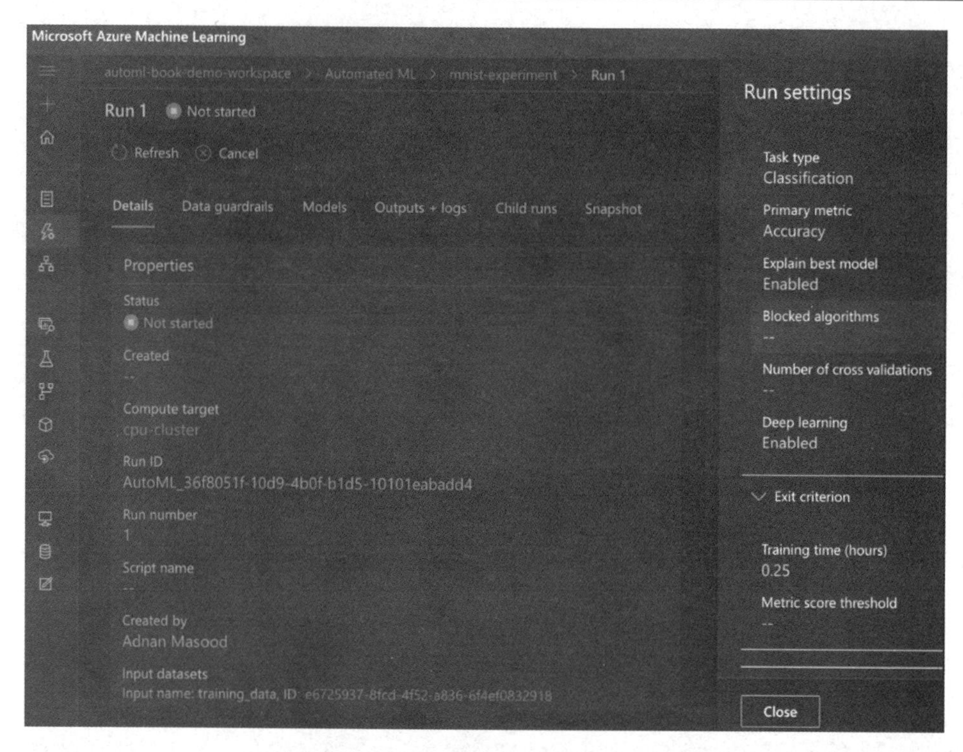

图 5.19 自动机器学习实验运行的设置

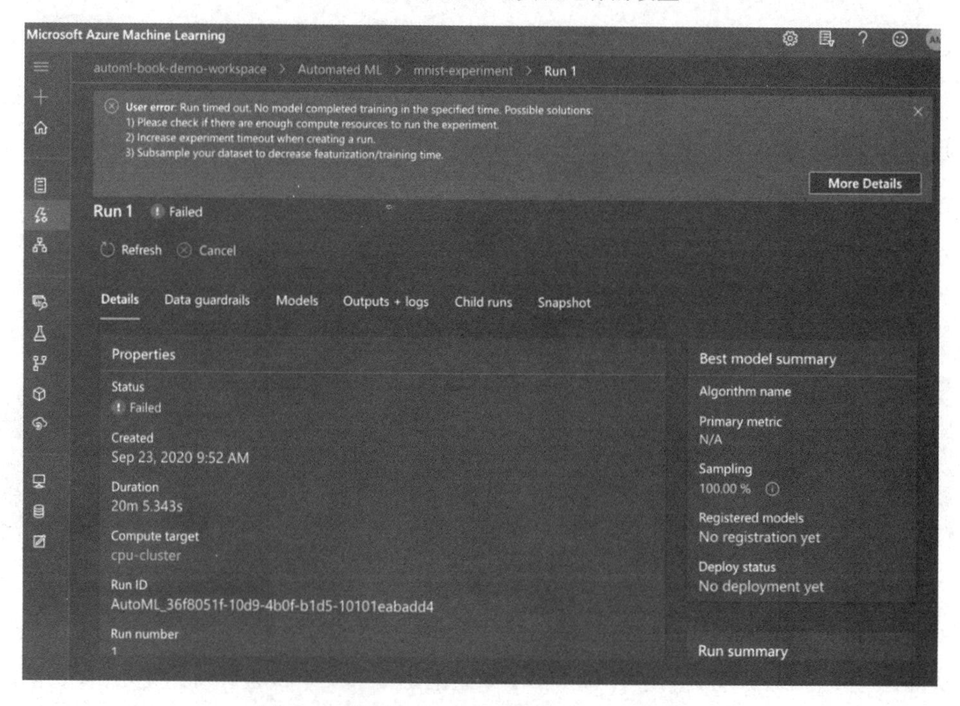

图 5.20 自动机器学习实验运行的失败消息

如图 5.21 所示的错误消息详细解释了运行失败的原因，以及可能的解决方案，如添加计算资源、应用实验超时，以及更改数据集采样。

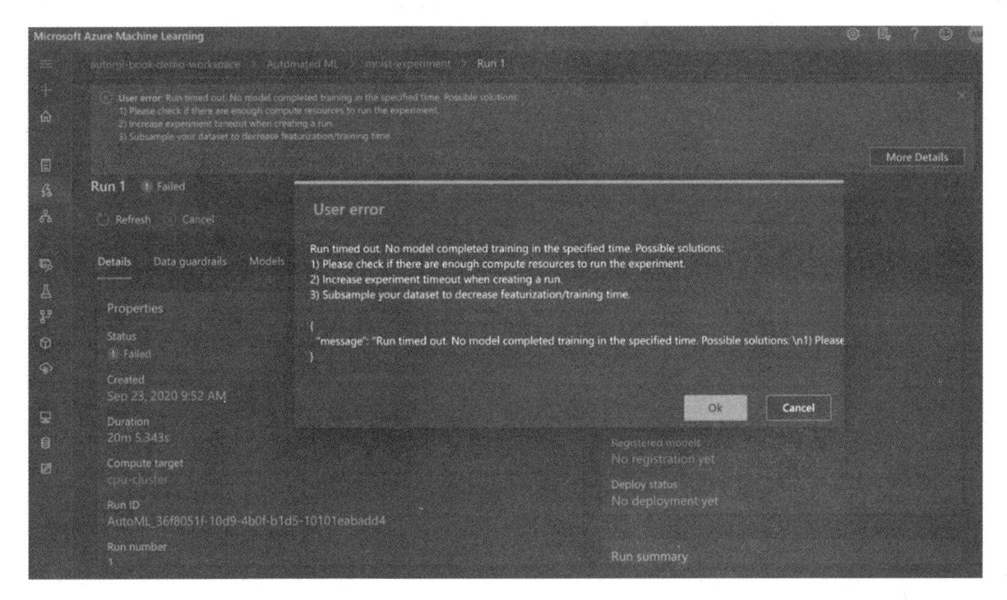

图 5.21　自动机器学习实验运行的失败消息

可以在以下步骤中看到，将时间限制增加到 5 小时会有所帮助。Azure 自动机器学习现在有足够的时间和资源来执行多个实验。可以看出，在时间和资源上吝啬并不是一个好的自动机器学习策略。

5．图 5.22 显示了自动机器学习子运行中的各个迭代。它清楚地展示了不同的数据预处理方法，如 StandardScaleWrapper、RobustScaler 和 MaxAbsScaler/MinMaxScaler，以及预测算法，如 RandomForest、LightGB、ElasticNet、DecisionTree 和 LassoLars。图 5.22 中的 Run 54 和 Run 53 显示了如何通过单击相关标签来查看集成算法及其权重。

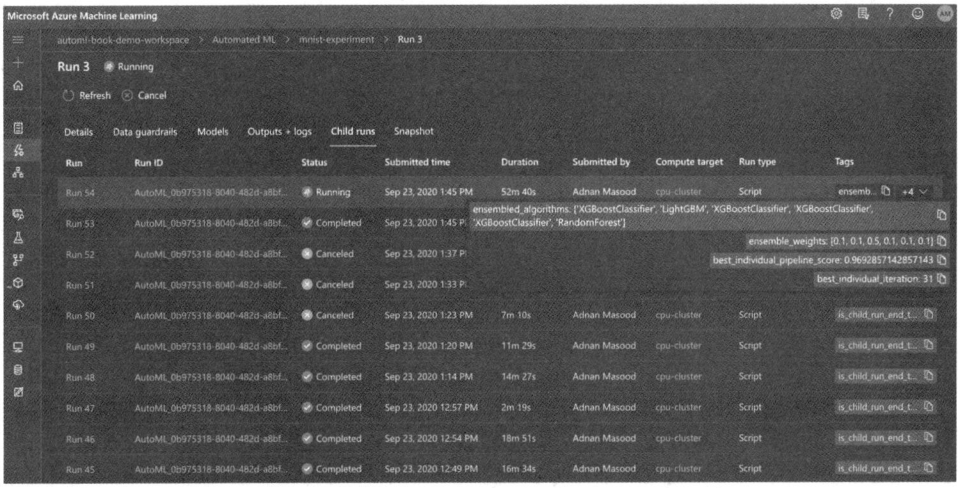

图 5.22　自动机器学习实验运行的细节

6．单击“模型”（Models）选项卡以查看哪个模型提供了多少准确率，以及与其关联的运行，如图 5.23 所示。

Microsoft Azure Machine Learning

automl-book-demo-workspace > Automated ML > mnist-experiment > Run 3

Run 3 Running

Refresh Cancel

Details Data guardrails Models Outputs + logs Child runs Snapshot

Deploy Download Explain model Search to filter items...

Algorithm name	Explained	Accuracy ↓	Sampling	Run	Created	Duration	Status
VotingEnsemble		0.97000	100.00 %	Run 53	Sep 23, 2020 1:45 PM	1m 34s	Completed
MaxAbsScaler, LightGBM		0.96929	100.00 %	Run 7	Sep 23, 2020 11:06 AM	3m 35s	Completed
SparseNormalizer, XGBoostClassifier		0.96929	100.00 %	Run 38	Sep 23, 2020 11:58 AM	39m 40s	Completed
SparseNormalizer, XGBoostClassifier		0.96843	100.00 %	Run 35	Sep 23, 2020 11:27 AM	35m 10s	Completed
SparseNormalizer, XGBoostClassifier		0.96586	100.00 %	Run 34	Sep 23, 2020 11:26 AM	29m 50s	Completed
SparseNormalizer, XGBoostClassifier		0.96543	100.00 %	Run 40	Sep 23, 2020 12:04 PM	19m 50s	Completed
StandardScalerWrapper, XGBoostClassifier		0.96500	100.00 %	Run 48	Sep 23, 2020 1:14 PM	14m 27s	Completed
SparseNormalizer, XGBoostClassifier		0.96386	100.00 %	Run 44	Sep 23, 2020 12:44 PM	25m 41s	Completed

图 5.23 自动机器学习实验运行的细节

运行指标（Run metrics）也是获取相关运行的更多详细信息的一个好方法。例如，可以看到算法的名称、相应的准确率、AUC 分数、精确率、F1 分数等，如图 5.24 所示。

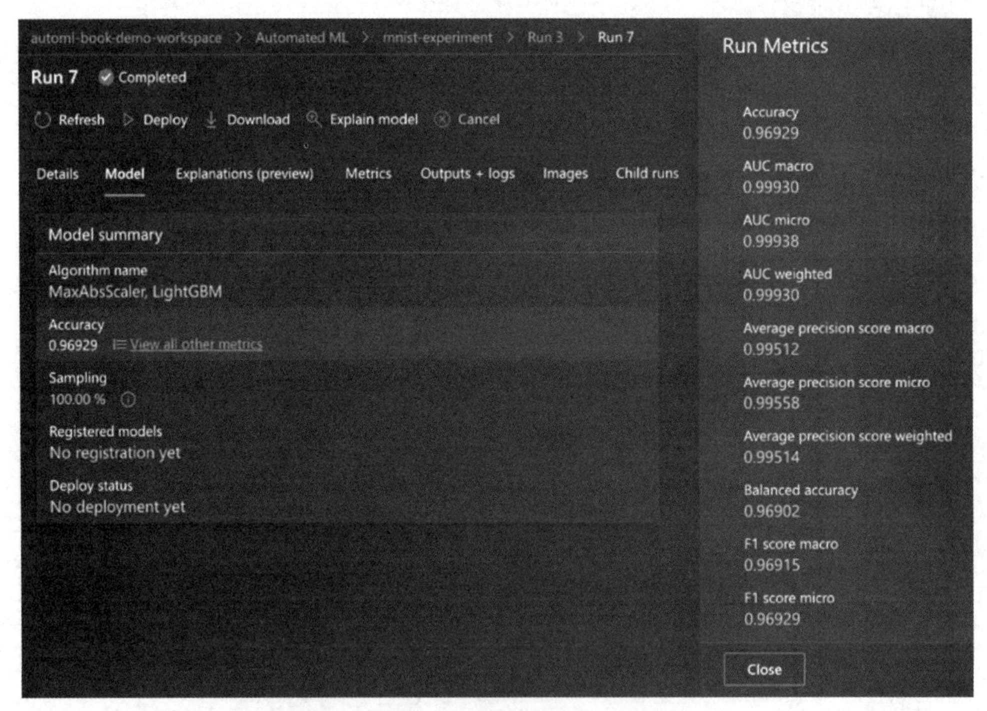

图 5.24 自动机器学习实验运行的细节

单击相应的选项卡可以看到为保护数据质量而采取的数据护栏措施，如图 5.25 所示。这个页面显示了使用哪些数据护栏来确保用于训练模型的输入数据是高质量的。

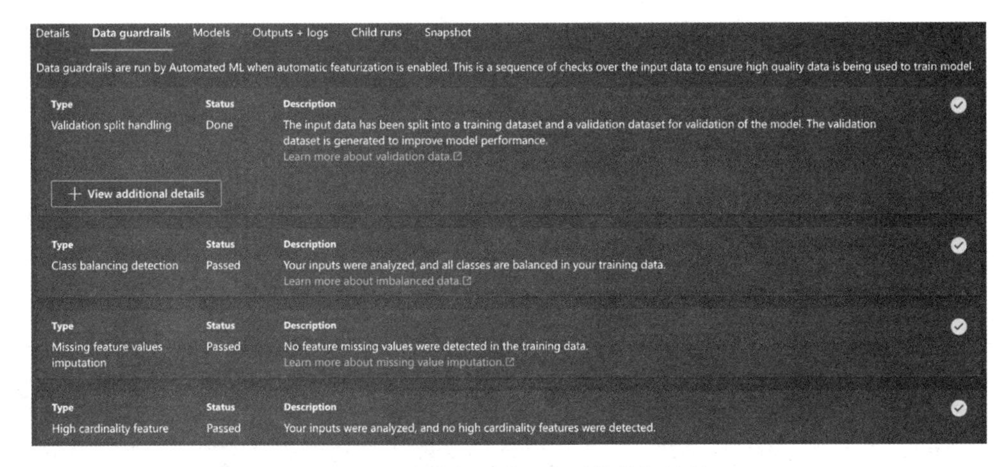

图 5.25　自动机器学习实验的数据护栏

从主运行总结页面中可查看最佳模型及其结果总结，如图 5.26 所示。本例中，基于软投票的 VotingEnsemble()方法显然是赢家。它是 Azure 自动机器学习当前支持的两种集成方法之一。另一个是 StackEnsemble，它从先前运行的迭代中创建集合。集成方法是用于组合多个模型以获得最佳结果的技术，投票（Voting）、堆叠（Stacking）、装袋（Bagging）和提升（Boosting）是一些用于集成方法的类别。

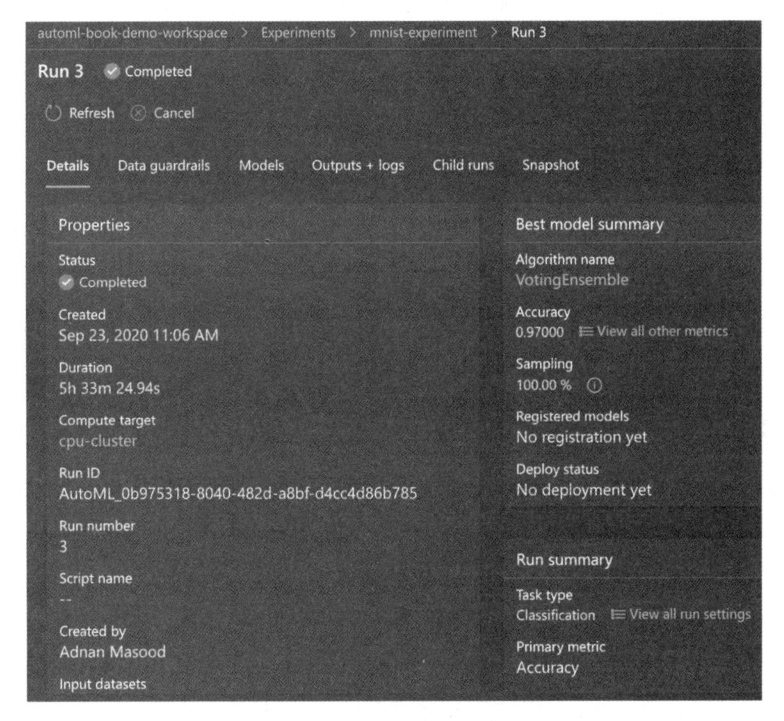

图 5.26　自动机器学习实验的总结页

假设到目前为止已经按照这些实验自己尝试了这些步骤，很明显每次运行都有几个子运行——每个模型都有单独的迭代。因此，当查看运行（Run）总结页面的指标（Metrics）选项卡时，不仅可以看到不同的指标，还可以看到准确率–召回率图（PR 曲线），如图 5.27 所示。

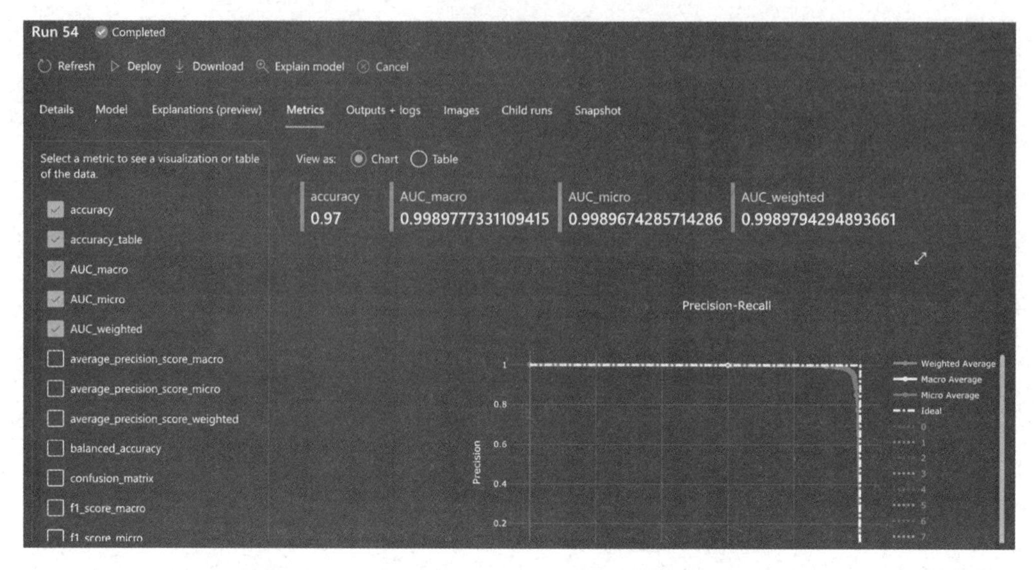

图 5.27 自动机器学习实验的准确率指标和 PR 曲线

现在看模型的解释。机器学习模型的可解释性非常重要，尤其是对于自动机器学习。这是因为行业专家想知道哪些特征在结果中发挥了关键作用。在图 5.28 中，可以看到前 k 个特征的重要性的表格解释，以及如何用于预测 0-9 数字的拆解。

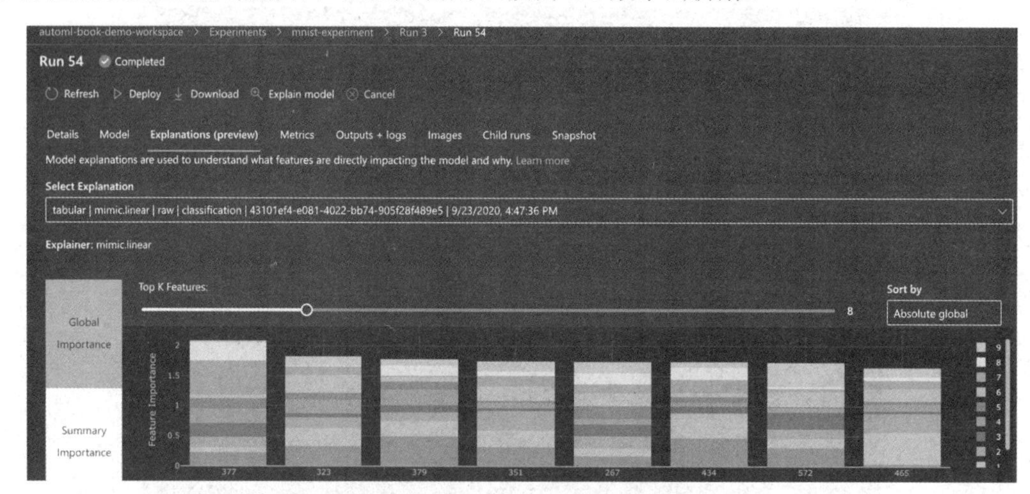

图 5.28 自动机器学习实验的特征解释

前面的截图显示了哪个特征在预测数字时发挥什么作用。特征 377 在预测数字 7 时很重要，特征 379 和 434 在预测数字 9 时很重要，以此类推。这个 MNIST 数据集可能看起来无关紧要，但假设正在查看 HR 招聘数据集，并且性别、种族或年龄成为一个重要特征，就需要引起注意，因为这有可能违反了关于性别、种族或与年龄相关的歧视的政策，甚至可能是违法的，企业可能会因为其中的偏见而在合规性和声誉方面遇到严重的麻烦。更不用说，根据那些与员工工作能力无关的属性进行歧视是不合适的。

可解释性还为特征提供了重要性总结，在这里可以直观地看到全局和局部特征的单个 k 特征（k-feature）的重要性。图 5.29 中显示的 Swarm 图在非常精细的级别上可视化相同的数据，显示了 MNIST 数据集中的元素数量与其对应的特征之间的一对一映射，类似于图 5.28 中的表格解释。

automl-book-demo-workspace > Experiments > mnist-experiment > Run 3 > Run 54
Run 54
Completed
Refresh
Deploy
Download
Explain model
Cancel
Details
Model
Explanations (preview)
Metrics
Outputs + logs
Images
Child runs
Snapshot
Chart type:
Swarm
Top K Features:
28
Cross-class weighting:
Average of abs...
Global Importance
Summary Importance
Feature Importance
Feature: 321
Importance: 0.08829011657762305
Clear selection
Local Feature Importance
Top K Features:
8
Sort by
Absolute global

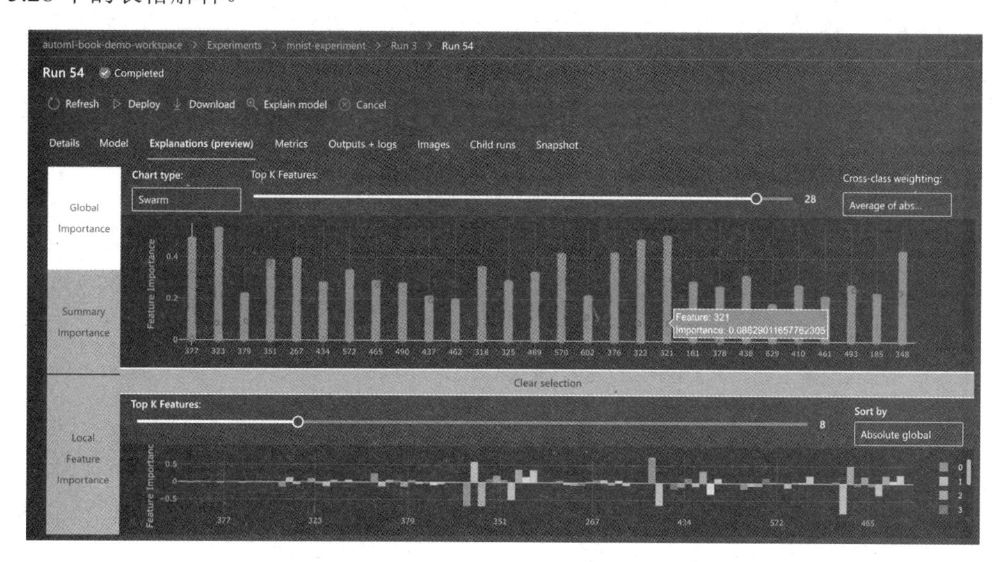

图 5.29　Azure Machine Learning 前 k 个特征的重要性总结图

完成了对用于分类的自动机器学习的概述，接下来继续将相同的技术应用于时间序列预测。

5.2　使用自动机器学习进行时间序列预测

在能源供应商喜欢提前预测消费者的预期需求的行业中，预测能源需求是一个实际问题。本例将使用纽约市的能源需求数据集进行介绍，该数据集可在公共领域获得。将使用历史时间序列数据，并应用自动机器学习进行预测；也就是说，预测未来 48 小时的能源需求。

机器学习笔记本是 Azure 模型仓库的一部分，可在 GitHub 上访问，见链接 5-2。

1．在本地磁盘上复制上述 GitHub 仓库，并导航到 forecasting-energy-demand 文件夹，如图 5.30 所示。

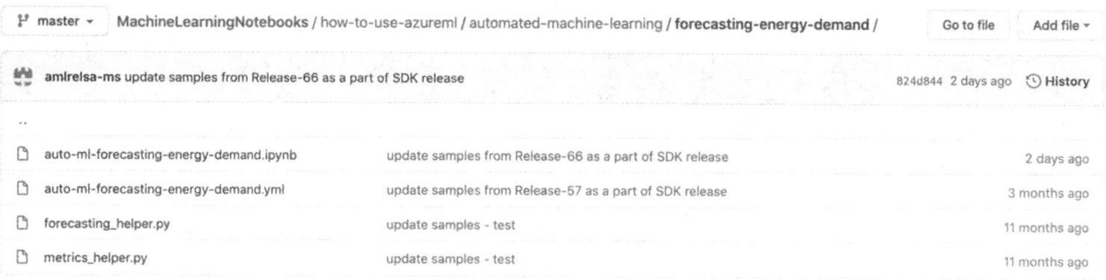

master
MachineLearningNotebooks / how-to-use-azureml / automated-machine-learning / forecasting-energy-demand /
Go to file
Add file
amlrelsa-ms update samples from Release-66 as a part of SDK release
824d844 2 days ago
History
auto-ml-forecasting-energy-demand.ipynb
update samples from Release-66 as a part of SDK release
2 days ago
auto-ml-forecasting-energy-demand.yml
update samples from Release-57 as a part of SDK release
3 months ago
forecasting_helper.py
update samples - test
11 months ago
metrics_helper.py
update samples - test
11 months ago

图 5.30　Azure Machine Learning 笔记本 GitHub 仓库

2．单击“上传”（Upload）按钮，将 forecasting-energy-demand 文件夹上传到 Azure 笔记本仓库，如图 5.31 所示。

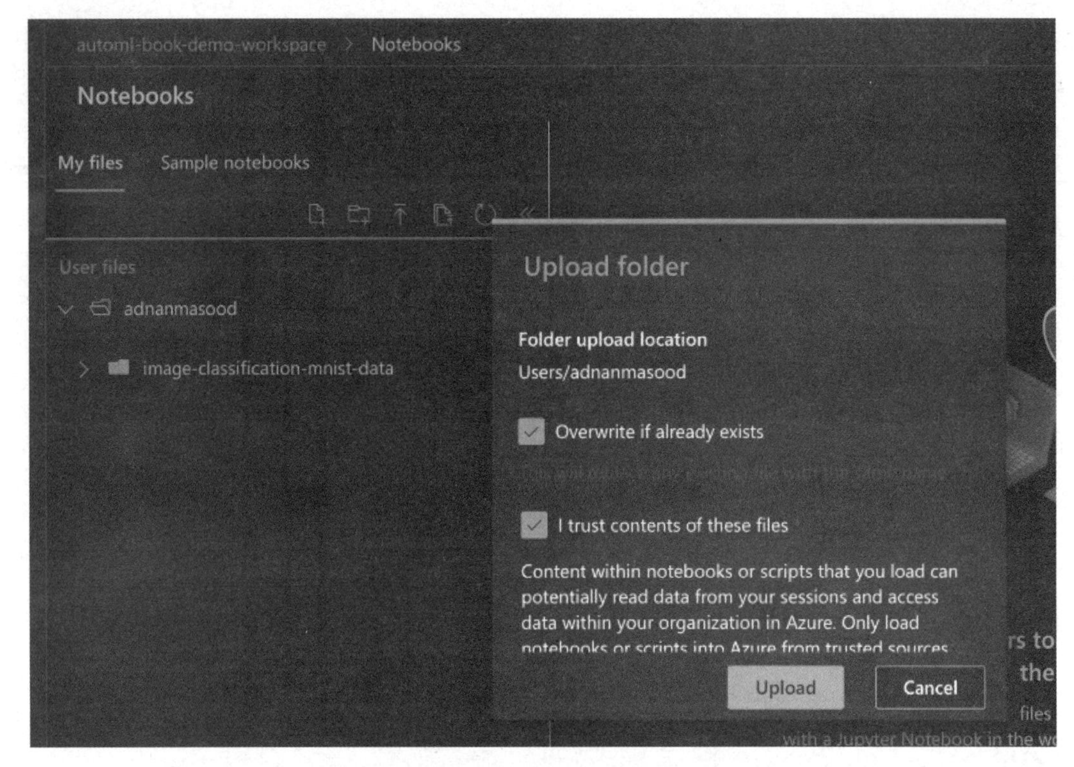

图 5.31 在 Azure Machine Learning 笔记本工作区中上传文件夹

3．上传文件夹后（见图 5.32 左侧窗格中的文件），双击.ipynb 文件并将其打开。可以看到以下页面。

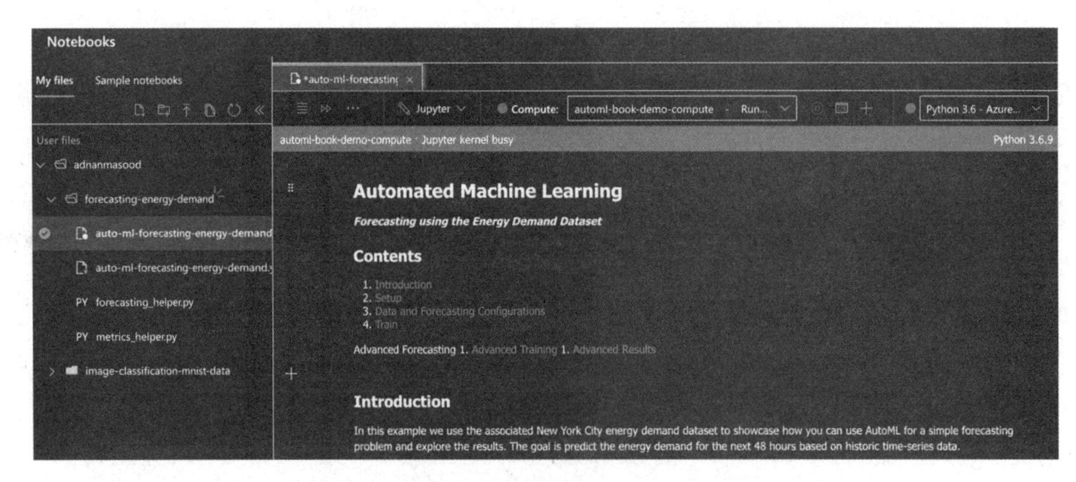

图 5.32 在自动机器学习笔记本工作区中上传文件

4．通过单击相应的下拉菜单在 JupyterLab 中打开，页面如图 5.33 所示。请务必记住，即使在 JupyterLab 中运行文件，Azure Machine Learning 工作区中也在运行自动机器学习实验，始终可以在那里跟踪和查看每个实验。这显示了 Azure Machine Learning 与第三方工具无缝集成的强大功能。

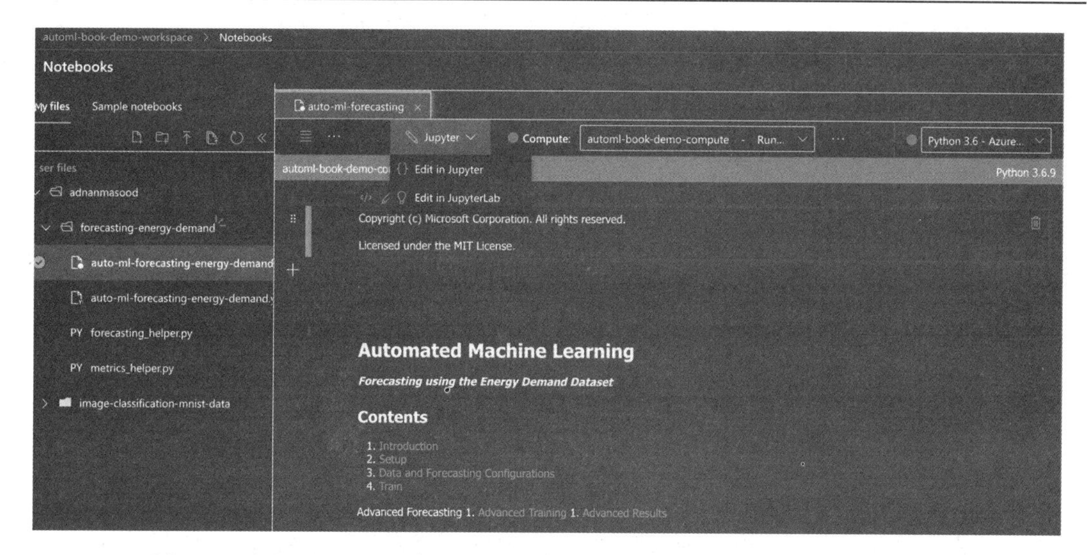

图 5.33 在自动机器学习笔记本工作区中上传文件并在 JupyterLab 中打开它们

现在，该文件在一个非常熟悉的环境中运行，内核是 Python 3.6——Azure Machine Learning 运行时。这种与笔记本的无缝集成是 Azure Machine Learning 的一项强大功能，如图 5.34 所示。

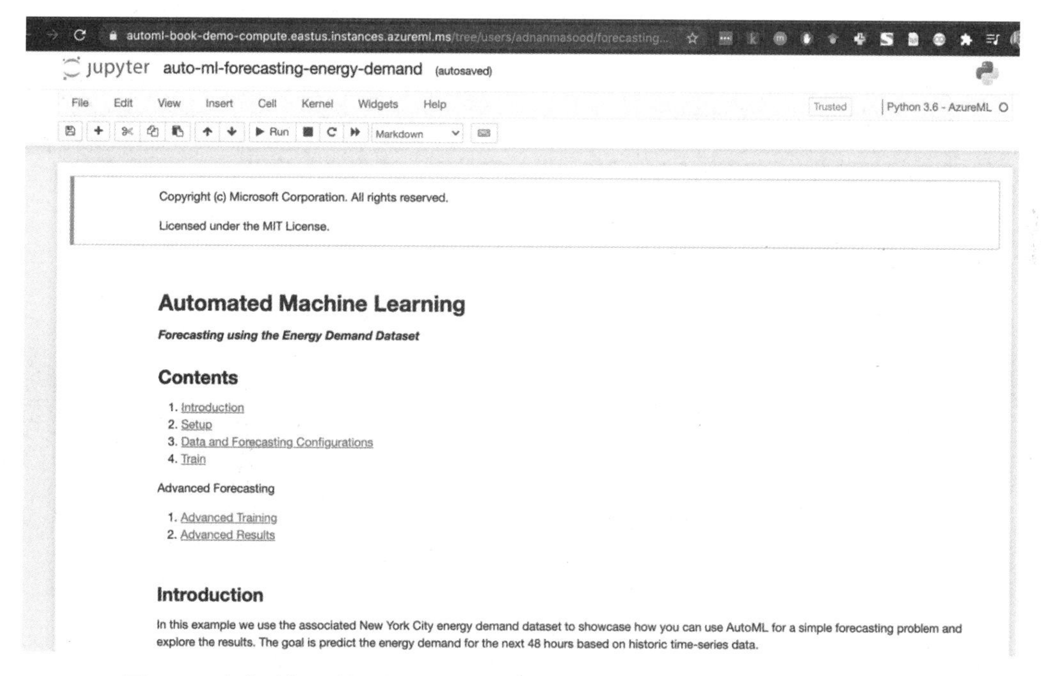

图 5.34 在自动机器学习笔记本工作区中上传文件并在 JupyterLab 中打开它们

处理时间序列数据时，需要注意的是，Azure 自动机器学习提供了各种原生的时间序列与深度学习模型，用以支持与时间序列相关的分析工作负载。图 5.35 显示了这些算法的列表。

Azure 自动机器学习附带各种回归、分类和时间序列预测算法和评分机制，而且可以添加自定义指标。图 5.36 显示了 Azure 自动机器学习中分类、回归和时间序列预测算法和指标的列表。

Automated ML provides users with both native time-series and deep learning models as part of the recommendation system.

Models	Description	Benefits
Prophet (Preview)	Prophet works best with time series that have strong seasonal effects and several seasons of historical data. To leverage this model, install it locally using `pip install fbprophet`.	Accurate & fast, robust to outliers, missing data, and dramatic changes in your time series.
Auto-ARIMA (Preview)	Auto-Regressive Integrated Moving Average (ARIMA) performs best, when the data is stationary. This means that its statistical properties like the mean and variance are constant over the entire set. For example, if you flip a coin, then the probability of you getting heads is 50%, regardless if you flip today, tomorrow or next year.	Great for univariate series, since the past values are used to predict the future values.
ForecastTCN (Preview)	ForecastTCN is a neural network model designed to tackle the most demanding forecasting tasks, capturing nonlinear local and global trends in your data as well as relationships between time series.	Capable of leveraging complex trends in your data and readily scales to the largest of datasets.

图 5.35 Azure 自动机器学习的时间序列功能

Classification	Regression	Time Series Forecasting
Logistic Regression*	Elastic Net*	Elastic Net
Light GBM*	Light GBM*	Light GBM
Gradient Boosting*	Gradient Boosting*	Gradient Boosting
Decision Tree*	Decision Tree*	Decision Tree
K Nearest Neighbors*	K Nearest Neighbors*	K Nearest Neighbors
Linear SVC*	LARS Lasso*	LARS Lasso
Support Vector Classification (SVC)*	Stochastic Gradient Descent (SGD)*	Stochastic Gradient Descent (SGD)
Random Forest*	Random Forest*	Random Forest
Extremely Randomized Trees*	Extremely Randomized Trees*	Extremely Randomized Trees
Xgboost*	Xgboost*	Xgboost
Averaged Perceptron Classifier	Online Gradient Descent Regressor	Auto-ARIMA
Naive Bayes*	Fast Linear Regressor	Prophet
Stochastic Gradient Descent (SGD)*		ForecastTCN
Linear SVM Classifier*		

图 5.36 Azure 自动机器学习的分类、回归和时间序列预测算法

图 5.37 中是用于衡量上述方法准确率的指标列表。

Classification	Regression	Time Series Forecasting
accuracy	spearman_correlation	spearman_correlation
AUC_weighted	normalized_root_mean_squared_error	normalized_root_mean_squared_error
average_precision_score_weighted	r2_score	r2_score
norm_macro_recall	normalized_mean_absolute_error	normalized_mean_absolute_error
precision_score_weighted		

图 5.37　Azure 自动机器学习衡量分类、回归和时间序列预测算法的指标

5．快速浏览公式化的设置代码，可以通过将目标列设置为“demand”，并将时间列的名称设置为“timeStamp”来设置实验。完成此操作后，数据将被下载并成为 pandas DataFrame 的一部分，如图 5.38 所示。

Target column is what we want to forecast.
Time column is the time axis along which to predict.

The other columns, "temp" and "precip", are implicitly designated as features.

```
In [ ]: target_column_name = 'demand'
        time_column_name = 'timeStamp'
```

```
In [ ]: dataset = Dataset.Tabular.from_delimited_files(path = "https://automlsamplenotebookdata.blob.core.windows.net/automl-sample-notebook-dat
        a/nyc_energy.csv").with_timestamp_columns(fine_grain_timestamp=time_column_name)
        dataset.take(5).to_pandas_dataframe().reset_index(drop=True)
```

The NYC Energy dataset is missing energy demand values for all datetimes later than August 10th, 2017 5AM. Below, we trim the rows containing these missing values from the end of the dataset.

```
In [ ]: # Cut off the end of the dataset due to large number of nan values
        dataset = dataset.time_before(datetime(2017, 10, 10, 5))
```

图 5.38　在 Azure 自动机器学习笔记本中加载纽约市能源供应数据

6．将数据分成训练集和测试集。

第一个拆分是训练集和测试集。这里按时间拆分。2017 年 8 月 8 日凌晨 5 点之前的数据将用于训练，之后的数据将用于测试，如图 5.39 所示。

Split the data into train and test sets

The first split we make is into train and test sets. Note that we are splitting on time. Data before and including August 8th, 2017 5AM will be used for training, and data after will be used for testing.

```
# split into train based on time
train = dataset.time_before(datetime(2017, 8, 8, 5), include_boundary=True)
train.to_pandas_dataframe().reset_index(drop=True).sort_values(time_column_nam
e).tail(5)
```

```
# split into test based on time
test = dataset.time_between(datetime(2017, 8, 8, 6), datetime(2017, 8, 10, 5))
test.to_pandas_dataframe().reset_index(drop=True).head(5)
```

图 5.39　纽约市能源供应的数据拆分

7．作为本练习的一部分，必须设置的关键参数之一是预测范围；也就是希望预测多远的未来。自动机器学习算法足够智能，可以根据数据集的时间序列频率知道要使用的单

位（小时、天或月）。根据业务问题，将预测范围设置为 48（小时）并提交作业，如图 5.40 所示。

```
forecast_horizon = 48
```

```
from azureml.automl.core.forecasting_parameters import ForecastingParameters
forecasting_parameters = ForecastingParameters(
    time_column_name=time_column_name, forecast_horizon=forecast_horizon
)

automl_config = AutoMLConfig(task='forecasting',
                             primary_metric='normalized_root_mean_squared_erro
r',
                             blocked_models = ['ExtremeRandomTrees', 'AutoArim
a', 'Prophet'],
                             experiment_timeout_hours=0.3,
                             training_data=train,
                             label_column_name=target_column_name,
                             compute_target=compute_target,
                             enable_early_stopping=True,
                             n_cross_validations=3,
                             verbosity=logging.INFO,
                             forecasting_parameters=forecasting_parameters)
```

图 5.40 为预测作业创建自动机器学习配置

8．现已创建配置，需要提交实验，如图 5.41 所示。

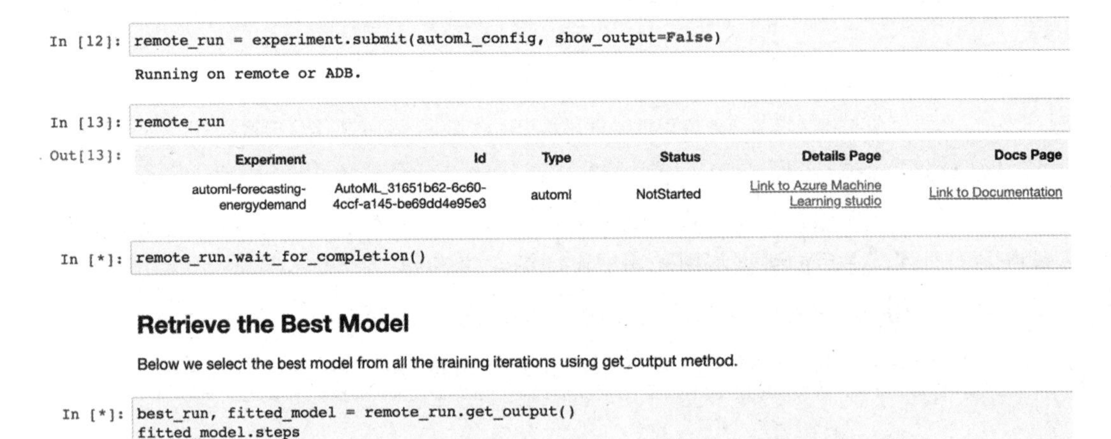

图 5.41 将自动机器学习实验提交到远程服务器执行

9．为了演示 Jupyterlab 与 Azure Machine Learning 服务的集成，请单击机器学习服务门户中的“实验”（Experiments）选项卡，如图 5.42 所示。这里可以看到实验已提交，现在准备使用与自动机器学习参数相关联的配置运行。

在等待运行完成时，也可以将自动机器学习配置元素作为 Notebook 的一部分进行观察，如图 5.43 所示。

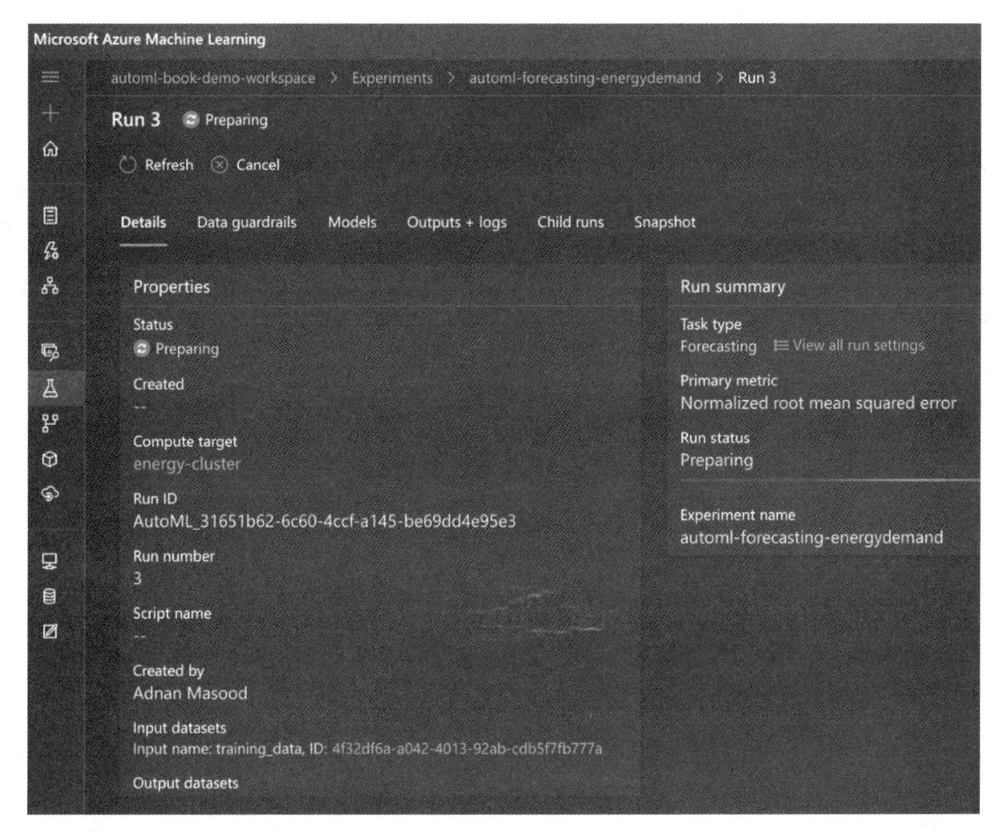

图 5.42　远程服务器上自动机器学习实验的实验窗格视图

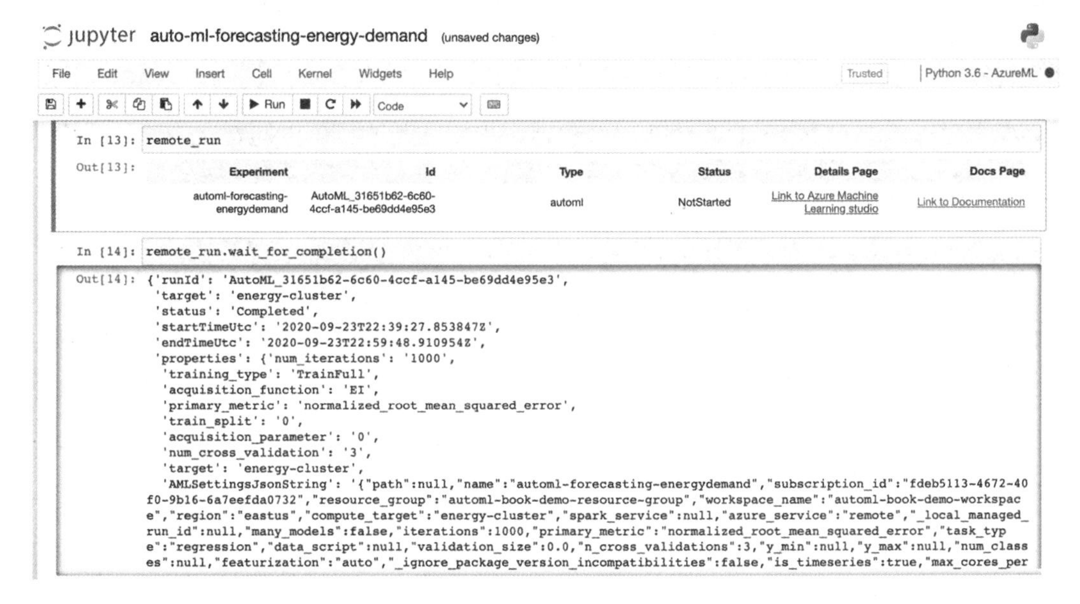

图 5.43　提交作业后运行 wait_for_completion()方法的笔记本

10．笔记本与相应实验之间的这种固有集成也可以在图 5.44 中看到。这里可以看到实验（Experiment）笔记本是如何反映到实验控制台中的。

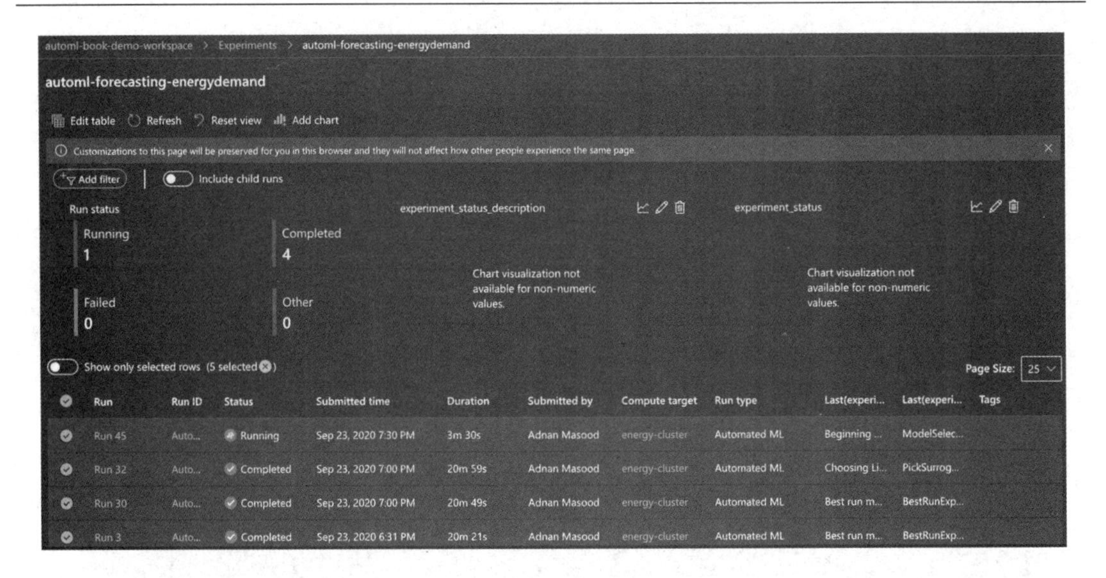

图 5.44　Azure Machine Learning“实验”（Experiments）窗口中显示的笔记本中的实验

每次运行都会给出算法的名称和错误的详细信息，并显示错误率的持续降低。MNIST 分类的归一化 RMSE 和准确率指标显示在图 5.45 中。

Run 3 Completed

Refresh Cancel

Details Data guardrails Models Outputs + logs Child runs Snapshot

Deploy Download Explain model Search to filter items...

Algorithm name	Explained	Normalized root mean s... ↑	Sampling	Run	Created	Duration	Status
VotingEnsemble	View explanation	0.04833	100.00 %	Run 27	Sep 23, 2020 6:57 PM	46s	Completed
MinMaxScaler, DecisionTree		0.05321	100.00 %	Run 20	Sep 23, 2020 6:52 PM	38s	Completed
MinMaxScaler, DecisionTree		0.05447	100.00 %	Run 8	Sep 23, 2020 6:41 PM	35s	Completed
MaxAbsScaler, DecisionTree		0.05640	100.00 %	Run 6	Sep 23, 2020 6:39 PM	33s	Completed
MinMaxScaler, DecisionTree		0.06311	100.00 %	Run 24	Sep 23, 2020 6:56 PM	33s	Completed
RobustScaler, DecisionTree		0.06881	100.00 %	Run 18	Sep 23, 2020 6:50 PM	31s	Completed
RobustScaler, DecisionTree		0.08042	100.00 %	Run 22	Sep 23, 2020 6:54 PM	36s	Completed
RobustScaler, ElasticNet		0.08947	100.00 %	Run 12	Sep 23, 2020 6:45 PM	33s	Completed

图 5.45　Azure Machine Learning“实验”（Experiments）窗口中显示的笔记本中的实验

数据护栏的类型也值得注意。在图 5.46 中，可以看到在分类练习中使用的护栏不同。在这个例子中，数据针对频率检测和缺失特征值插补进行合法化。自动机器学习引擎足够智能，可以学习不同类型的实验和数据集需要应用什么类型的护栏。

11．实验完成后，在笔记本中调用最佳模型，如图 5.47 所示（也可以在机器学习服务控制台中调用视觉界面）。

使用 get_output 方法从所有训练迭代中选择最佳模型。

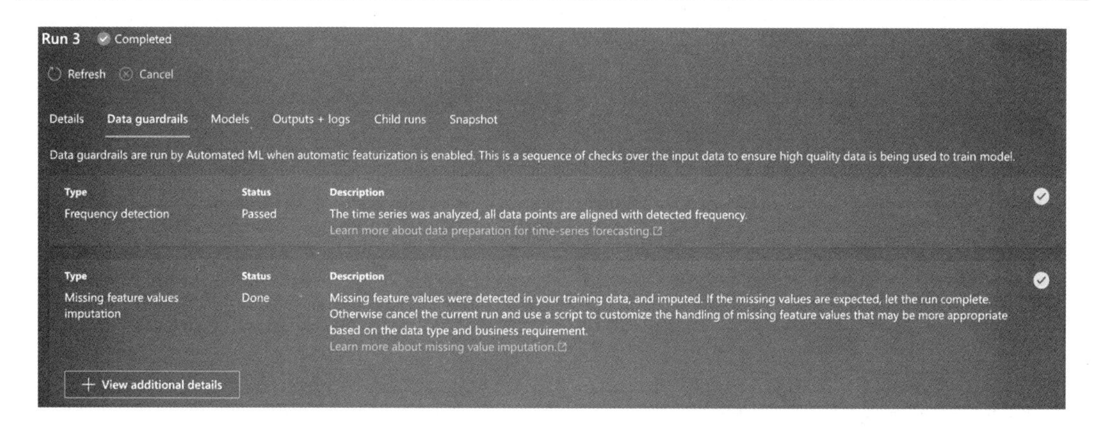

图 5.46　Azure Machine Learning 中“实验”（Experiments）窗口的数据护栏

Retrieve the Best Model

Below we select the best model from all the training iterations using get_output method.

```
In [15]: best_run, fitted_model = remote_run.get_output()
         fitted_model.steps

Out[15]: [('timeseriestransformer',
           TimeSeriesTransformer(featurization_config=None,
                                 pipeline_type=<TimeSeriesPipelineType.FULL: 1>)),
          ('prefittedsoftvotingregressor',
           PreFittedSoftVotingRegressor(estimators=[('7',
                                                     Pipeline(memory=None,
                                                              steps=[('minmaxscaler',
                                                                      MinMaxScaler(copy=True,
                                                                                   feature_range=(0,
                                                                                                  1))),
                                                                     ('decisiontreeregressor',
                                                                      DecisionTreeRegressor(ccp_alpha=0.0,
                                                                                            criterion='mse',
                                                                                            max_depth=None,
                                                                                            max_features=0.7,
                                                                                            max_leaf_nodes=None,
                                                                                            min_impurity_decrease=0.0,
                                                                                            min_impurity_split=None,
                                                                                            min_samples_leaf=0.001953125,
                                                                                            min_sam...
                                                                                            max_depth=None,
                                                                                            max_features=0.8,
                                                                                            max_leaf_nodes=None,
                                                                                            min_impurity_decrease=0.0,
                                                                                            min_impurity_split=None,
                                                                                            min_samples_leaf=0.018779547644135
         22,
                                                                                            min_samples_split=0.00182615846827
         02607,
                                                                                            min_weight_fraction_leaf=0.0,
                                                                                            presort='deprecated',
                                                                                            random_state=None,
                                                                                            splitter='best'))],
                                                              verbose=False))],
                                        weights=[0.45454545454545453, 0.2727272727272727,
                                                 0.2727272727272727]))]
```

图 5.47　笔记本中的模型调用

12．前文介绍过深度特征搜索或自动特征工程，可通过调用模型上的 get_engineered_feature_names()方法，在以下步骤的帮助下从笔记本中访问和调用工程特征。

可以访问时间序列特征化中的工程特征名称。

查看这些特征的特征化总结，包括工程特征和有机特征，提供了构建这些特征的基本原理，如图 5.48 所示。

还可以查看对用户数据中的不同原始特征执行了哪些特征化步骤。对于用户数据中的每个原始特征，显示以下信息，如图 5.49 所示。

Featurization

You can access the engineered feature names generated in time-series featurization.

```
In [16]: fitted_model.named_steps['timeseriestransformer'].get_engineered_feature_names()

Out[16]: ['precip',
          'temp',
          'precip_WASNULL',
          'temp_WASNULL',
          'year',
          'half',
          'quarter',
          'month',
          'day',
          'hour',
          'am_pm',
          'hour12',
          'wday',
          'qday',
          'week']
```

图 5.48 通过 get_engineered_feature_names 检索工程特征

- 原始特征名称
- 由这个原始特征形成的工程特征的数量
- 类型检测
- 是否特征被丢弃
- 原始特征的特征转换的列表

View featurization summary

You can also see what featurization steps were performed on different raw features in the user data. For each raw feature in the user data, the following information is displayed:

- Raw feature name
- Number of engineered features formed out of this raw feature
- Type detected
- If feature was dropped
- List of feature transformations for the raw feature

```
In [17]: # Get the featurization summary as a list of JSON
         featurization_summary = fitted_model.named_steps['timeseriestransformer'].get_featurization_summary()
         # View the featurization summary as a pandas dataframe
         pd.DataFrame.from_records(featurization_summary)

Out[17]:
```

	RawFeatureName	TypeDetected	Dropped	EngineeredFeatureCount	Transformations
0	precip	Numeric	No	2	[MedianImputer, ImputationMarker]
1	temp	Numeric	No	2	[MedianImputer, ImputationMarker]
2	timeStamp	DateTime	No	11	[DateTimeTransformer, DateTimeTransformer, DateTimeTransformer, DateTimeTransformer, DateTimeTransformer, DateTimeTransformer, DateTimeTransformer, DateTimeTransformer, DateTimeTransformer, DateTimeTransformer, DateTimeTransformer]

图 5.49 通过 get_featurization_summary()查看工程特征总结

13．使用评分方法，可以创建测试分数并将预测点绘制在图表上，预测数据测试分数为蓝色，而实际分数为绿色，分别如图 5.50 和图 5.51 所示。

注意

由于印刷原因，书中图片都是黑白的。在实际处理示例时，可以更好地理解其意义。

```
In [21]: from azureml.automl.core.shared import constants
         from azureml.automl.runtime.shared.score import scoring
         from matplotlib import pyplot as plt

         # use automl metrics module
         scores = scoring.score_regression(
             y_test=df_all[target_column_name],
             y_pred=df_all['predicted'],
             metrics=list(constants.Metric.SCALAR_REGRESSION_SET))

         print("[Test data scores]\n")
         for key, value in scores.items():
             print('{}:   {:.3f}'.format(key, value))

         # Plot outputs
         %matplotlib inline
         test_pred = plt.scatter(df_all[target_column_name], df_all['predicted'], color='b')
         test_test = plt.scatter(df_all[target_column_name], df_all[target_column_name], color='g')
         plt.legend((test_pred, test_test), ('prediction', 'truth'), loc='upper left', fontsize=8)
         plt.show()

         [Test data scores]

         normalized_root_mean_squared_error:   0.150
         mean_absolute_percentage_error:   5.491
         normalized_mean_absolute_error:   0.122
         r2_score:   0.743
         normalized_median_absolute_error:   0.097
         root_mean_squared_log_error:   0.064
         normalized_root_mean_squared_log_error:   0.130
         explained_variance:   0.787
         mean_absolute_error:   383.207
         root_mean_squared_error:   473.089
         spearman_correlation:   0.972
         median_absolute_error:   305.623
```

图 5.50 构建测试数据分数的散点图

```
[Test data scores]

normalized_root_mean_squared_error:   0.150
mean_absolute_percentage_error:   5.491
normalized_mean_absolute_error:   0.122
r2_score:   0.743
normalized_median_absolute_error:   0.097
root_mean_squared_log_error:   0.064
normalized_root_mean_squared_log_error:   0.130
explained_variance:   0.787
mean_absolute_error:   383.207
root_mean_squared_error:   473.089
spearman_correlation:   0.972
median_absolute_error:   305.623
```

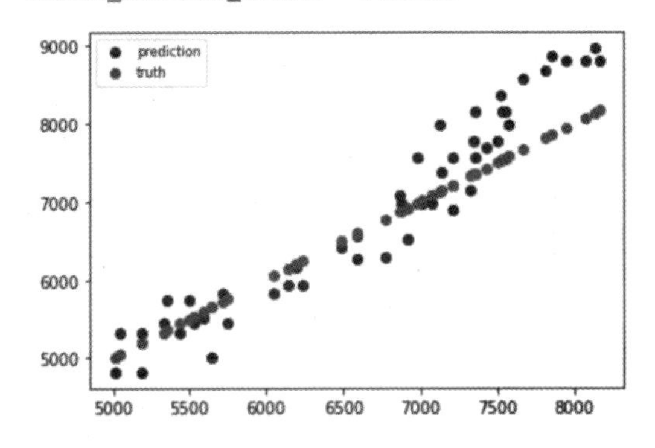

Looking at `X_trans` is also useful to see what featurization happened to the data.

图 5.51 测试数据分数和对应的图

X_trans 得到其特征化，包括数据集中的自动特征工程的变化，如图 5.52 所示。

```
In [22]: X_trans
```

timeStamp	_automl_dummy_grain_col	precip	temp	precip_WASNULL	temp_WASNULL	year	half	quarter	month	day	hour	am_pm	hour12	wday	qday	week	_automl_t
2017-08-08 06:00:00	_automl_dummy_grain_col	0.00	66.17	0	0	2017	2	3	8	8	6	0	6	1	39	32	
2017-08-08 07:00:00	_automl_dummy_grain_col	0.00	66.29	0	0	2017	2	3	8	8	7	0	7	1	39	32	
2017-08-08 08:00:00	_automl_dummy_grain_col	0.00	66.72	0	0	2017	2	3	8	8	8	0	8	1	39	32	
2017-08-08 09:00:00	_automl_dummy_grain_col	0.00	67.37	0	0	2017	2	3	8	8	9	0	9	1	39	32	
2017-08-08 10:00:00	_automl_dummy_grain_col	0.00	68.30	0	0	2017	2	3	8	8	10	0	10	1	39	32	

图 5.52 X_trans 显示用于能源预测的时间序列特征

尽管 MNIST 数据集的可解释性不是那么直观，但在探索能源需求数据集的时候，可以可视化不同的模型并查看哪些特征对预测的影响最大。温度与全球性的用电量呈正相关是非常直观的。较高的温度会导致更多的空调使用，从而导致更高的电力使用。模型还认为一天中不同的时间段和一周中的星期几同样很重要，如图 5.53 所示。

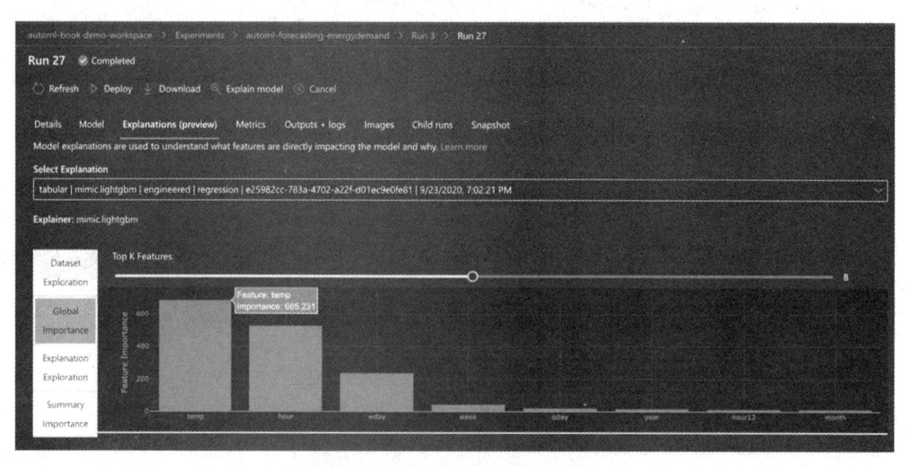

图 5.53 全局重要性可解释性图

在图 5.54 中，不同的解释模型（工程特征与原始特征）将结果映射到 Y 的不同预测值。模型解释视图能够看出哪些特征直接影响模型。

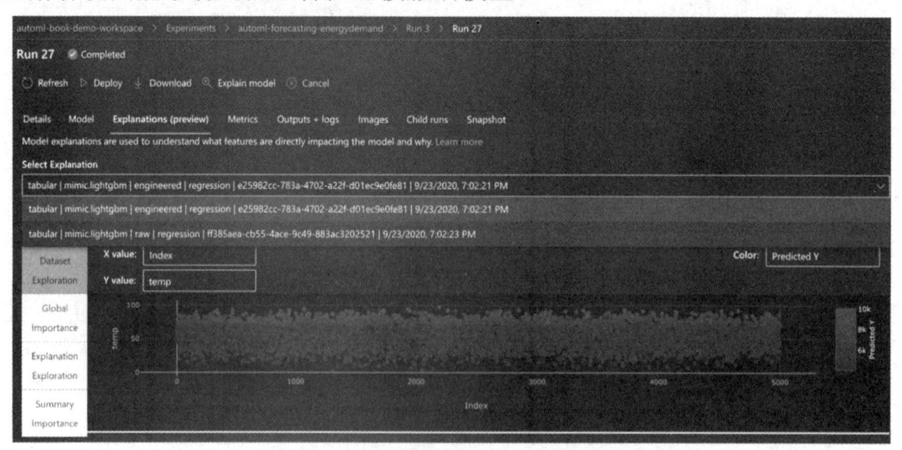

图 5.54 全局重要性可解释性图

在 Azure 中使用自动机器学习进行时间序列预测的演示到此结束。

5.3　小结

本章介绍了如何将 Azure 中的 AutoML 应用于分类问题和时间序列预测问题。如何使用 Azure 笔记本和 JupyterLab 在 Azure 机器学习环境中构建模型。然后展示了整个工作区与实验和运行的关系。还介绍了可以在自动运行期间看到可视化界面，这个功能为特征重要性、特征的全局和局部影响及基于原始和工程特征提供了直观的理解。Azure 除了便于用户使用，还能解决企业的需求。Azure 是一个优秀的平台，拥有一套全面的工具。

本章链接

扩展阅读

第 6 章

使用 AWS 进行机器学习

"无论你在学习什么，如果你没有跟上深度学习、神经网络等的发展，你就会失败。我们正在经历软件去自动化软件，自动机去自动化自动机的过程。"

—— Mark Cuban

上一章介绍了 Azure Machine Learning 的情况及如何在 Azure 中执行自动机器学习。本章将介绍如何使用 Amazon Web Services（AWS）进行自动机器学习，详细介绍其多种产品和庞大的云平台。

本章从 AWS 机器学习平台的功能介绍开始，使读者以更广阔的视角了解这个大规模系统。许多实际应用都需要特定的解决方案。对于企业来说，没有一个云平台可以满足所有需求。因此，在学习自动机器学习时，每个云产品都非常重要。

6.1 AWS 环境中的机器学习

Gartner 是定期审查技术情况并提供全面报告的主要咨询公司之一。Gartner 的最新版魔力象限（Magic Quadrant）包含作为利基市场参与者的 Anaconda 和 Altair，作为前瞻者的 Microsoft、DataRobot、KNIME、Google、H2O.ai、RapidMiner 和 Domino，作为挑战者的 IBM，以及作为数据科学和机器学习领域领导者的 Alteryx、SAS、Databricks、MathWorks、TIBCO 和 Dataik。

令人惊讶的是，这个魔力象限没有包含 AWS。在数据科学和人工智能方面，有 6 家公司处于领导象限，7 家被归类为有远见的企业。AWS 未能进入其中的原因是它的发布时间较晚。AWS 的旗舰产品 SageMaker Studio 和 SageMaker Autopilot 在 Gartner 统计截止日期后才公布，因此没有被 Gartner 选中。但由于 AWS 适用的广泛性，没有在列表中看到 AWS 仍令人惊讶。作为领先的云服务提供商，AWS 占据的市场份额超过最接近的三个竞争对手的总和。

AWS 为开发人员、数据科学家、机器学习工程师和爱好者提供了使用人工智能和机器学习的完整工具。这些工具包含框架、基础设施组件、机器学习服务、人工智能服务、集成开发环境（Integrated Development Environment，IDE）和 API。此外，AWS 提供培训和教程，帮助使用者在不断发展的 AWS 产品世界中入门。AWS 机器学习技术栈如图 6.1 所示。

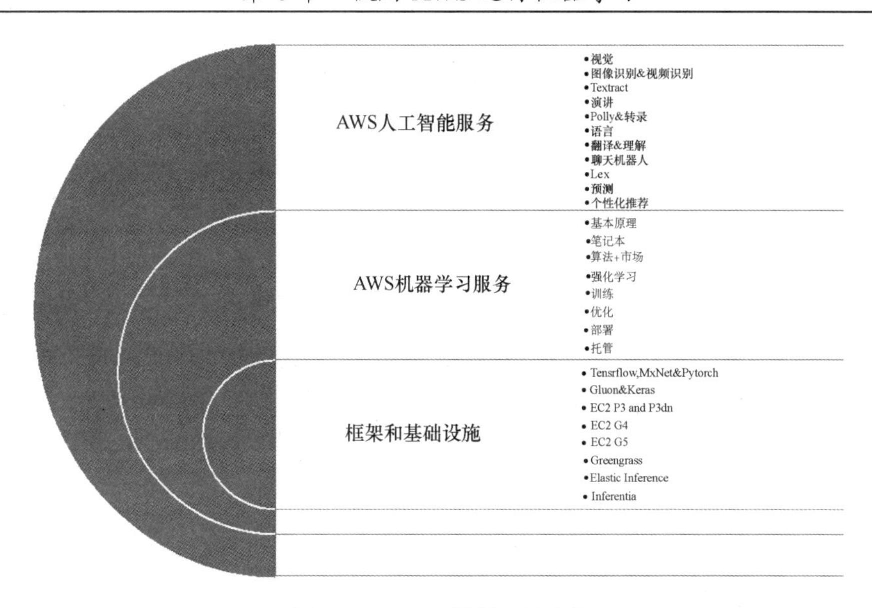

图 6.1　AWS 机器学习技术栈

由于产品的深度和广度，每个功能都需要至少一章来介绍。为了简洁，这里只关注自动机器学习部分，即 Amazon SageMaker 及其 Autopilot 产品。参阅扩展阅读部分的链接，可了解关于 Amazon 机器学习的更多信息。

Amazon SageMaker 是一个完全托管的、基于云的机器学习平台，可以启动端到端的机器学习任务。图 6.2 展示了 AWS 中端到端的机器学习，其中的组件用于准备、构建、训练、调整、部署和管理模型。图中还展示了 Amazon SageMaker Autopilot 如何自动构建和训练模型。

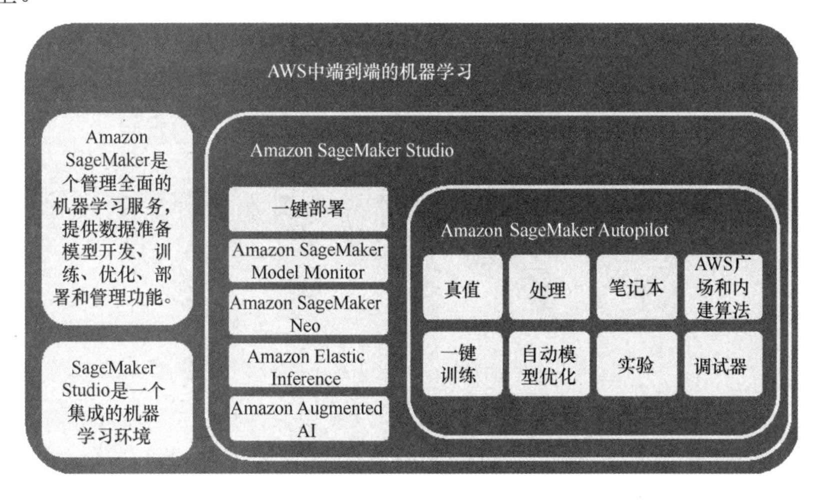

图 6.2　AWS 中端到端的机器学习

虽然本书的重点是自动机器学习，但 Amazon SageMaker 仍然值得探索。其主要产品之一是 Amazon SageMaker Studio，一个基于网络的机器学习 IDE，用于准备、构建、部署和操作模型。当提到 Amazon SageMaker 时，大多数人都会想到这个 IDE，但它是更大生态系统的一部分。

笔记本是数据科学家的武器。大多数情况下，Amazon SageMaker Studio 笔记本提供了数据科学家熟悉和喜爱的舒适环境。Amazon SageMaker Ground Truth 提供训练数据集，Amazon Augmented AI（A2I）支持 Human-in-the-Loop（HITL），其中需要人工检查机器学习预测结果，尤其对于具有低置信度的预测。Amazon SageMaker Experiments 类似于其他云平台的对应产品，它有助于跟踪数据，实现实验的重建和共享，并提供跟踪信息。Amazon SageMaker 有多种内置算法，用于分类、回归、文本分析、话题建模、预测、聚类等方面，如图 6.3 所示。

图 6.3　Amazon SageMaker 的内置算法

Amazon SageMaker Debugger 可以帮助检查参数和数据，Amazon SageMaker Model Monitor 可以监控生产中的模型行为。模型监控是最近热门的技术，因为数据偏差会显著影响模型质量，从而影响预测结果。从图 6.4 中可以看到一些不同类型的 Amazon SageMaker 功能。

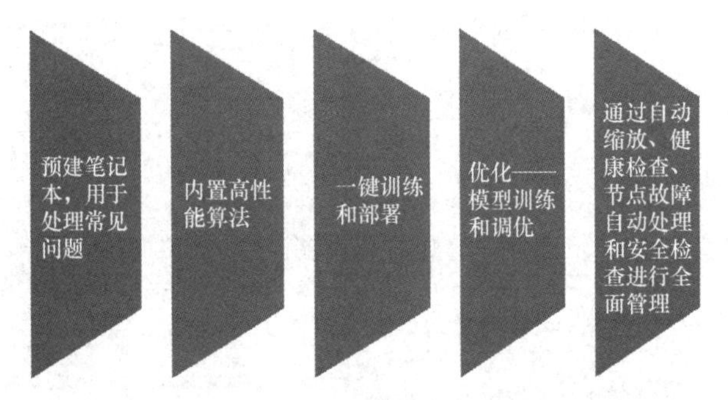

图 6.4　不同类型的 Amazon SageMaker 功能

Amazon SageMaker 还提供强化学习、批量转换和弹性推理功能。Amazon SageMaker Neo 支持“训练一次、随处运行”，有助于分离训练和推理的设备。Amazon SageMaker Neo 由 Apache 许可的 Neo-AI-DLR 支持，提供常见的框架（TensorFlow、MXNet、PyTorch、ONNX 和 XGBoost），甚至声称可以加速这些框架运行。Amazon SageMaker Autopilot 是本书的重点内容之一。数据科学家们可以在其中构建、训练和测试机器学习模型——人们离人工智能的大众化更近了一步。

在本章的后半部分中，将详细介绍 Amazon SageMaker Autopilot。首先对在 Amazon SageMaker 中编写代码进行探索。

6.2　开始使用 AWS

本节将介绍 AWS 管理控制台（AWS Management Console），并分步展示如何使用 Amazon SageMaker。AWS 机器学习环境是非常直观且易于使用的。

1．首先，在浏览器中访问链接 6-1，打开 AWS 管理控制台。单击“登录”（Sign in to the Console）按钮或“重新登录”（Log back in）按钮（如果是老用户），如图 6.5 所示。

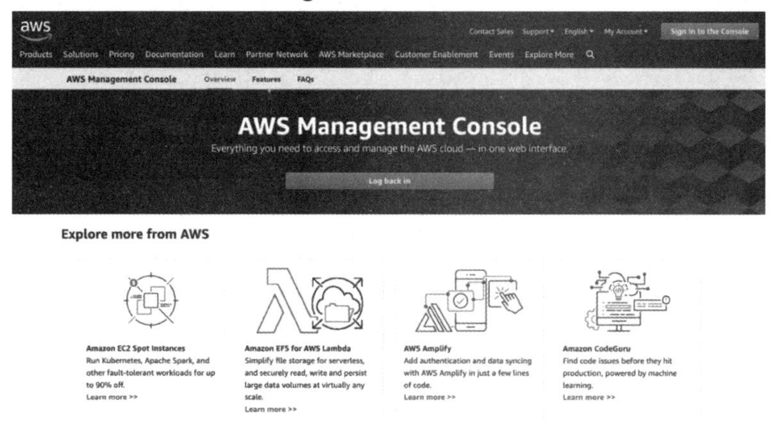

图 6.5　AWS 管理控制台

2．在“根用户电子邮件”（Root user email address）框中输入电子邮件后，单击“继续”（Next）按钮，如图 6.6 所示。

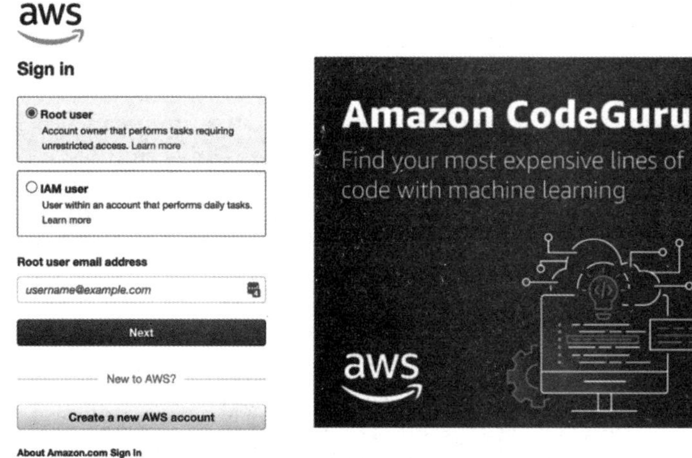

图 6.6　AWS 管理控制台登录页面

3．登录成功后，会显示 AWS 管理控制台，如图 6.7 所示。

4．AWS 拥有多种服务。在 AWS 管理控制台中，找到服务搜索框，然后键入 sagemaker 查找 Amazon SageMaker 服务，如图 6.8 所示，然后单击。

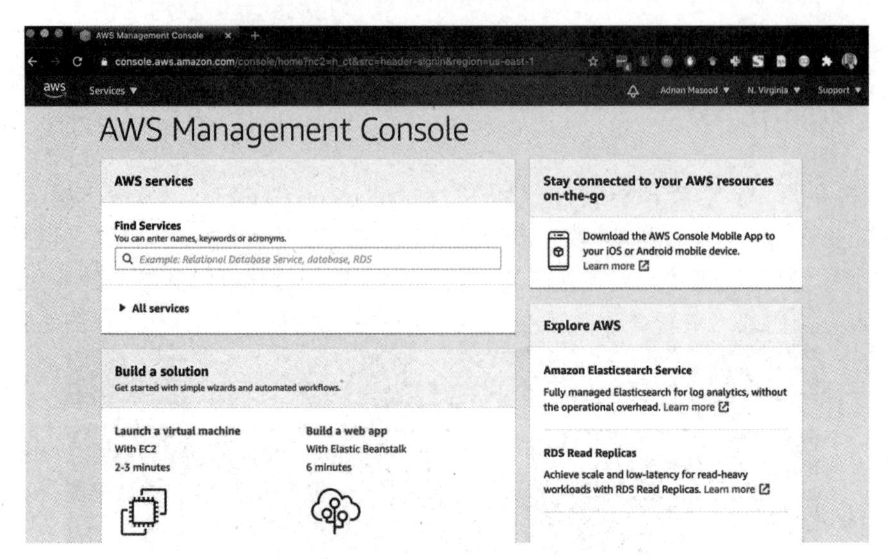

图 6.7 AWS 管理控制台页面

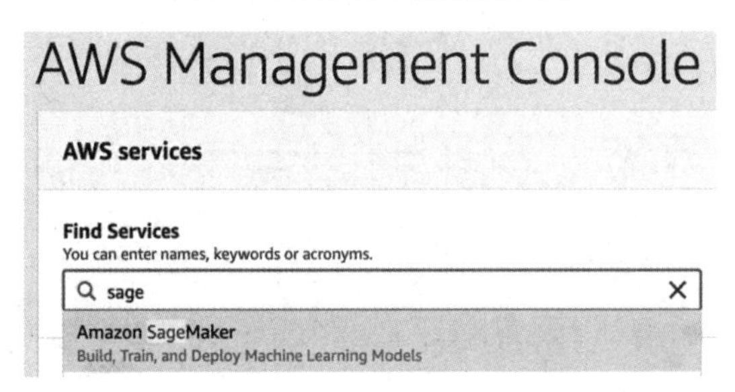

图 6.8 搜索 SageMaker

5. 接下来会进入如图 6.9 所示的 Amazon SageMaker 主页。在这里可以看到不同的产品，如 Ground Truth、笔记本、任务处理等。

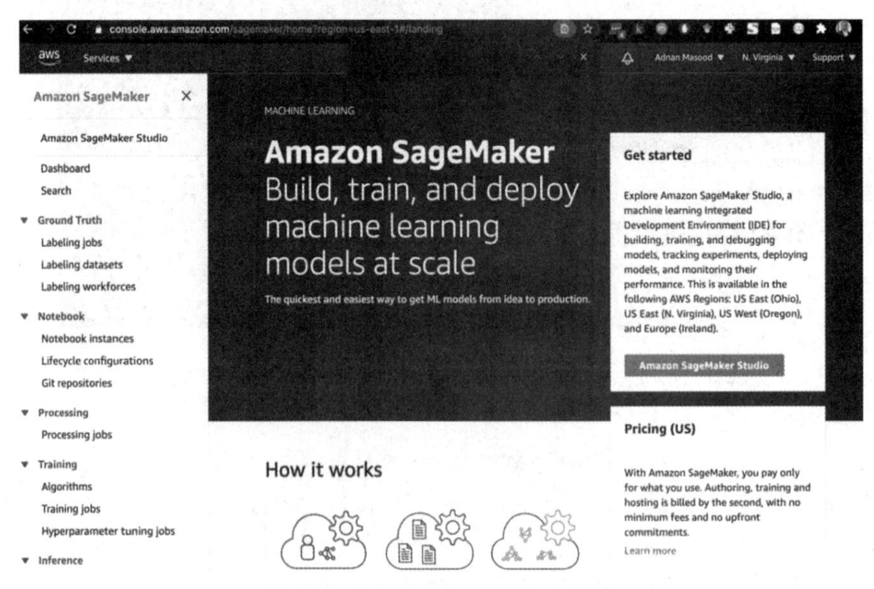

图 6.9 Amazon SageMaker 主页

AWS 团队投入大量工作来构建文档、培训视频和合作伙伴培训计划，以便开发人员使用。本章末尾的扩展阅读中列出了其中的一些课程。例如，当单击左侧窗格中的顶部链接时，将显示关于 Amazon SageMaker Studio 构建、训练和部署模型的帮助信息，如图 6.10 所示。

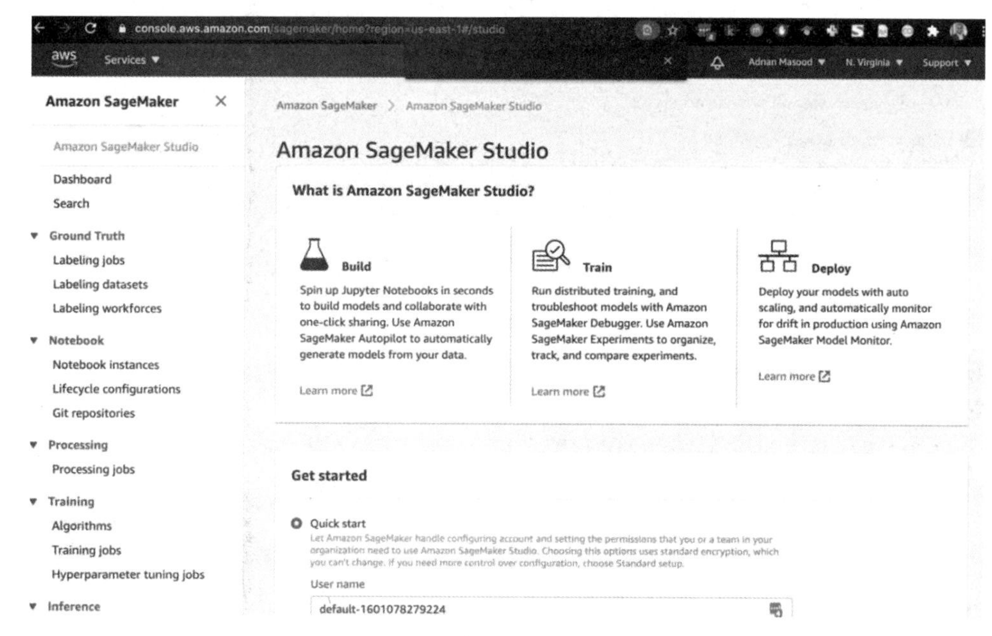

图 6.10　Amazon SageMaker Studio 主页

6．接下来使用 Amazon SageMaker Studio 为数据集开发分类模型。在页面的“开始”（Get started）部分，填写用户名，定义身份和访问管理（Identity and Access Management，IAM）角色。IAM 角色提供在 AWS 平台上的操作权限。单击角色列表可以选择要使用的角色或创建新角色，如图 6.11 所示。

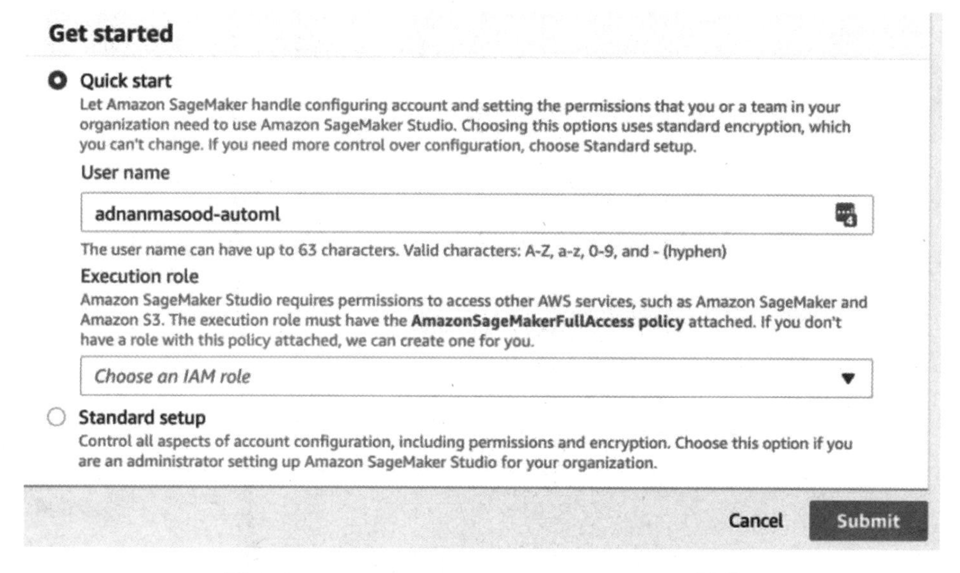

图 6.11　Amazon SageMaker Studio Get started 页面

7．图 6.12 是 IAM 角色创建页面。S3 存储桶是 AWS 存储机制之一，在创建 IAM 角色时可以设定 S3 的访问权限。这是一个一次性的设置过程，除非计划对其进行更改。

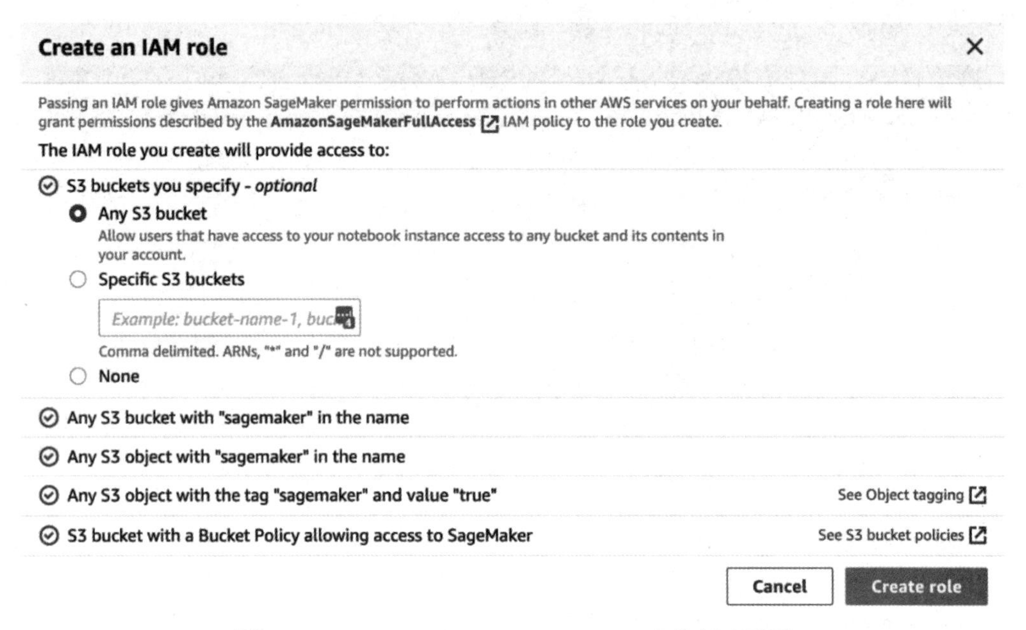

图 6.12 Amazon SageMaker Studio IAM 角色创建页面

8．成功创建 IAM 角色后，可以看到如图 6.13 所示的成功信息，单击“提交”（Submit）按钮前往下一个页面。

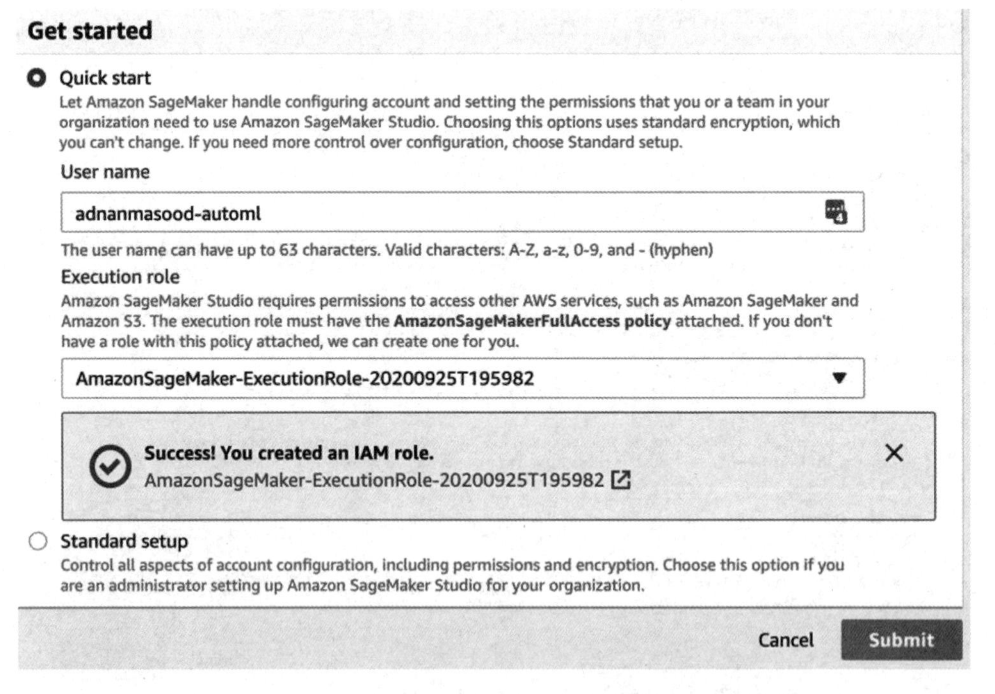

图 6.13 Amazon SageMaker Studio IAM 角色创建成功页面

9．创建角色后，将进入 Amazon SageMaker 页面，看到可用的产品，如图 6.14 所示。

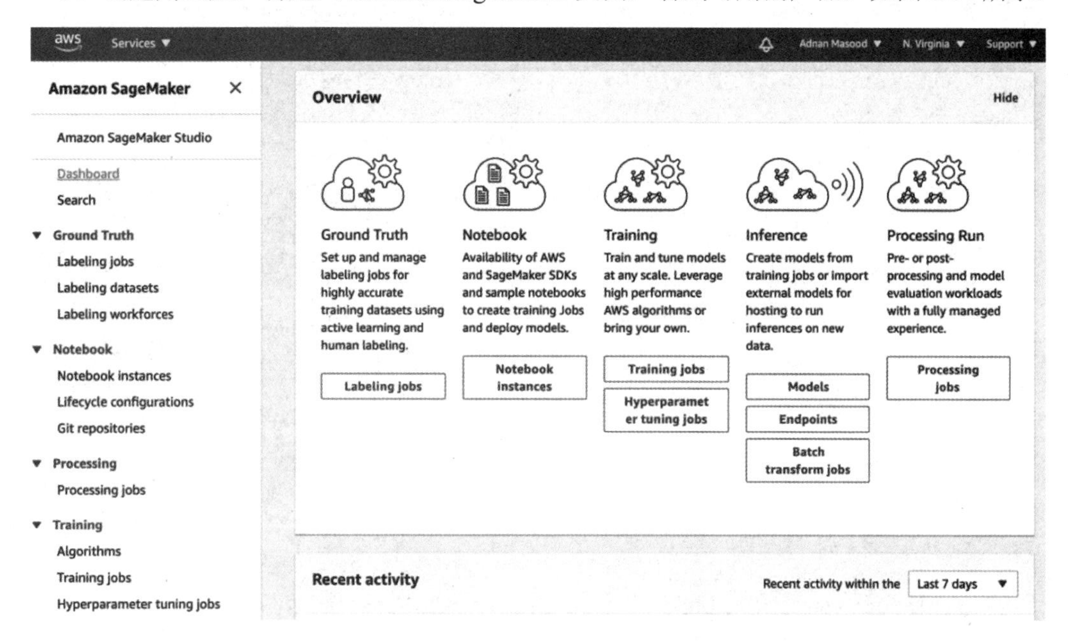

图 6.14　Amazon SageMaker 页面

10．从前一个页面可以导航到控制面板（Control Panel）以查看关联的用户，如图 6.15 所示。单击“打开工作室”（Open Studio）按钮，将打开 Amazon SageMaker Studio 页面。

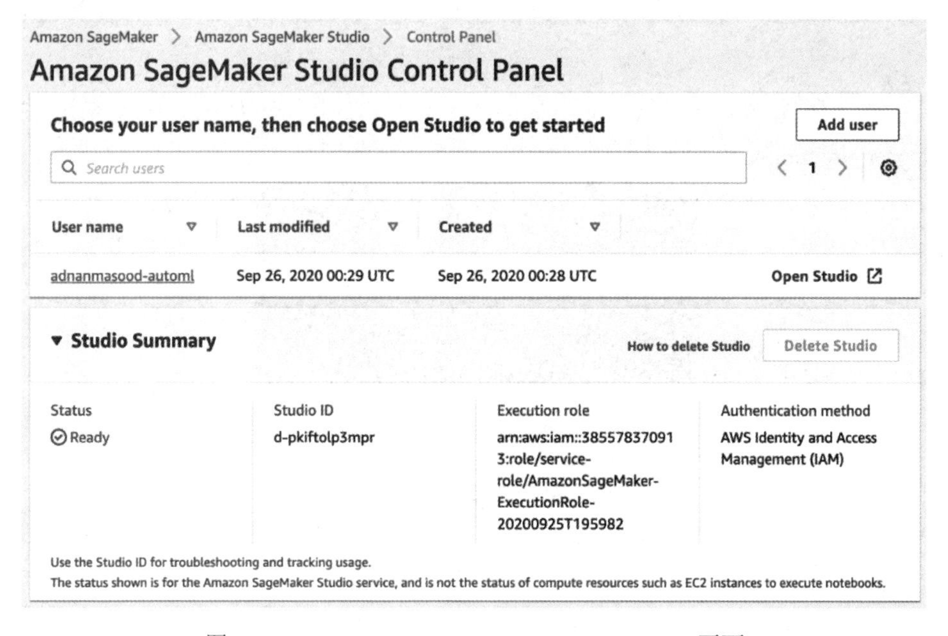

图 6.15　Amazon SageMaker Studio Control Panel 页面

图 6.16 显示了 Amazon SageMaker Studio 页面，它类似于其他的在线云机器学习 IDE，可以创建笔记本、构建实验、部署和监控机器学习服务。

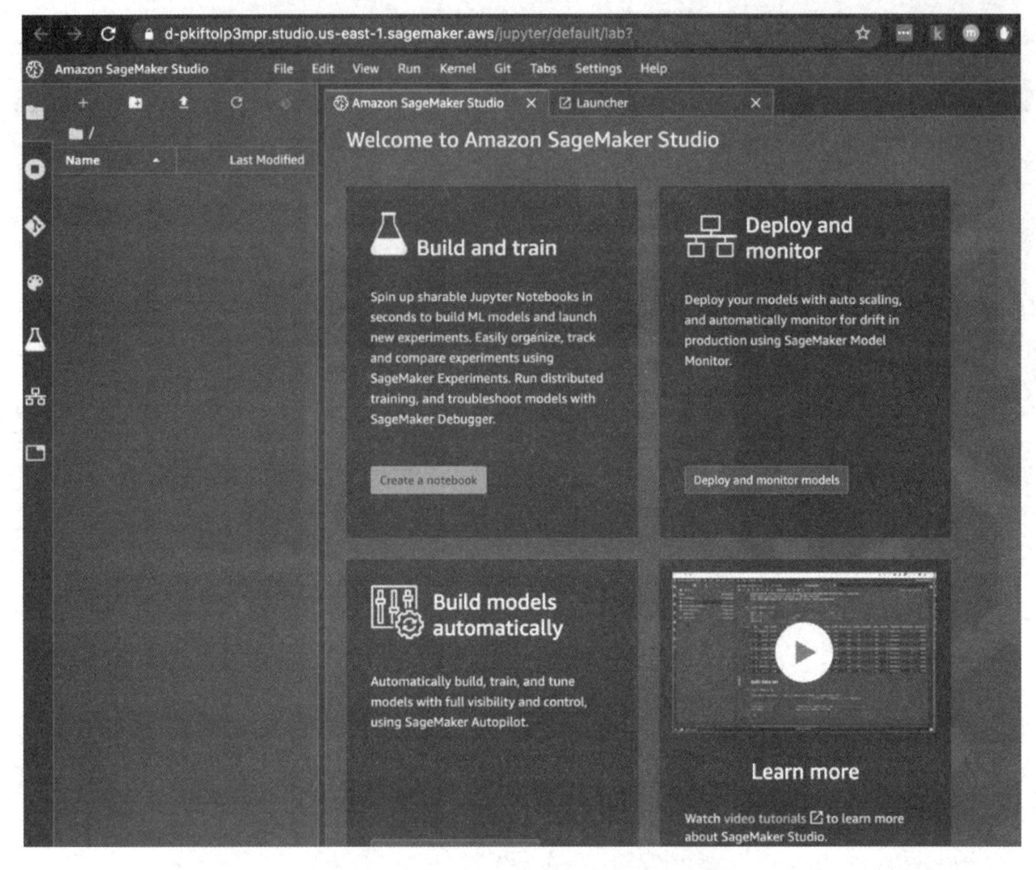

图 6.16 Amazon SageMaker Studio 页面

11．单击“创建笔记本”（Create a notebook）按钮，将看到如图 6.17 所示的显示，将打开 Jupyter Notebook。

图 6.17 Amazon SageMaker Studio 加载中

12．看到如图 6.18 所示的页面后，可以创建笔记本。在示例中，从 GitHub（见链接 6-2）复制 Amazon SageMaker 示例库。

13．单击“复制库”（Clone a Repository）按钮，如图 6.18 所示，将库下载到本地，会弹出如图 6.19 所示的窗口。单击“克隆”（CLONE）按钮来复制。

14．库复制成功后，将在 Amazon SageMaker 中看到如图 6.20 所示的目录。

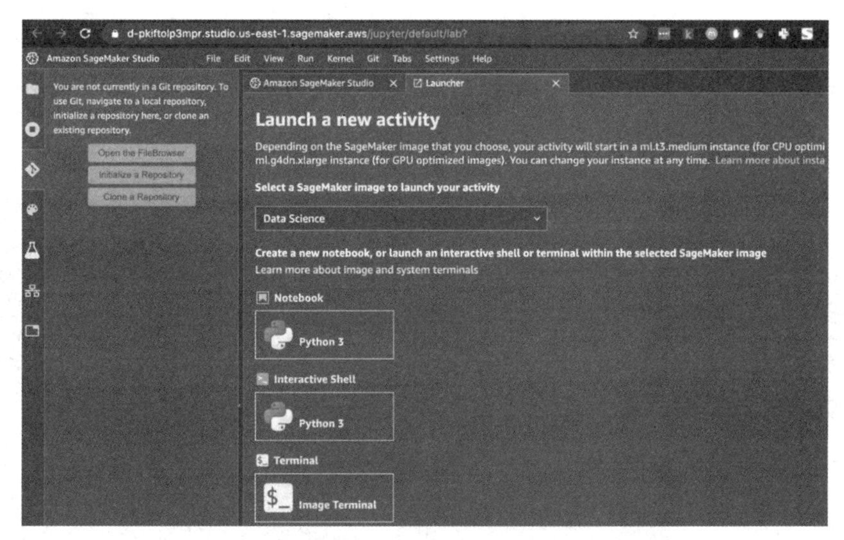

图 6.18　Amazon SageMaker 笔记本活动启动器

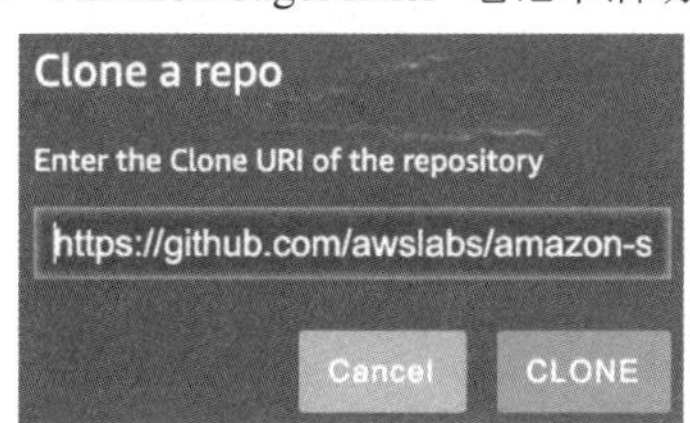

图 6.19　Amazon SageMaker 复制库

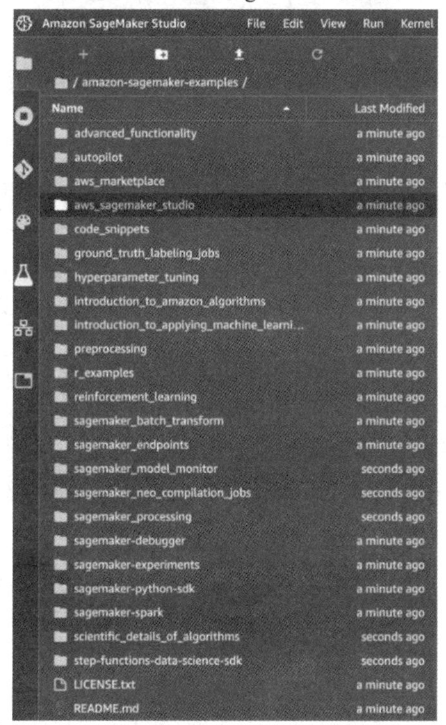

图 6.20　Amazon SageMaker 库目录

15．在 /aws_sagemaker_studio/getting_started/ 路径下打开 xgboost_customer_churn_studio.ipynb，之后选择一个首选的 Python 内核来运行它。这里选择 Python 3（Data Science）内核，如图 6.21 所示。

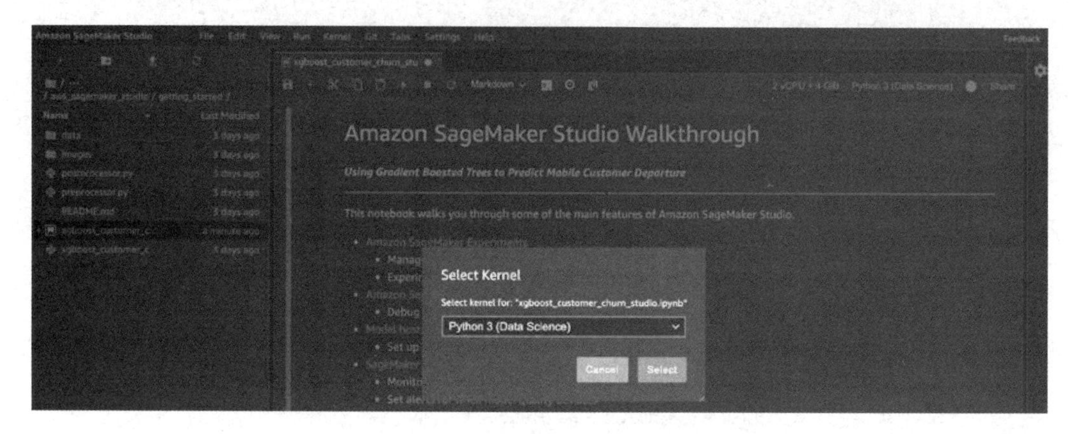

图 6.21 选择内核

16．选择内核后仍然无法运行笔记本，因为需要计算实例。示例中使用 ml.t3，它是一种中型通用实例（在撰写本文时每小时收费 0.05 美元）。也可以选择更大更好的机器来使实验运行得更快。定价信息详见 AWS 官网。单击“保存并继续”（Save and continue）按钮以继续，如图 6.22 所示。

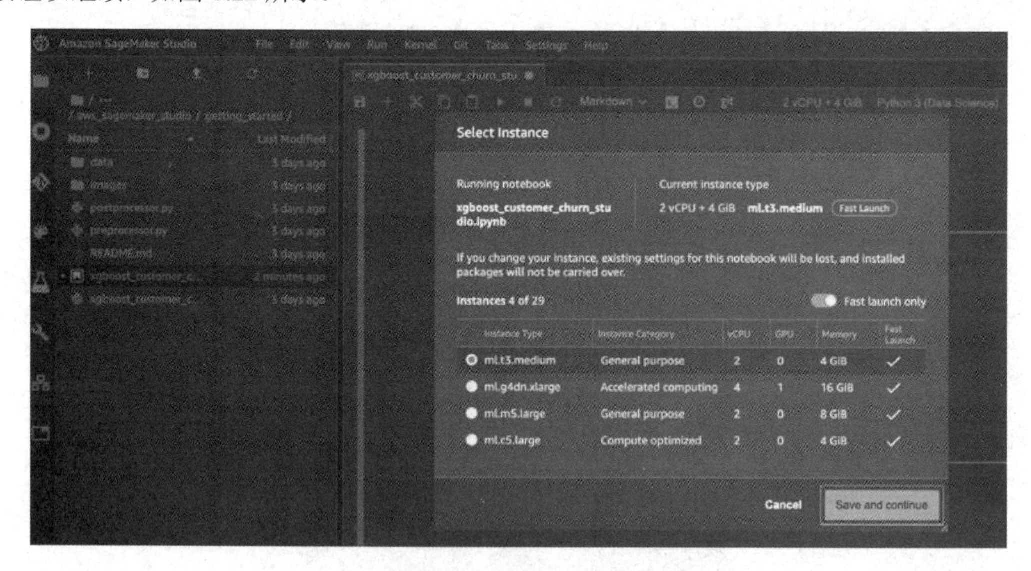

图 6.22 选择计算实例

17．在一些情况下，可能需要更改计算实例，要删除之前的实例，因为帐户可能不允许多个实例同时运行。图 6.23 中可以看到删除应用程序的方法

18．计算资源和内核已经配置好，现在已准备就绪。可以使用如图 6.24 所示的控制工具栏运行此笔记本，并安装 Python 和其他相关 SDK。这个 Amazon SageMaker Studio 演练会介绍 Amazon SageMaker Studio 的一些主要功能。关键用例使用梯度提升决策树

（Gradient Boosted Tree）来预测移动客户的离开，其中的步骤包括准备数据集，将其上传到 Amazon S3 存储桶，使用 Amazon SageMaker XGBoost 算法进行训练，构建 S3 实验，调试，托管和监控。这里将演练作为作业留下。

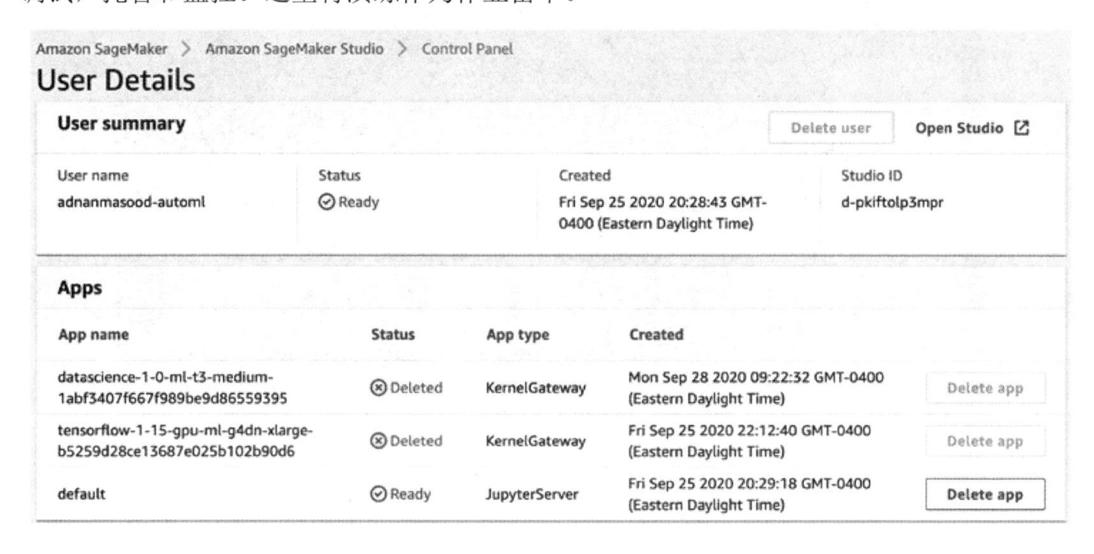

图 6.23　选择计算实例

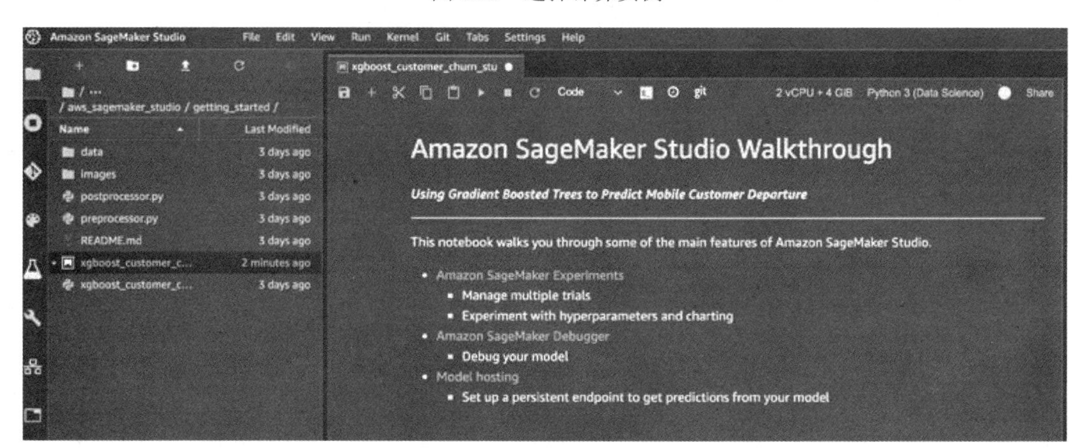

图 6.24　Amazon SageMaker Studio 演练笔记本

本节介绍了如何使用 Amazon SageMaker 并进行了快速演练。可以从链接 6-3 中下载 Amazon SageMaker 提供的功能详尽总结。

下一节将研究 Amazon SageMaker 的自动机器学习功能。

6.3　使用 Amazon SageMaker Autopilot

顾名思义，Amazon SageMaker Autopilot 是一个完全托管的系统，可提供自动机器学习解决方案，目标是尝试将大部分冗余、耗时、重复的工作交给机器，同时人可以执行更高级的任务。图 6.25 展示了 Amazon SageMaker Autopilot 执行机器学习任务的周期。

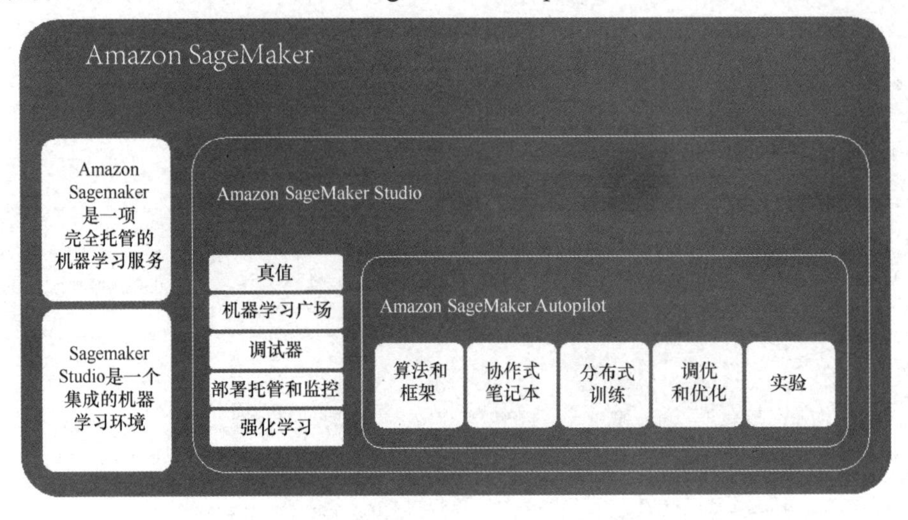

图 6.25 Amazon SageMaker Autopilot 执行机器学习任务的周期

作为 Amazon SageMaker 生态系统的一部分，Amazon SageMaker Autopilot 是自动机器学习引擎。图 6.26 定义了一个典型的自动机器学习生命周期。使用者首先分析表格数据，选择目标预测列，然后让 Amazon SageMaker Autopilot 寻找正确的算法。这里的秘密武器是 Das 等人（2020）提出的底层贝叶斯优化器。

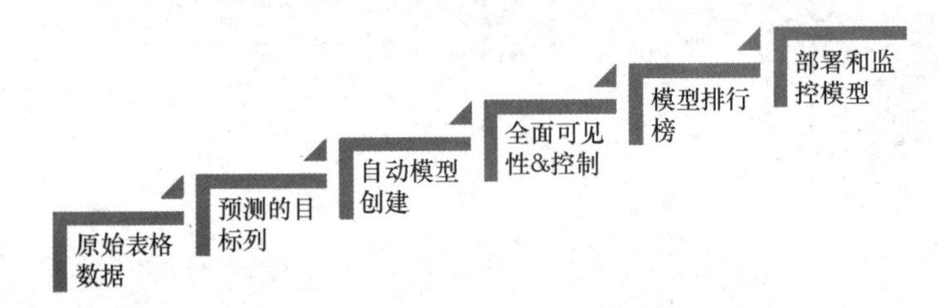

图 6.26 Amazon SageMaker Autopilot 生命周期

自动模型创建完成后，将为笔记本提供可视化。图 6.27 中的工作流显示了任务处理流程。Amazon SageMaker Autopilot 提供结构化数据集和目标列，拆分数据集为训练集和验证集，按质量指标对其进行排名。

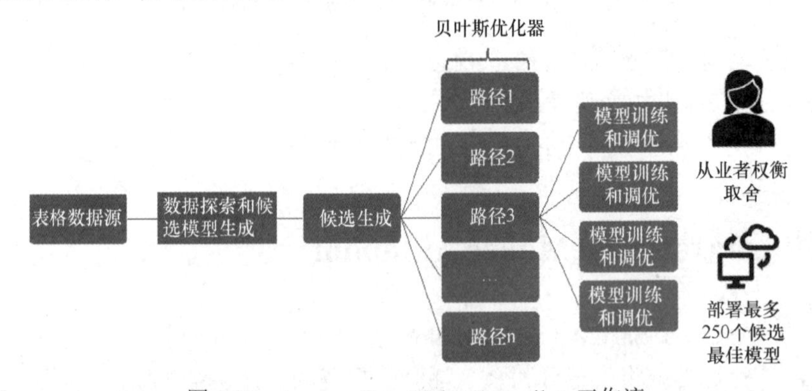

图 6.27 Amazon SageMaker Autopilot 工作流

超参数由贝叶斯优化器和候选笔记本产生的多次试验进行优化。图 6.28 显示了一个候选笔记本如何产生多个试验，甚至产生更多的模型训练实例。最终根据模型准确率、延迟和其他权衡因素对模型进行排序。

图 6.28 展示了一种折中方案。模型#1 和模型#2 之间的准确率差异仅为 2%。然而，模型#1 的延迟增加了 250 毫秒，相对于模型#2 的 200 毫秒这是非常显著的差异。

#	Model	Accuracy	Latency	Model Size
1	churn-xgboost-1756-013-33398f0	95%	450 ms	9.1 MB
2	churn-xgboost-1756-014-53facc2	93%	200 ms	4.8 MB
3	churn-xgboost-1756-015-58bc692	92%	200 ms	4.3 MB
4	churn-linear-1756-016-db54598	91%	50 ms	1.3 MB
5	churn-xgboost-1756-017-af8d756	91%	190 ms	4.2 MB

图 6.28 准确率与延迟的权衡

Amazon SageMaker Autopilot 发布最终模型、训练方法，显示超参数、算法和相关测试结果。此演示有助于使模型变得清晰易懂，创建具有良好扩展性的、高质量的、可编辑的机器学习模型。这些模型可以在 Amazon SageMaker 生态系统中发布和监控，并且可以自由选择和部署。这些功能处于 AWS 机器学习生态系统的最前沿，使开发人员能够为客户构建和部署有价值的解决方案。

6.4 使用 Amazon SageMaker JumpStart

2020 年 12 月，Amazon 发布了 SageMaker JumpStart，它是一个预建模型库，也称为模型动物园，以加速模型开发。JumpStart 是 Amazon SageMaker 的一部分，为多种应用提供预建模板，如计算机视觉、自动驾驶、欺诈检测、信用风险预测、用于从文档中提取和分析数据的 OCR、流失预测和个性化推荐等。

Amazon SageMaker JumpStart 为开发人员提供了一个很好的起点，可以使用这些预建模板来进行开发。链接 6-4 提供了加速器和入门套件，以及使用 Amazon SageMaker 进行模型开发和部署的方法和实例。

更多关于使用 Amazon SageMaker JumpStart 的细节可在链接 6-5 中找到。

6.5 小结

本章介绍了 AWS 机器学习技术栈，如何使用 Amazon SageMaker 笔记本进行开发，Amazon SageMaker Autopilot 及其自动机器学习流程，概述了内置算法、Amazon SageMaker 机器学习生命周期及 Amazon SageMaker 自动机器学习使用的算法和技术，为进一步探索 Amazon SageMaker 自动机器学习提供背景知识。

下一章中将使用一些 Amazon SageMaker Autopilot 功能来进行分类、回归和时间序列分析。

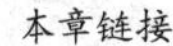

扩展阅读

第7章

使用 Amazon SageMaker Autopilot 进行自动机器学习

“机器学习的圣杯之一是使越来越多的特征工程过程自动化。”

—— Pedro Domingos

“自动机器学习是自切片面包以来最好的东西!”

——佚名

云提供商支持的自动机器学习可能将人工智能大众化带给人们。第 6 章在 Amazon SageMaker 中创建了机器学习工作流，介绍了 Amazon SageMaker Autopilot 的内部结构。

在本章中，将通过几个示例来解释如何在可视化的笔记本中使用 Amazon SageMaker Autopilot。

7.1 技术要求

开始实验需要访问 Amazon SageMaker Studio 实例。

7.2 创建 Amazon SageMaker Autopilot 受限实验

接下来介绍如何使用 Amazon SageMaker Autopilot 运行自动机器学习。下载开源数据集并应用自动机器学习分析该数据集。

1．在 Amazon SageMaker Studio 中，单击第一个“Python 3”按钮，启动数据科学笔记本，如图 7.1 所示。

通过调用 URL 检索命令从 UCI 下载银行营销数据集，并将其保存在笔记本中，如图 7.2 所示。

该银行营销数据集来自葡萄牙银行机构，其分类目标是预测客户的存款信息订阅（二元特征，y）。该数据集来自 Elsevier 出版的论文 *A Data-Driven Approach to Predict the Success of Bank Telemarketing. Decision Support Systems*，可以从 UCI 网站下载（见链接 7-1），如图 7.3 所示。

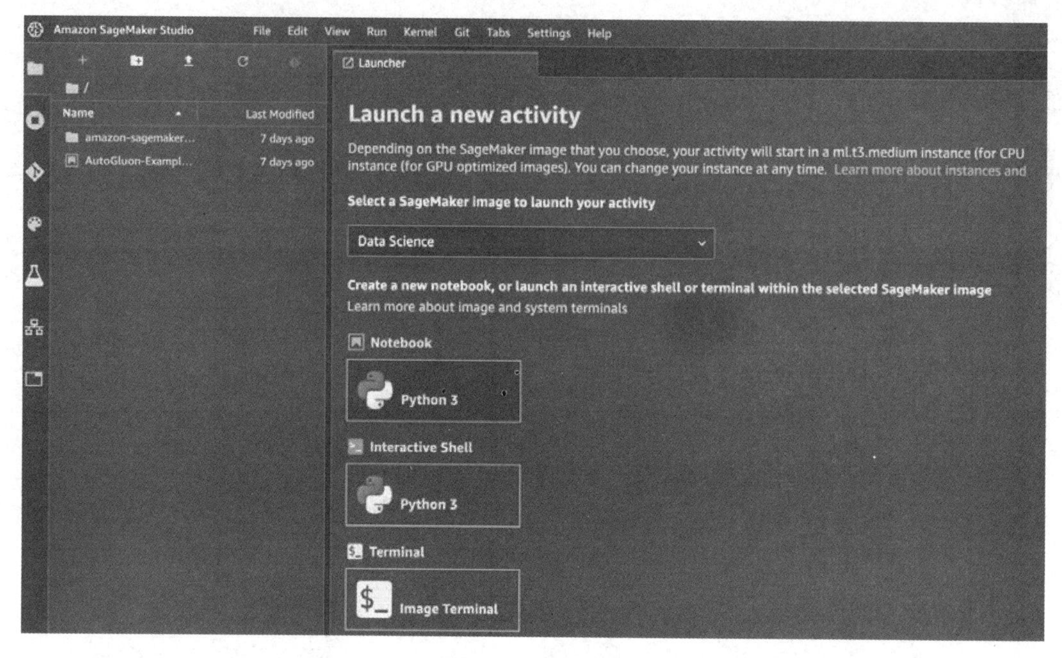

图 7.1 Amazon SageMaker 启动器主页面

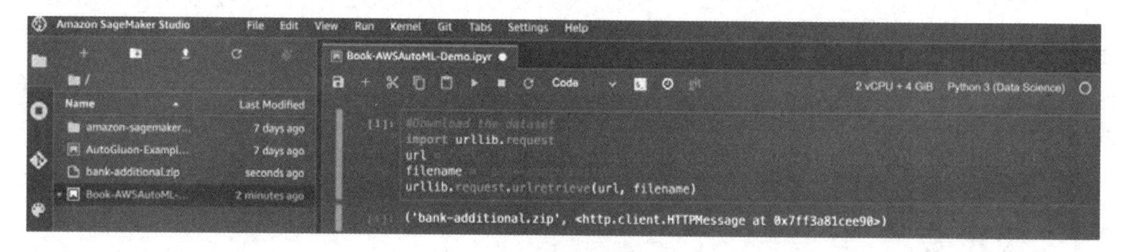

图 7.2 下载银行营销数据集

Bank Marketing Data Set

Download: Data Folder, Data Set Description

Abstract: The data is related with direct marketing campaigns (phone calls) of a Portuguese banking institution. The classification goal is to predict if the client will subscribe a term deposit (variable y).

Data Set Characteristics:	Multivariate	Number of Instances:	45211	Area:	Business
Attribute Characteristics:	Real	Number of Attributes:	17	Date Donated	2012-02-14
Associated Tasks:	Classification	Missing Values?	N/A	Number of Web Hits:	1285737

图 7.3 银行营销数据集

银行营销数据集的属性信息可以在图 7.4 中看到。

Attribute Information:

Input variables:
bank client data:
1 - age (numeric)
2 - job : type of job (categorical: 'admin.','blue-collar','entrepreneur','housemaid','management','retired','self-employed','services','student','technician','unemployed','unknown')
3 - marital : marital status (categorical: 'divorced','married','single','unknown'; note: 'divorced' means divorced or widowed)
4 - education (categorical: 'basic.4y','basic.6y','basic.9y','high.school','illiterate','professional.course','university.degree','unknown')
5 - default: has credit in default? (categorical: 'no','yes','unknown')
6 - housing: has housing loan? (categorical: 'no','yes','unknown')
7 - loan: has personal loan? (categorical: 'no','yes','unknown')
related with the last contact of the current campaign:
8 - contact: contact communication type (categorical: 'cellular','telephone')
9 - month: last contact month of year (categorical: 'jan', 'feb', 'mar', ..., 'nov', 'dec')
10 - day_of_week: last contact day of the week (categorical: 'mon','tue','wed','thu','fri')
11 - duration: last contact duration, in seconds (numeric). Important note: this attribute highly affects the output target (e.g., if duration=0 then y='no'). Yet, the duration is not known before a call is performed. Also, after the end of the call y is obviously known. Thus, this input should only be included for benchmark purposes and should be discarded if the intention is to have a realistic predictive model.
other attributes:
12 - campaign: number of contacts performed during this campaign and for this client (numeric, includes last contact)
13 - pdays: number of days that passed by after the client was last contacted from a previous campaign (numeric; 999 means client was not previously contacted)
14 - previous: number of contacts performed before this campaign and for this client (numeric)
15 - poutcome: outcome of the previous marketing campaign (categorical: 'failure','nonexistent','success')
social and economic context attributes
16 - emp.var.rate: employment variation rate - quarterly indicator (numeric)
17 - cons.price.idx: consumer price index - monthly indicator (numeric)
18 - cons.conf.idx: consumer confidence index - monthly indicator (numeric)
19 - euribor3m: euribor 3 month rate - daily indicator (numeric)
20 - nr.employed: number of employees - quarterly indicator (numeric)

Output variable (desired target):
21 - y - has the client subscribed a term deposit? (binary: 'yes','no')

图 7.4　银行营销数据集的属性信息

数据集下载完成后，使用图 7.5 中的命令解压。

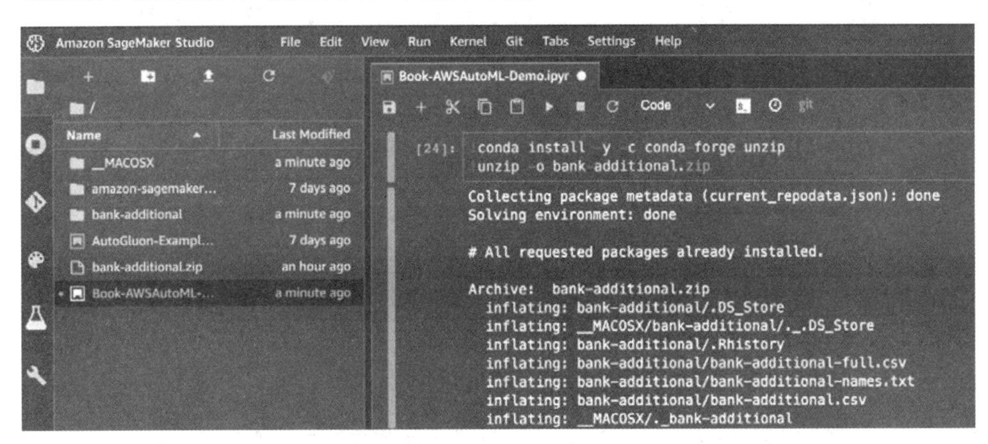

图 7.5　解压数据集

解压后有以下三个文件。

- bank-additional-full.csv：从 2008 年 5 月到 2010 年 11 月间按日期排序的完整数据
- bank-additional.csv：从 bank-additional-full.csv 中随机选择的 10%的示例（4,119）
- bank-additional-names.txt：描述信息

如图 7.6 所示，将 CSV 文件加载到 pandas DataFrame 后，使用 pandas 查看文件内容。

使用 NumPy，将数据集拆分为训练集和测试集。在示例中，使用 95%的数据进行训练，5%的数据进行测试，如图 7.7 所示。将训练和测试数据分别存储在两个文件中。

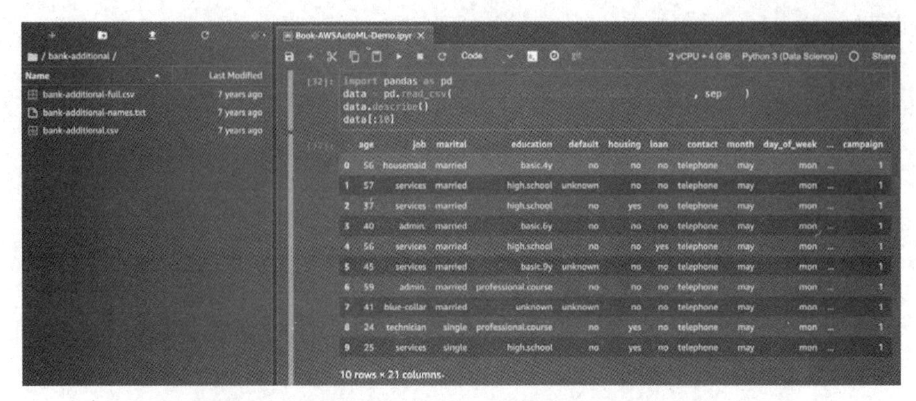

图 7.6　将数据集加载到 pandas DataFrame 并查看

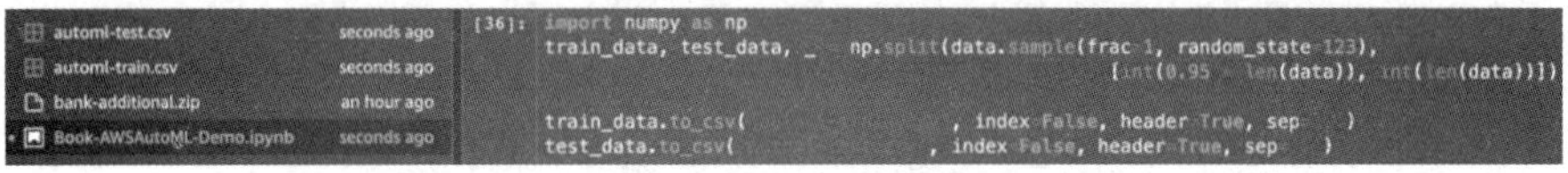

```
[36]: import numpy as np
      train_data, test_data, _ = np.split(data.sample(frac=1, random_state=123),
                                          [int(0.95 * len(data)), int(len(data))])

      train_data.to_csv(                    , index=False, header=True, sep=   )
      test_data.to_csv(                    , index=False, header=True, sep=   )
```

图 7.7　Amazon SageMaker Studio Jupyter Notebook 将数据集分成训练集和测试集并存储在 S3

使用 Amazon SageMaker API 创建一个会话。将上一步中创建的训练数据上传到 S3 存储，如图 7.8 所示。

```
[37]: import sagemaker
      prefix =
      sess = sagemaker.Session()
      uri = sess.upload_data(path=                    , key_prefix=prefix)
      print(uri)

      s3://sagemaker-us-east-1-385578370913/sagemaker/automlbook-bankds/input/automl-train.csv
```

图 7.8　将数据集上传到 S3

之前的章节介绍了如何使用笔记本创建自动机器学习实验。这里将通过 Amazon SageMaker Studio UI 创建实验。单击左侧窗格中的实验图标，填写实验名称和 S3 存储地址来创建实验，如图 7.9 所示。

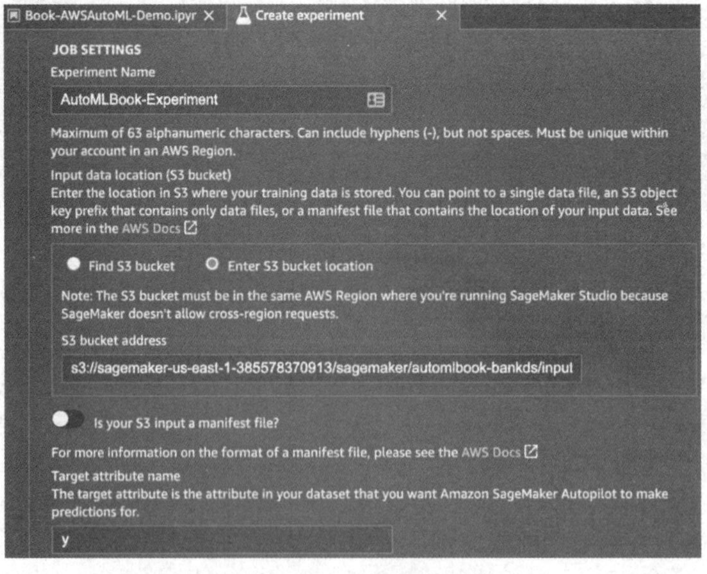

图 7.9　创建自动机器学习实验

2．将目标属性设置为 y。目标属性是数据集中的输出变量：y，即客户是否订阅了定期存款（“是”或“否”）。

如图 7.10 所示，可以自行定义机器学习问题（在本例中为二元分类），或者让 Amazon SageMaker AutoML 引擎决定。在这种情况下，可将其设置为 Auto，SageMaker 会将其识别为二元分类问题。

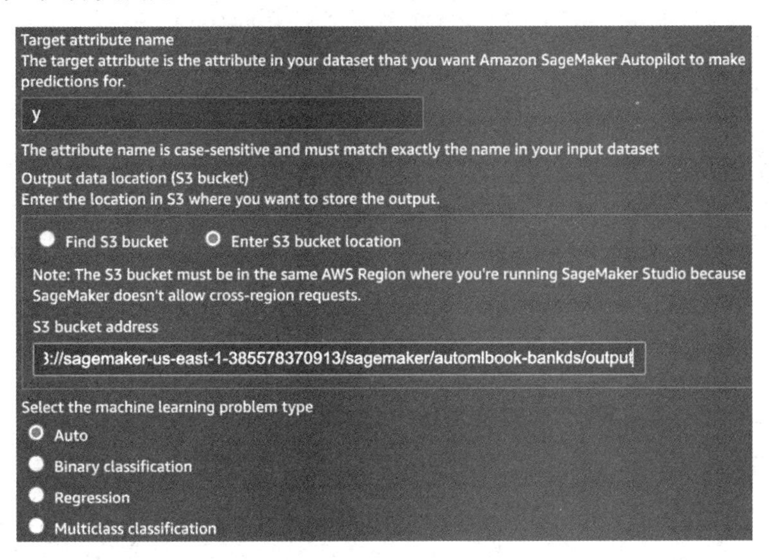

图 7.10　创建实验

3．可以运行完整的实验，即数据分析、特征工程和建模调整；也可以创建一个笔记本来查看候选定义。这里使用这个数据集来展示这两种方法的优点，如图 7.11 所示。

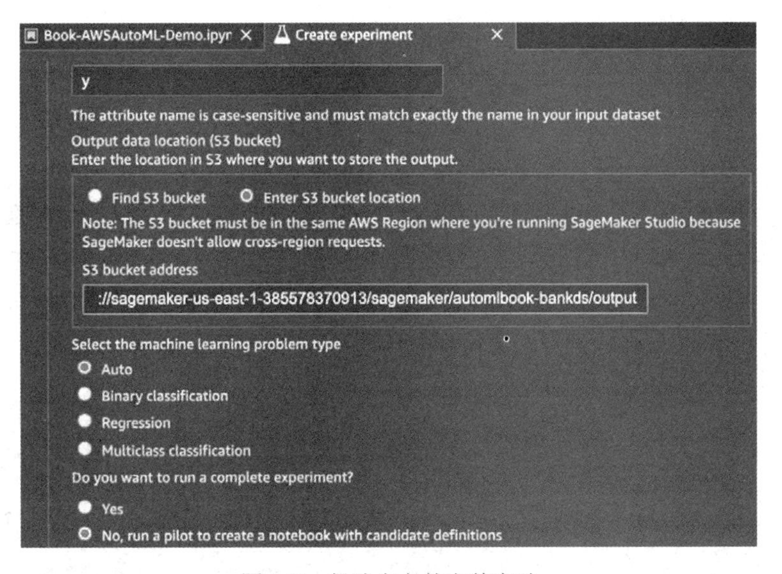

图 7.11　候选定义的完整实验

最后，可以设置高级可选参数，如自定义 SageMaker 角色、加密密钥（如果 S3 数据已加密）和 VPC 信息（如果使用的是虚拟私有云），如图 7.12 所示。

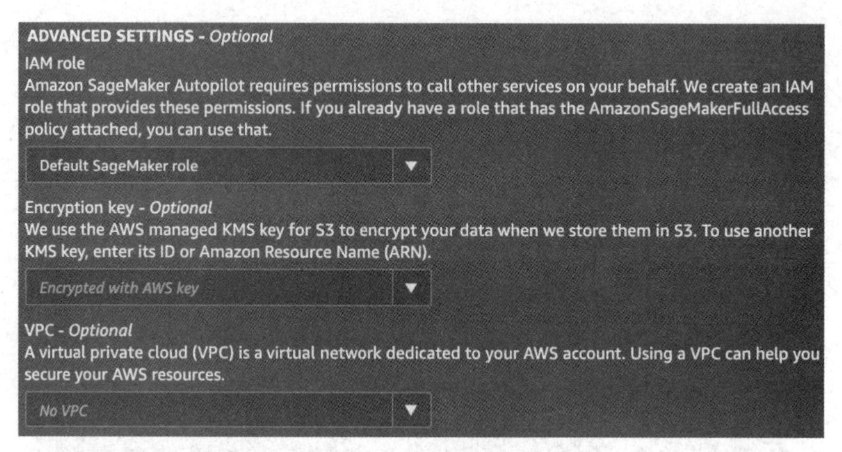

图 7.12 高级设置

此时已输入所有必需的信息，可以运行实验了。提交作业后将看到图 7.13 所示页面，其中包含两个步骤，分析数据和候选定义生成。这是因为选择了不运行整个实验，而是只生成候选定义。

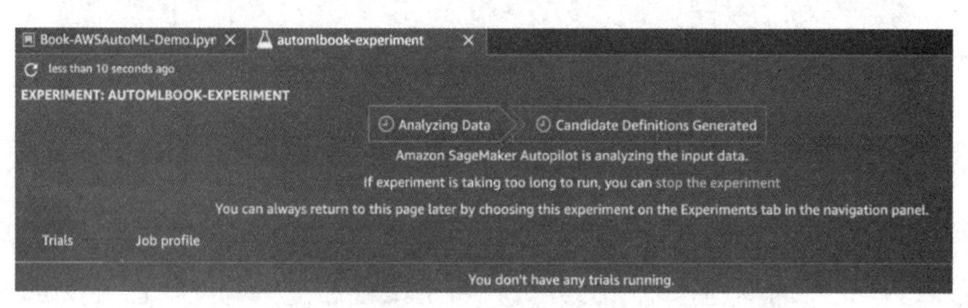

图 7.13 数据分析页面

4．这部分实验完成后，可以看到图 7.14 所示页面，其中显示已完成的任务信息、试验和配置文件。由于只生成了候选对象，因此实验并不会花费太长时间。可以在页面的右上角找到“打开候选生成笔记本”（Open candidate generation notebook）和“打开数据探索笔记本”（Open data exploration notebook）按钮。这两个按钮将打开对应的笔记本。

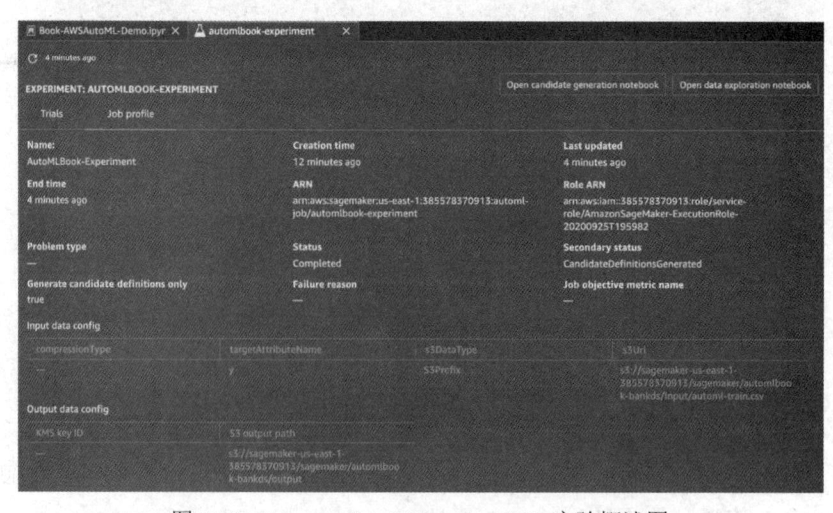

图 7.14 Amazon SageMaker AutoML 实验概述图

Amazon SageMaker Autopilot 候选定义笔记本（Candidate Definition Notebook）可以帮助数据科学家更深入地查看数据集、特征、分类问题及训练模型的质量。这本质上是对 Amazon SageMaker Autopilot 底层原理的深入了解，让数据科学家可以手动运行，并在必要时进行微调或更改。

候选定义笔记本是一个相当大的文件，包含一个目录，如图 7.15 所示。同样，数据探索提供对数据集的见解，如图 7.16 所示。

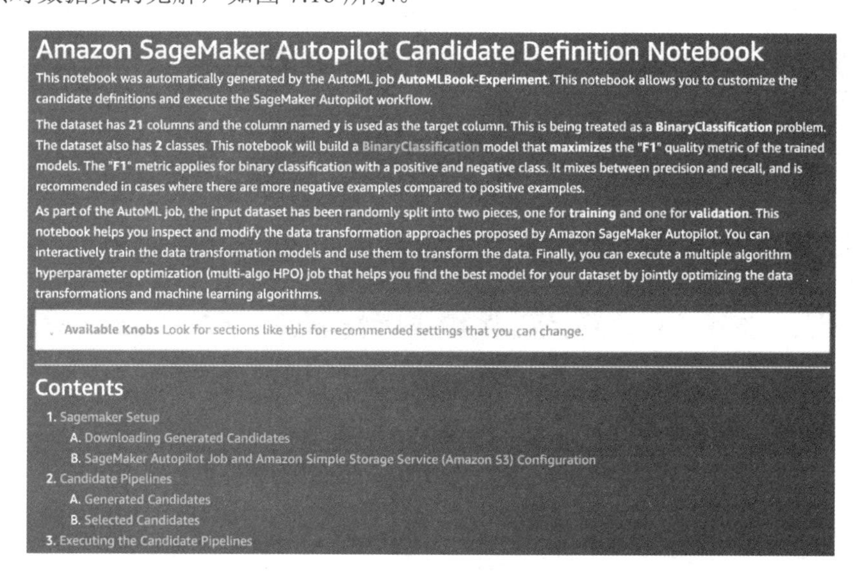

图 7.15　Amazon SageMaker Autopilot 候选定义笔记本

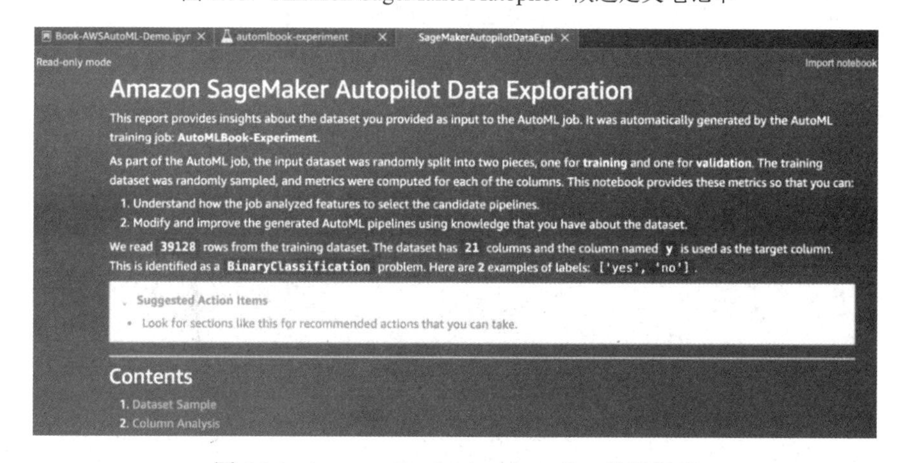

图 7.16　Amazon SageMaker Autopilot 数据探索

这些见解包括特征、数据类型、范围、均值、中位数、描述性统计数据、缺失数据等。即使许多人对自动机器学习功能持怀疑态度，它也是数据科学家探索数据集及其相应候选对象的绝佳笔记本。

Amazon SageMaker Autopilot 数据探索和候选定义笔记本为用户分析数据和进行实验提供了一个清晰的可视化界面，可以在其中查看预处理器、超参数、算法、超参数范围及用于识别最佳候选者的预处理步骤，如图 7.17 所示。

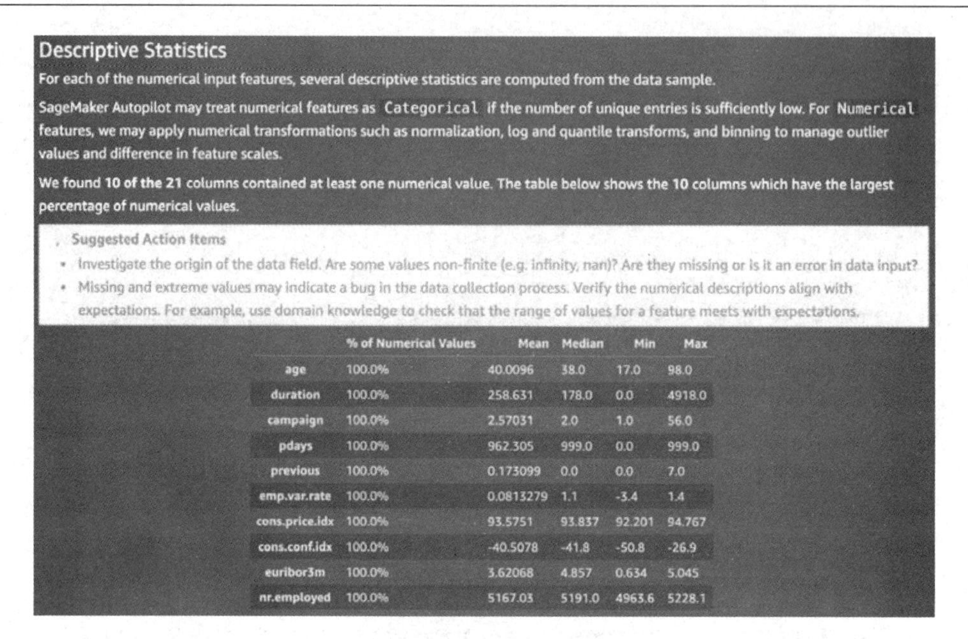

	% of Numerical Values	Mean	Median	Min	Max
age	100.0%	40.0096	38.0	17.0	98.0
duration	100.0%	258.631	178.0	0.0	4918.0
campaign	100.0%	2.57031	2.0	1.0	56.0
pdays	100.0%	962.305	999.0	0.0	999.0
previous	100.0%	0.173099	0.0	0.0	7.0
emp.var.rate	100.0%	0.0813279	1.1	-3.4	1.4
cons.price.idx	100.0%	93.5751	93.837	92.201	94.767
cons.conf.idx	100.0%	-40.5078	-41.8	-50.8	-26.9
euribor3m	100.0%	3.62068	4.857	0.634	5.045
nr.employed	100.0%	5167.03	5191.0	4963.6	5228.1

图 7.17　统计信息

在下一节中，将构建并运行一个完整的 Autopilot 实验。

7.3　创建 AutoML 实验

由于 Autopilot 数据探索和候选定义笔记本提供了对数据集的深入概述，因此完整的实验实际上会运行这些步骤，并提供最终的、经过调整的模型。现在创建一个完整的实验。

从 Amazon SageMaker Studio 开始数据科学实验。单击左侧窗格中的实验图标，填写实验名称和 S3 存储地址来创建实验，如图 7.18 所示。

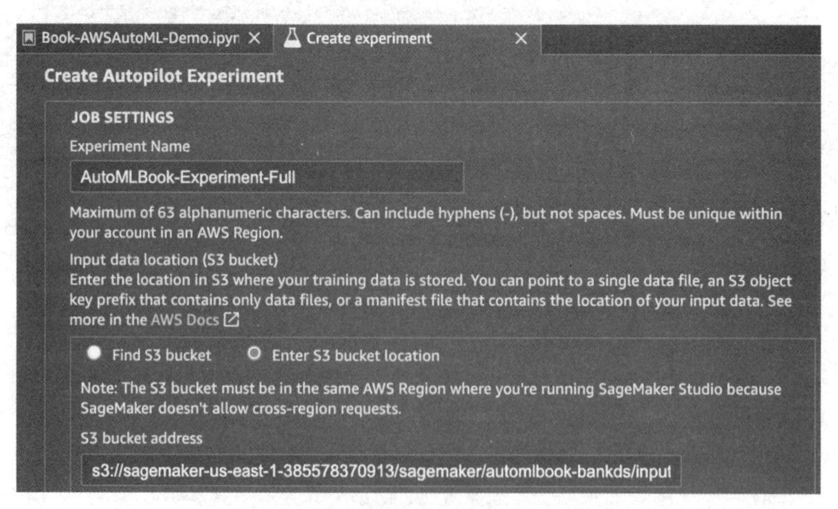

图 7.18　创建实验

在之前的创建 Amazon SageMaker Autopilot 有限实验中，进行了有限的运行。本节将使用完整的实验功能，如图 7.19 所示。

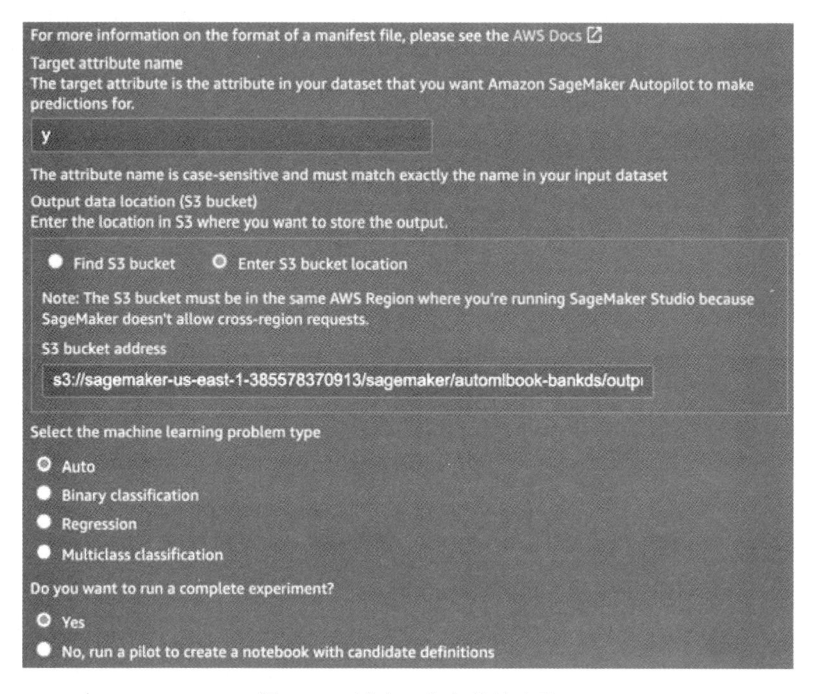

图 7.19　创建一个完整的实验

这个完整的实验与之前的候选实验非常相似。区别在于完整的实验需要更长的运行时间，并将构建和执行整个过程。在等待结果时，可以看到图 7.20 所示页面。

Book-AWSAutoML-Demo.ipyr　automlbook-experiment-full

less than 10 seconds ago

EXPERIMENT: AUTOMLBOOK-EXPERIMENT-FULL　Open candidate generation notebook　Open data exploration notebook

Analyzing Data　Feature Engineering　Model Tuning　Completed

Amazon SageMaker Autopilot is extracting features from your dataset.

If experiment is taking too long to run, you can stop the experiment

You can always return to this page later by choosing this experiment on the Experiments tab in the navigation panel.

Trials　Job profile

Name:	Creation time	Last updated
AutoMLBook-Experiment-Full	18 minutes ago	5 seconds ago
End time	ARN	Role ARN
—	arn:aws:sagemaker:us-east-1:385578370913:automl-job/automlbook-experiment-full	arn:aws:iam::385578370913:role/service-role/AmazonSageMaker-ExecutionRole-20200925T195982
Problem type	Status	Secondary status
BinaryClassification	InProgress	FeatureEngineering
Generate candidate definitions only	Failure reason	Job objective metric name
—	—	—

Input data config

compressionType	targetAttributeName	s3DataType	s3Uri
—	y	S3Prefix	s3://sagemaker-us-east-1-385578370913/sagemaker/automlbook-bankds/input/automl-train.csv

图 7.20　运行完整实验（一）

在实验运行期间，可以查看各个子实验，并从“试验”（Trials）选项卡中获取有价值的信息来跟踪进度。注意，问题类型被正确分类为二元分类，如图 7.21 所示。

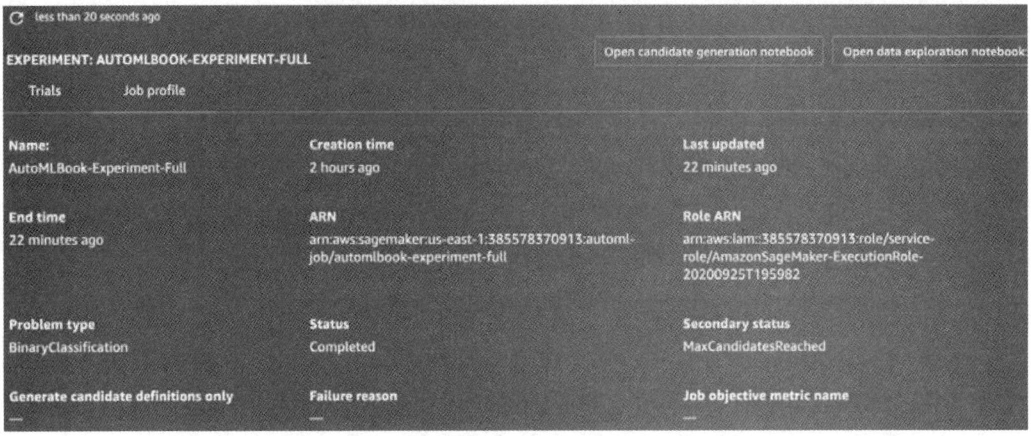

图 7.21　运行完整实验（二）

图 7.22 显示了实验的详细信息，包括使用的容器、模型数据 URL、环境，以及它们各自的 Amazon 资源名称（Amazon Resource Name，ARN）。

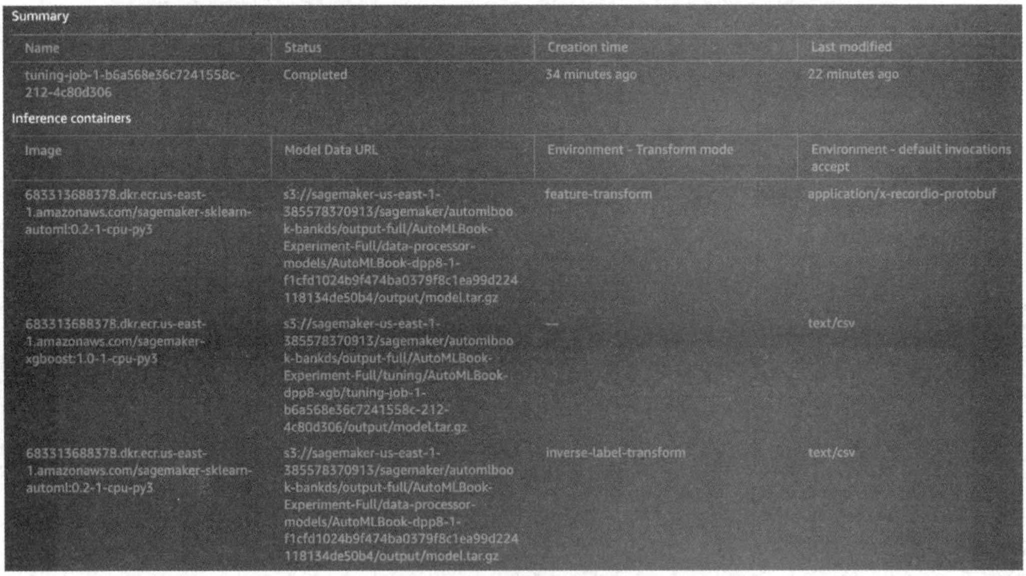

图 7.22　Amazon SageMaker Autopilot 实验信息

“试验”（Trials）选项卡显示了运行的不同试验和调整任务，以及目标函数（F1 分数）随着时间的变化情况，如图 7.23 所示。

前面的章节中已经介绍过这种迭代，这个过程在 OSS 工具中展开。而这里的不同之处在于，它以更有组织的端到端方式完成。整个管道包含方法、数据分析、特征工程、模型调优和超参数优化过程。图 7.24 展示了优化任务的详细信息。

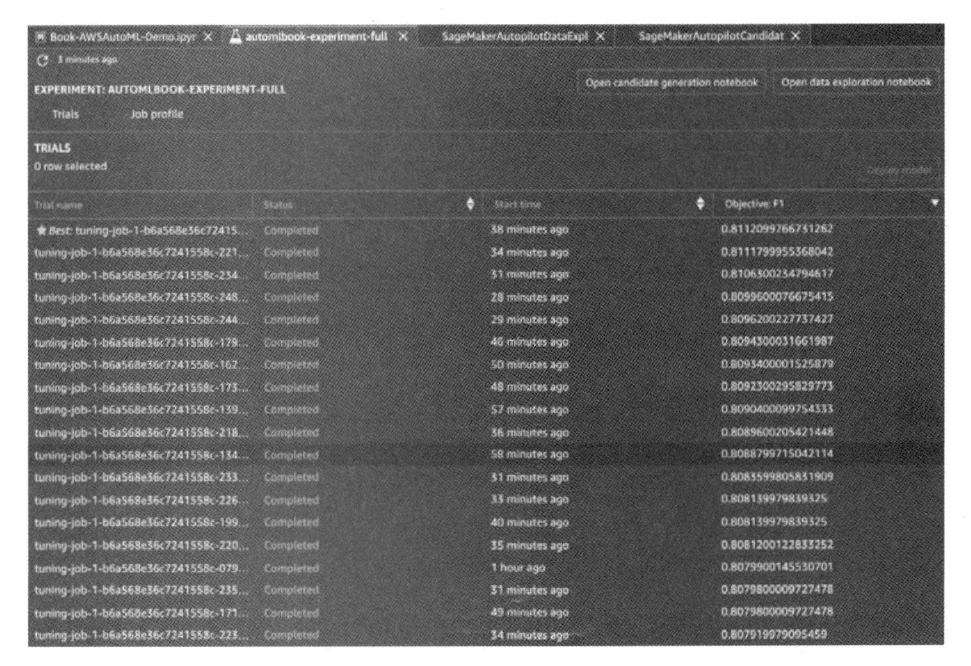

图 7.23　Amazon SageMaker Autopilot 实验运行试验——最好的模型

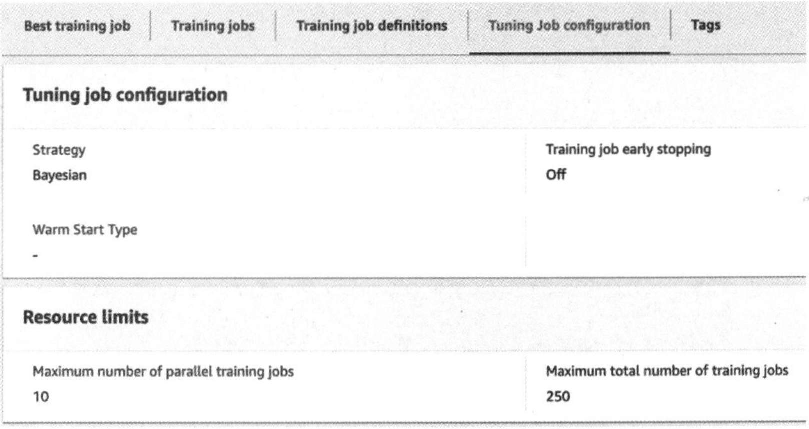

Best training job | Training jobs | Training job definitions | Tuning Job configuration | Tags

Tuning job configuration

Strategy
Bayesian

Training job early stopping
Off

Warm Start Type
-

Resource limits

Maximum number of parallel training jobs
10

Maximum total number of training jobs
250

图 7.24　Amazon SageMaker Autopilot 优化任务的详细信息

已经运行了整个实验，现在来使用最佳模型。

7.4　运行 SageMaker Autopilot 实验并部署模型

Amazon SageMaker Studio 让用户可以轻松构建、训练和部署机器学习模型。它支持数据科学的全过程。为了部署上一节中构建的模型，需要设置一些参数，包括端点名称、实例类型、实例数量，以及是否要捕获请求和响应信息。

1. 如果选择“数据捕获”（Data capture）选项，需要一个 S3 存储桶进行存储，如图 7.25 所示。

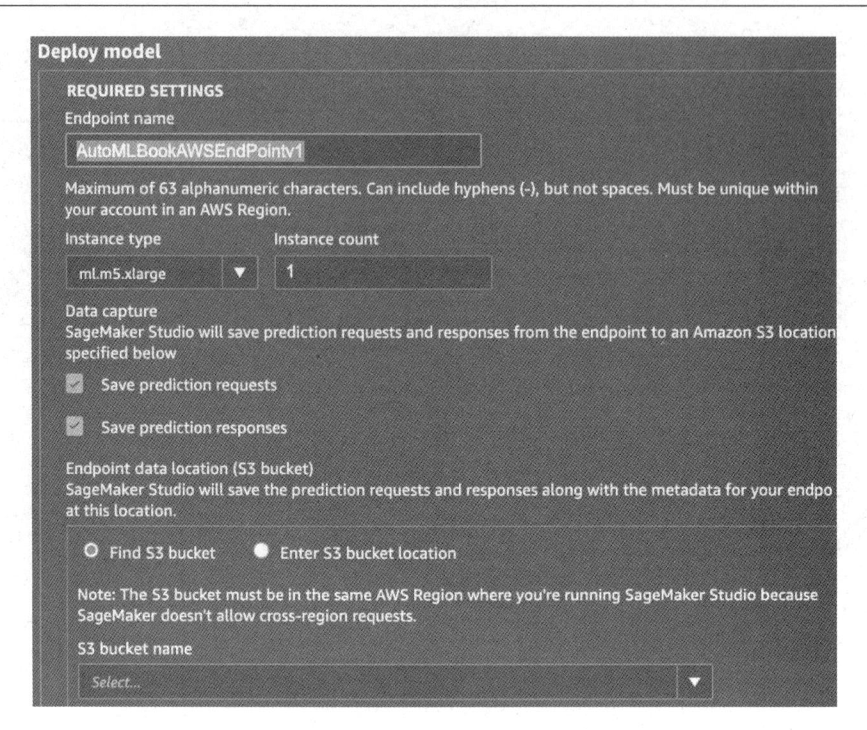

图 7.25 Amazon SageMaker 部署

2．单击“部署”（Deploy）按钮后将看到图 7.26 所示界面，其中显示了正在创建的新端点的进度。

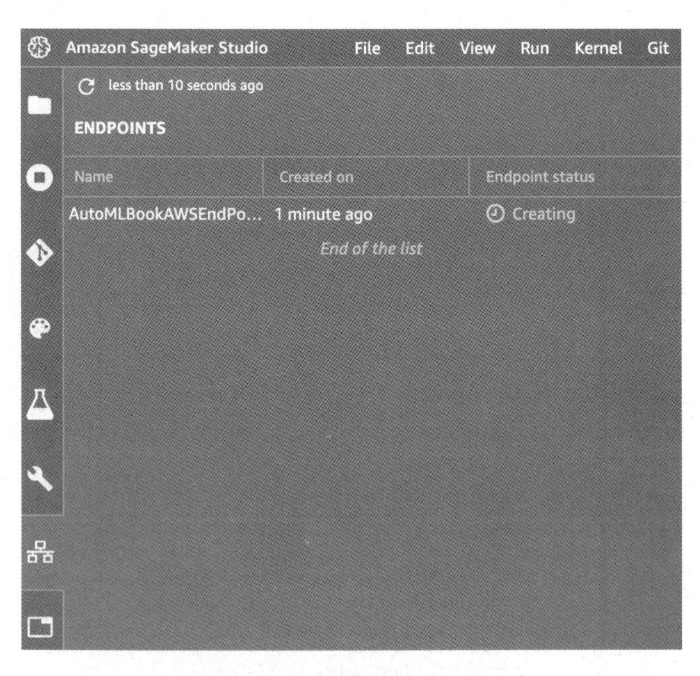

图 7.26 Amazon SageMaker 部署中

部署成功后，将看到如图 7.27 所示的 InService 状态。

图 7.27 Amazon SageMaker 部署完成

3．模型端是保证模型质量的重要资源。通过启用模型监控器，可以检测数据漂移并监控生产中任何模型的质量。这种对模型质量的主动检测，有助于确保机器学习在生产中提供正确的结果。单击“启用监控”（Enable monitoring）按钮以使用 Amazon SageMaker 模型监控器，如图 7.28 所示。

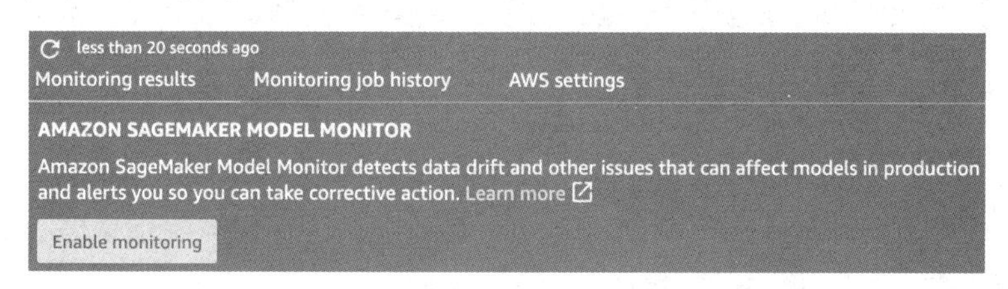

图 7.28 Amazon SageMaker Autopilot 启动模型监控

模型监控是机器学习中的一个重要领域。如图 7.29 所示，Amazon SageMaker 模型监视器通过捕获数据、创建基线、安排监控作业来监控模型，然后允许 SME 在出现异常值和违规情况时解释结果。

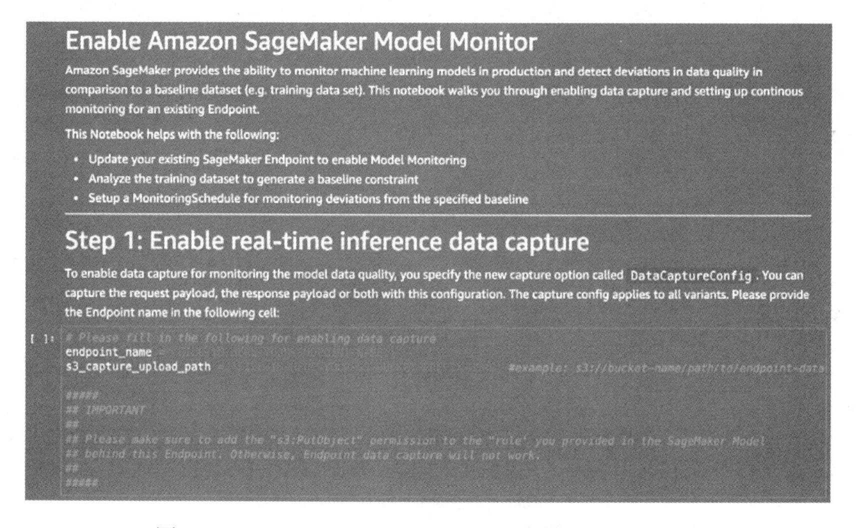

图 7.29 Amazon SageMaker Autopilot 模型监控器支持

现在已经创建并部署了模型，接下来通过调用它来进行测试。这种调用通过 Web 服务上公开的机器学习模型的操作通常称为推理或评估。

调用模型

使用 Amazon SageMaker Autopilot 构建和部署模型后，对其进行测试。此时可使用之前保存的测试数据。遍历 automl-test.csv 文件，将数据行作为请求来调用端点。

该请求包含申请贷款人的信息。从请求中删除了结果后再进行比较。可以在图 7.30

中看到来自 Web 服务的请求、标签和响应。这些信息可以用于计算服务结果的准确率，它相当准确，如图 7.31 所示。

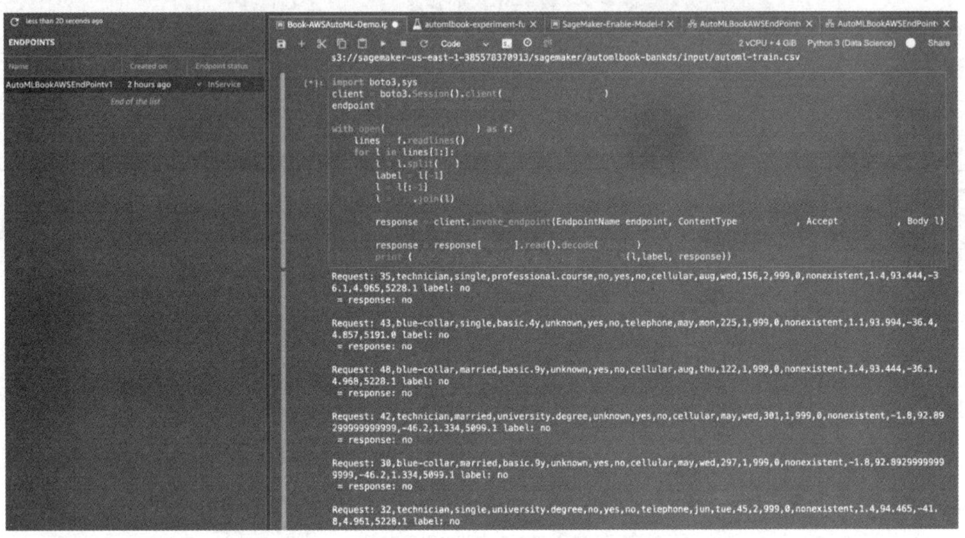

图 7.30　在笔记本中调用模型

```
Request: 32,technician,single,university.degree,no,yes,no,telephone,jun,tue,45,2,999,0,nonexistent,1.4,94.465,-41.
8,4.961,5228.1 label: no
 = response: no

Request: 46,blue-collar,married,unknown,no,no,yes,cellular,jul,thu,36,1,999,0,nonexistent,1.4,93.91799999999999,-4
2.7,4.962,5228.1 label: no
 = response: no

Request: 29,admin.,single,university.degree,no,yes,yes,cellular,nov,fri,1222,2,999,0,nonexistent,-0.1,93.2,-42.0,4.
021,5195.8 label: yes
 = response: yes

Request: 24,blue-collar,single,basic.4y,no,yes,yes,cellular,jul,wed,132,1,999,0,nonexistent,1.4,93.91799999999999,-
42.7,4.963,5228.1 label: no
 = response: no

Request: 23,entrepreneur,married,professional.course,no,no,no,cellular,jul,tue,58,1,999,0,nonexistent,1.4,93.917999
99999999,-42.7,4.962,5228.1 label: no
 = response: no

Request: 45,management,single,basic.9y,no,yes,no,telephone,jun,thu,69,1,999,0,nonexistent,1.4,94.465,-41.8,4.961,52
28.1 label: no
 = response: no

Request: 38,admin.,married,university.degree,no,no,no,cellular,oct,wed,180,2,999,1,failure,-3.4,92.431,-26.9,0.74,5
017.5 label: no
 = response: yes

Request: 58,services,married,high.school,no,yes,no,cellular,jul,fri,72,30,999,0,nonexistent,1.4,93.91799999999999,-
42.7,4.962,5228.1 label: no
 = response: no
```

图 7.31　模型调用结果

了解了如何从 Amazon SageMaker Autopilot UI 设置 AutoML 实验，在下一部分中，将使用笔记本来做同样的事情。

7.5　构建并运行 SageMaker Autopilot 实验

客户流失对于企业来说是一个重要的问题，本示例将利用在 Amazon SageMaker Autopilot 中学习的 AutoML 的知识，使用笔记本构建客户流失预测实验。在这个实验中，将使用 Daniel T. Larose 在 *Discovering Knowledge in Data* 中提供的美国移动客户的公开数据集。为了演示运行全过程，示例笔记本执行特征工程、构建模型管道（及最佳超参数）、部署模型，来执行实验。

UI/API/CLI 范式的演变有助于以多种格式使用相同的界面。在这种情况下，可以直接从笔记本中使用 Amazon SageMaker Autopilot 的功能。

1．从 amazon-sagemaker-examples/autopilot 中打开 autopilot_customer_churn 笔记本，如图 7.32 所示。

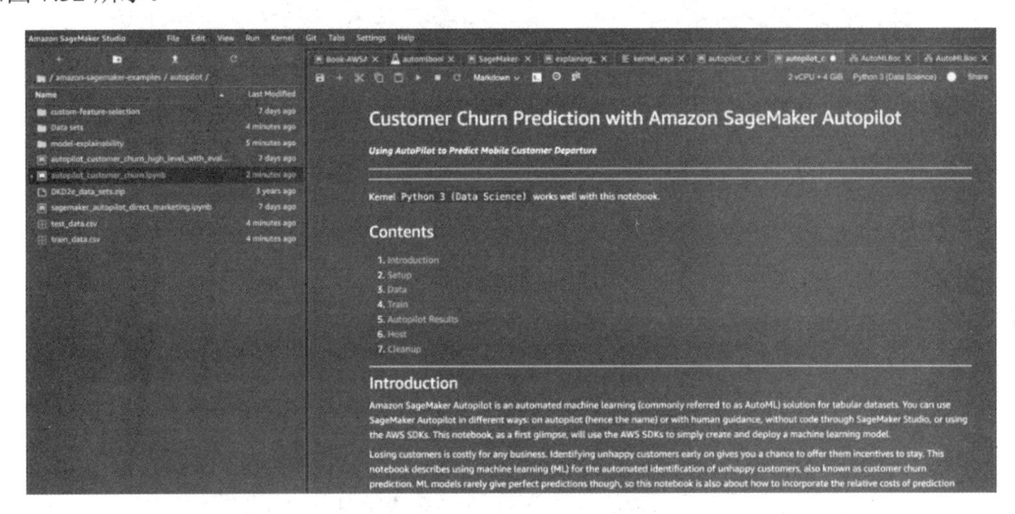

图 7.32　客户流失预测笔记本

2．指定 S3 存储和身份访问管理（Identity and Access Management，IAM）角色，运行设置，就像创建 AutoML 实验中那样。下载数据集，如图 7.33 所示。

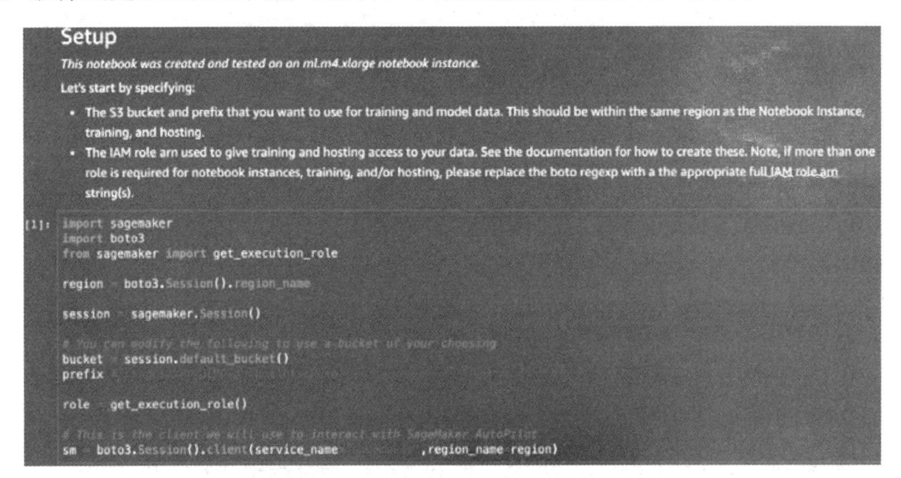

图 7.33　运行笔记本并创建会话

3．此时，需要安装所需的软件并下载数据集，如图 7.34 所示。

4．下载并解压数据集后，将其添加到 pandas DataFrame 并查看，能够显示有关客户的信息，如通信信息，如图 7.35 所示。

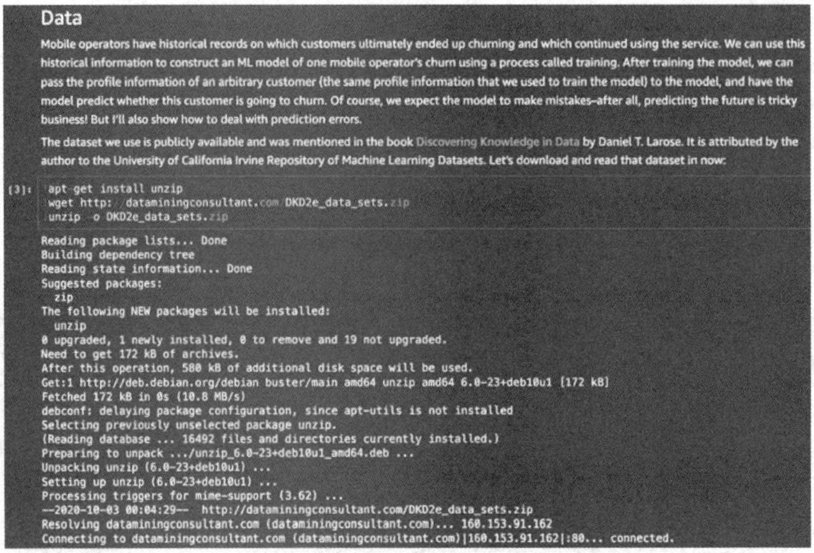

Data

Mobile operators have historical records on which customers ultimately ended up churning and which continued using the service. We can use this historical information to construct an ML model of one mobile operator's churn using a process called training. After training the model, we can pass the profile information of an arbitrary customer (the same profile information that we used to train the model) to the model, and have the model predict whether this customer is going to churn. Of course, we expect the model to make mistakes–after all, predicting the future is tricky business! But I'll also show how to deal with prediction errors.

The dataset we use is publicly available and was mentioned in the book Discovering Knowledge in Data by Daniel T. Larose. It is attributed by the author to the University of California Irvine Repository of Machine Learning Datasets. Let's download and read that dataset in now:

```
[3]: apt-get install unzip
     wget http://dataminingconsultant.com/DKD2e_data_sets.zip
     unzip -o DKD2e_data_sets.zip

Reading package lists... Done
Building dependency tree
Reading state information... Done
Suggested packages:
  zip
The following NEW packages will be installed:
  unzip
0 upgraded, 1 newly installed, 0 to remove and 19 not upgraded.
Need to get 172 kB of archives.
After this operation, 580 kB of additional disk space will be used.
Get:1 http://deb.debian.org/debian buster/main amd64 unzip amd64 6.0-23+deb10u1 [172 kB]
Fetched 172 kB in 0s (10.8 MB/s)
debconf: delaying package configuration, since apt-utils is not installed
Selecting previously unselected package unzip.
(Reading database ... 16492 files and directories currently installed.)
Preparing to unpack .../unzip_6.0-23+deb10u1_amd64.deb ...
Unpacking unzip (6.0-23+deb10u1) ...
Setting up unzip (6.0-23+deb10u1) ...
Processing triggers for mime-support (3.62) ...
--2020-10-03 00:04:29--  http://dataminingconsultant.com/DKD2e_data_sets.zip
Resolving dataminingconsultant.com (dataminingconsultant.com)... 160.153.91.162
Connecting to dataminingconsultant.com (dataminingconsultant.com)|160.153.91.162|:80... connected.
```

图 7.34　下载数据集并解压

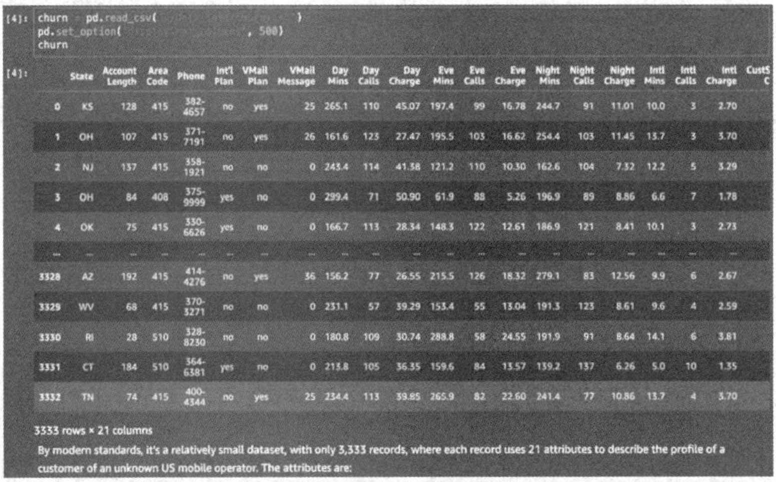

```
[4]: churn = pd.read_csv(                    )
     pd.set_option(                    , 500)
     churn
```

[4]:

	State	Account Length	Area Code	Phone	Int'l Plan	VMail Plan	VMail Message	Day Mins	Day Calls	Day Charge	Eve Mins	Eve Calls	Eve Charge	Night Mins	Night Calls	Night Charge	Intl Mins	Intl Calls	Intl Charge	CustS C
0	KS	128	415	382-4657	no	yes	25	265.1	110	45.07	197.4	99	16.78	244.7	91	11.01	10.0	3	2.70	
1	OH	107	415	371-7191	no	yes	26	161.6	123	27.47	195.5	103	16.62	254.4	103	11.45	13.7	3	3.70	
2	NJ	137	415	358-1921	no	no	0	243.4	114	41.38	121.2	110	10.30	162.6	104	7.32	12.2	5	3.29	
3	OH	84	408	375-9999	yes	no	0	299.4	71	50.90	61.9	88	5.26	196.9	89	8.86	6.6	7	1.78	
4	OK	75	415	330-6626	yes	no	0	166.7	113	28.34	148.3	122	12.61	186.9	121	8.41	10.1	3	2.73	
...	...	...	...	...	...	...	...	...	...	...	...	...	...	...	...	...	...	...	...	
3328	AZ	192	415	414-4276	no	yes	36	156.2	77	26.55	215.5	126	18.32	279.1	83	12.56	9.9	6	2.67	
3329	WV	68	415	370-3271	no	no	0	231.1	57	39.29	153.4	55	13.04	191.3	123	8.61	9.6	4	2.59	
3330	RI	28	510	328-8230	no	no	0	180.8	109	30.74	288.8	58	24.55	191.9	91	8.64	14.1	6	3.81	
3331	CT	184	510	364-6381	yes	no	0	213.8	105	36.35	159.6	84	13.57	139.2	137	6.26	5.0	10	1.35	
3332	TN	74	415	400-4344	no	yes	25	234.4	113	39.85	265.9	82	22.60	241.4	77	10.86	13.7	4	3.70	

3333 rows × 21 columns

By modern standards, it's a relatively small dataset, with only 3,333 records, where each record uses 21 attributes to describe the profile of a customer of an unknown US mobile operator. The attributes are:

图 7.35　数据集

5．在数据集中采样测试数据和训练数据，然后将这些数据上传到 S3。上传后，将获得 S3 存储桶的名称，如图 7.36 所示。

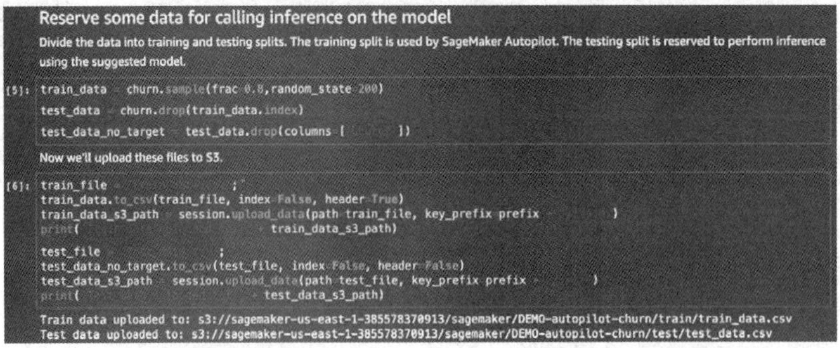

Reserve some data for calling inference on the model

Divide the data into training and testing splits. The training split is used by SageMaker Autopilot. The testing split is reserved to perform inference using the suggested model.

```
[5]: train_data = churn.sample(frac=0.8,random_state=200)
     test_data = churn.drop(train_data.index)
     test_data_no_target = test_data.drop(columns=[          ])
```

Now we'll upload these files to S3.

```
[6]: train_file =            ;
     train_data.to_csv(train_file, index=False, header=True)
     train_data_s3_path = session.upload_data(path=train_file, key_prefix=prefix +          )
     print(                     + train_data_s3_path)

     test_file =            ;
     test_data_no_target.to_csv(test_file, index=False, header=False)
     test_data_s3_path = session.upload_data(path=test_file, key_prefix=prefix +          )
     print(                     + test_data_s3_path)

Train data uploaded to: s3://sagemaker-us-east-1-385578370913/sagemaker/DEMO-autopilot-churn/train/train_data.csv
Test data uploaded to: s3://sagemaker-us-east-1-385578370913/sagemaker/DEMO-autopilot-churn/test/test_data.csv
```

图 7.36　在数据集中采样测试数据和训练数据，并上传到 S3

至此，所做的都是笔记本的操作。接下来做 SageMaker Autopilot 的操作。

6．参考图 7.37 所示定义配置。

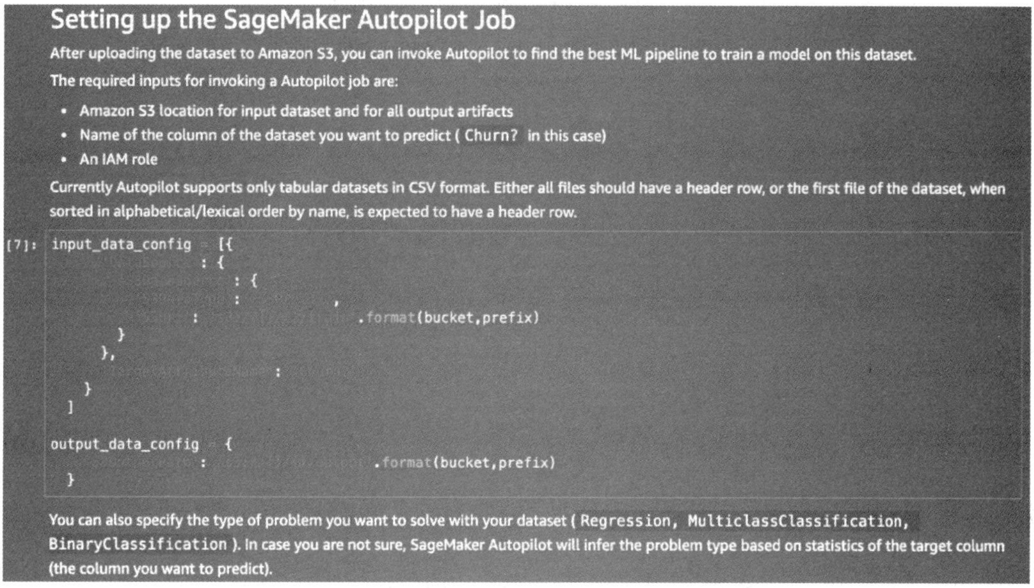

Setting up the SageMaker Autopilot Job

After uploading the dataset to Amazon S3, you can invoke Autopilot to find the best ML pipeline to train a model on this dataset.

The required inputs for invoking a Autopilot job are:

- Amazon S3 location for input dataset and for all output artifacts
- Name of the column of the dataset you want to predict (`Churn?` in this case)
- An IAM role

Currently Autopilot supports only tabular datasets in CSV format. Either all files should have a header row, or the first file of the dataset, when sorted in alphabetical/lexical order by name, is expected to have a header row.

```
[7]: input_data_config = [{
                     : {
                         : {
                         :                    ,
                  :                 .format(bucket,prefix)
          }
        },
                              :
      }
    ]

output_data_config = {
                  :                 .format(bucket,prefix)
  }
```

You can also specify the type of problem you want to solve with your dataset (`Regression, MulticlassClassification, BinaryClassification`). In case you are not sure, SageMaker Autopilot will infer the problem type based on statistics of the target column (the column you want to predict).

图 7.37　配置 SageMaker Autopilot 任务

7．通过调用 create_auto_ ml_job API 来启动 SageMaker Autopilot 任务，如图 7.38 所示。

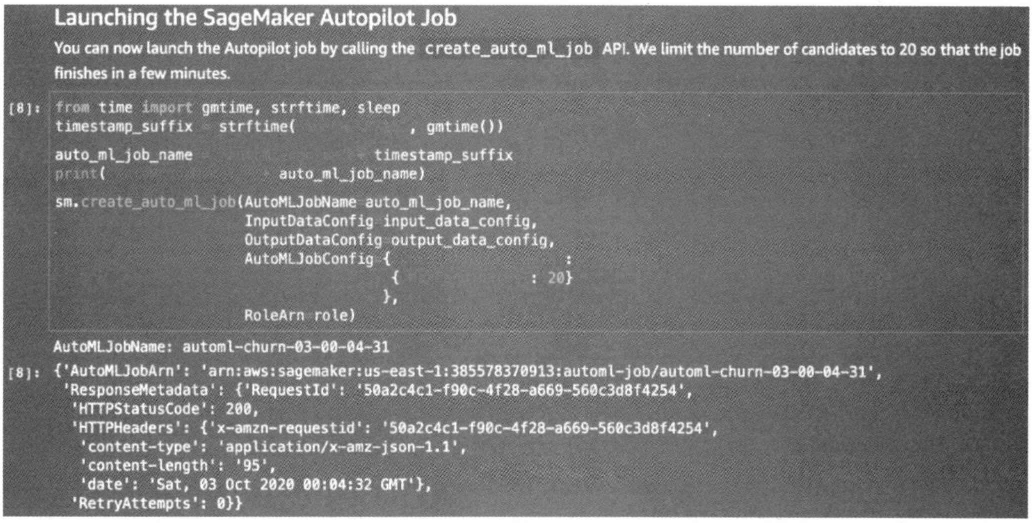

Launching the SageMaker Autopilot Job

You can now launch the Autopilot job by calling the `create_auto_ml_job` API. We limit the number of candidates to 20 so that the job finishes in a few minutes.

```
[8]: from time import gmtime, strftime, sleep
timestamp_suffix = strftime(            , gmtime())

auto_ml_job_name =                   + timestamp_suffix
print(                  + auto_ml_job_name)

sm.create_auto_ml_job(AutoMLJobName=auto_ml_job_name,
                      InputDataConfig=input_data_config,
                      OutputDataConfig=output_data_config,
                      AutoMLJobConfig={                    :
                                        {              : 20}
                                      },
                      RoleArn=role)

AutoMLJobName: automl-churn-03-00-04-31
[8]: {'AutoMLJobArn': 'arn:aws:sagemaker:us-east-1:385578370913:automl-job/automl-churn-03-00-04-31',
 'ResponseMetadata': {'RequestId': '50a2c4c1-f90c-4f28-a669-560c3d8f4254',
  'HTTPStatusCode': 200,
  'HTTPHeaders': {'x-amzn-requestid': '50a2c4c1-f90c-4f28-a669-560c3d8f4254',
   'content-type': 'application/x-amz-json-1.1',
   'content-length': '95',
   'date': 'Sat, 03 Oct 2020 00:04:32 GMT'},
  'RetryAttempts': 0}}
```

图 7.38　配置 SageMaker Autopilot 任务

该任务运行多个试验，包括每个实验的多个组件，如图 7.39 所示。

在跟踪任务的进度时，可以显示其状态和延迟，如图 7.40 所示。也可以使用用户界面来直观地查看各个实验的详细信息。

8．试验的特征工程和模型调优工作完成后，运行 describe_auto_ml_job 可以查看最佳候选的信息。遍历这个最佳候选对象，可查看相关指标的分数，如图 7.41 所示。

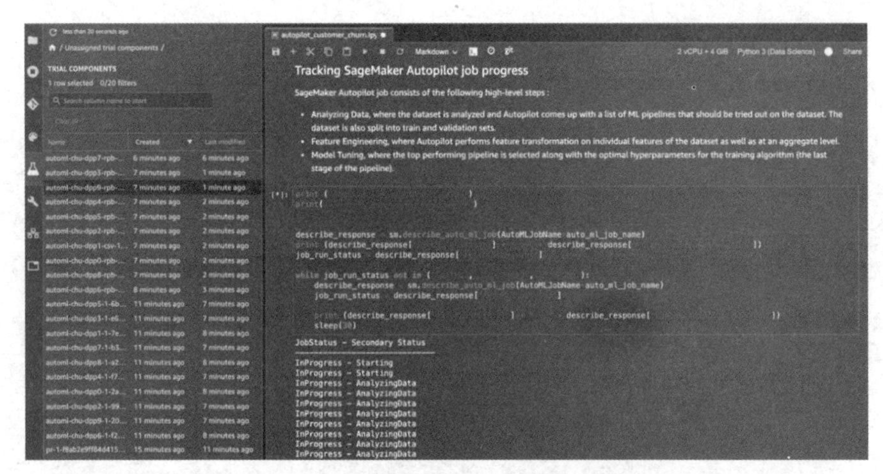

图 7.39　任务笔记本中展示的实验组件（一）

Tracking SageMaker Autopilot job progress

SageMaker Autopilot job consists of the following high-level steps :

- Analyzing Data, where the dataset is analyzed and Autopilot comes up with a list of ML pipelines that should be tried out on the dataset. The dataset is also split into train and validation sets.
- Feature Engineering, where Autopilot performs feature transformation on individual features of the dataset as well as at an aggregate level.
- Model Tuning, where the top performing pipeline is selected along with the optimal hyperparameters for the training algorithm (the last stage of the pipeline).

```
[*]: print (                                  )
     print(                                    )

     describe_response = sm.describe_auto_ml_job(AutoMLJobName=auto_ml_job_name)
     print (describe_response[               ]           describe_response[                    ])
     job_run_status = describe_response[              ]

     while job_run_status not in (         ,               ,           ):
         describe_response = sm.describe_auto_ml_job(AutoMLJobName=auto_ml_job_name)
         job_run_status = describe_response[              ]

         print (describe_response[               ]           describe_response[                    ])
         sleep(30)

JobStatus - Secondary Status
------------------------------
InProgress - Starting
InProgress - Starting
InProgress - AnalyzingData
InProgress - AnalyzingData
InProgress - AnalyzingData
InProgress - AnalyzingData
InProgress - AnalyzingData
InProgress - AnalyzingData
InProgress - AnalyzingData
InProgress - AnalyzingData
InProgress - AnalyzingData
```

图 7.40　任务笔记本中展示的实验组件（二）

```
InProgress - ModelTuning
InProgress - ModelTuning
InProgress - ModelTuning
InProgress - ModelTuning
Completed - MaxCandidatesReached
```

Results

Now use the describe_auto_ml_job API to look up the best candidate selected by the SageMaker Autopilot job.

```
0]: best_candidate = sm.describe_auto_ml_job(AutoMLJobName=auto_ml_job_name)[              ]
    best_candidate_name = best_candidate[              ]
    print(best_candidate)
    print(     )
    print(                 best_candidate_name)
    print(                                  best_candidate[                        ][         ])
    print(                              str(best_candidate[                        ][         ]))
```

{'CandidateName': 'tuning-job-1-61000367db764868a7-020-2e4499ff', 'FinalAutoMLJobObjectiveMetric': {'MetricName': 'validation:f1', 'Value': 0.923229992389679}, 'ObjectiveStatus': 'Succeeded', 'CandidateSteps': [{'CandidateStepType': 'AWS::SageMaker::ProcessingJob', 'CandidateStepArn': 'arn:aws:sagemaker:us-east-1:385578370913:processing-job/db-1-823a0a699a494f858351af33214ee54957bd65fb089f455d878abe698b', 'CandidateStepName': 'db-1-823a0a699a494f858351af33214ee54957bd65fb089f455d878abe698b'}, {'CandidateStepType': 'AWS::SageMaker::TrainingJob', 'CandidateStepArn': 'arn:aws:sagemaker:us-east-1:385578370913:training-job/automl-chu-dpp9-1-2017d334a7da4432961a41b9c8b8127e178053fc51a04', 'CandidateStepName': 'automl-chu-dpp9-1-2017d334a7da4432961a41b9c8b8127e178053fc51a04'}, {'CandidateStepType': 'AWS::SageMaker::TransformJob', 'CandidateStepArn': 'arn:aws:sagemaker:us-east-1:385578370913:transform-job/automl-chu-dpp9-rpb-1-3156254e873d445c98a900c5439b6fcaecca2702e', 'CandidateStepName': 'automl-chu-dpp9-rpb-1-3156254e873d445c98a900c5439b6fcaecca2702e'}, {'CandidateStepType': 'AWS::SageMaker::TrainingJob', 'CandidateStepArn': 'arn:aws:sagemaker:us-east-1:385578370913:training-job/tuning-job-1-61000367db764868a7-020-2e4499ff', 'CandidateStepName': 'tuning-job-1-61000367db764868a7-020-2e4499ff'}], 'CandidateStatus': 'Completed', 'InferenceContainers': [{'Image': '683313688378.dkr.ecr.us-east-1.amazonaws.com/sagemaker-sklearn-automl:0.2

图 7.41　任务笔记本中展示的实验组件（三）

任务完成后，可以查看候选模型、最终评价分数（本例中的 F1 分数）和其他相关的指标，如图 7.42 所示。

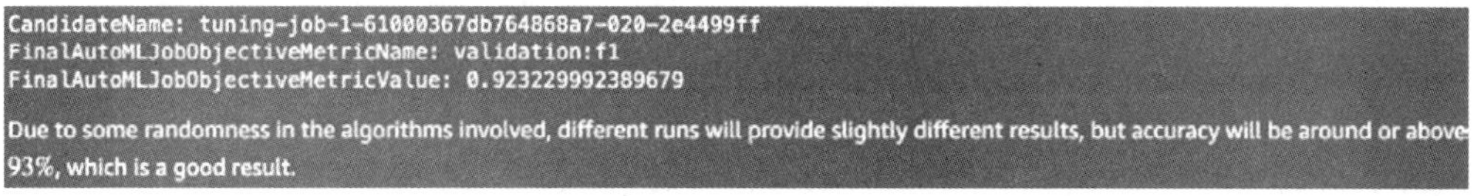

CandidateName: tuning-job-1-61000367db764868a7-020-2e4499ff
FinalAutoMLJobObjectiveMetricName: validation:f1
FinalAutoMLJobObjectiveMetricValue: 0.923229992389679
Due to some randomness in the algorithms involved, different runs will provide slightly different results, but accuracy will be around or above 93%, which is a good result.

图 7.42　任务结果

下一部分中，将使用最佳模型，其 F1 分数是 93%。

管理和调用模型

与之前使用 Experiment UI 调用模型类似，本例将管理和调用在笔记本中构建的模型。不同之处在于，前者不完全使用代码，后者将全程使用代码调用模型。

1．要管理服务，首先需要创建模型对象、端点配置，并最终创建端点。以前是用 UI 完成的，但这里使用 Amazon SageMaker Python 实例来完成相同的工作。如图 7.43 所示。

ENDPOINTS
tuning-job-1-61000367...
4 minutes ago
Creating
End of the list
autopilot_customer_churn.ipynb
Markdown
2 vCPU + 4 GiB
Host
Now that we've trained the algorithm, let's create a model and deploy it to a hosted endpoint.

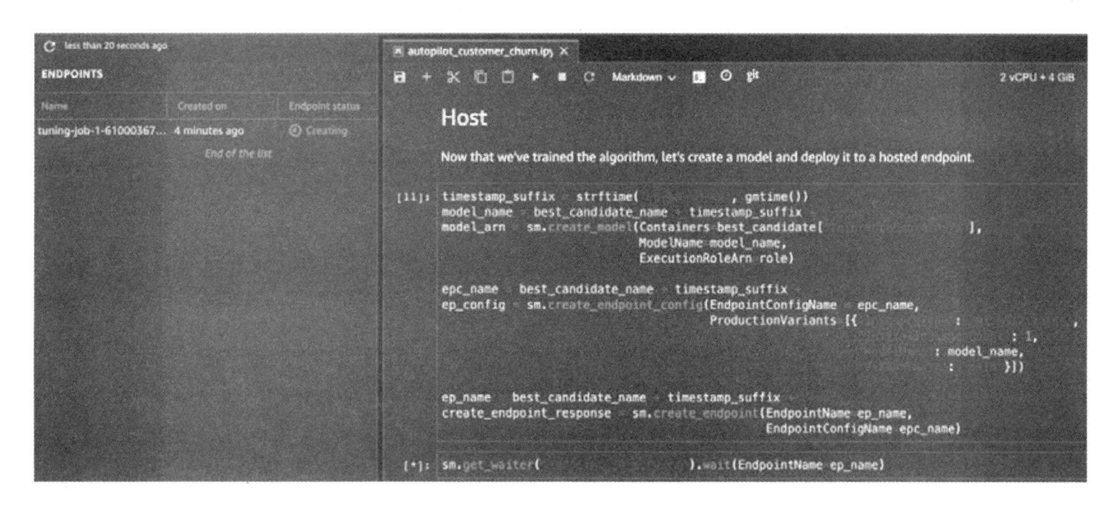

图 7.43　管理模型

Boto3 是适用于 AWS 的 Python 开发工具包，get_waiter 方法属于 Boto3 包。这个方法会轮询，直到达到成功状态，通常在 60 次检查失败后返回错误。可以通过查看官方 API 文档来了解这些方法。

现在创建端点和托管模型已经完成，可以调用该模型了。为了测试模型，创建一个预测器实例，将端点的信息及预测参数传递给这个预测器。可以传入整个测试数据文件，将结果与真实情况比较，来执行批量测试。图中 7.44 可以看到准确率。

2．完成端点测试后，需要进行清理。在云环境中，用户必须自行清理。如果不自行清理，服务器账单将会大得惊人。

清理 UI 时，关闭并删除计算实例和端点。手动清理时需要删除端点、端点配置和模型，如图 7.45 所示。

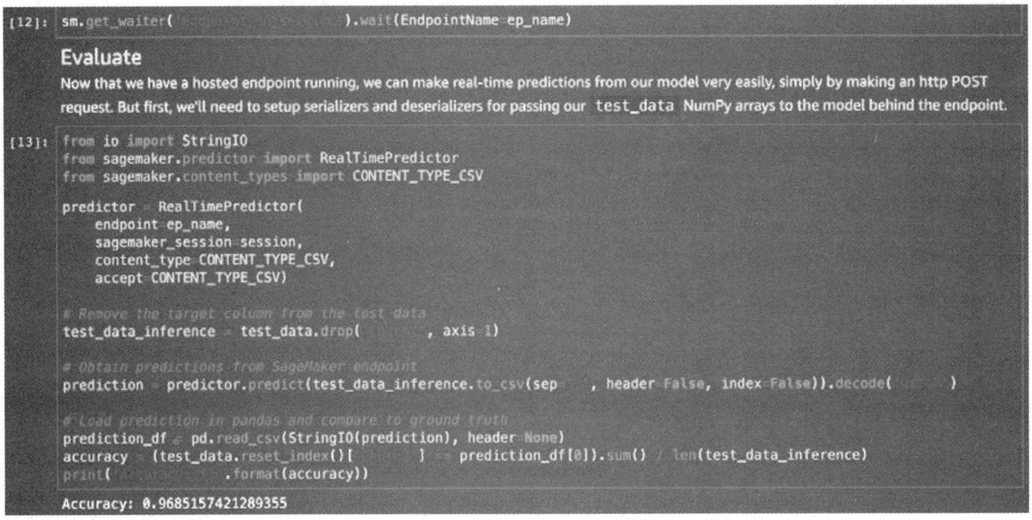

```
[12]: sm.get_waiter(                    ).wait(EndpointName=ep_name)
```

Evaluate

Now that we have a hosted endpoint running, we can make real-time predictions from our model very easily, simply by making an http POST request. But first, we'll need to setup serializers and deserializers for passing our `test_data` NumPy arrays to the model behind the endpoint.

```
[13]: from io import StringIO
      from sagemaker.predictor import RealTimePredictor
      from sagemaker.content_types import CONTENT_TYPE_CSV

      predictor = RealTimePredictor(
          endpoint=ep_name,
          sagemaker_session=session,
          content_type=CONTENT_TYPE_CSV,
          accept=CONTENT_TYPE_CSV)

      # Remove the target column from the test data
      test_data_inference = test_data.drop(        , axis=1)

      # Obtain predictions from SageMaker endpoint
      prediction = predictor.predict(test_data_inference.to_csv(sep=   , header=False, index=False)).decode(       )

      # Load prediction in pandas and compare to ground truth
      prediction_df = pd.read_csv(StringIO(prediction), header=None)
      accuracy = (test_data.reset_index()[        ] == prediction_df[0]).sum() / len(test_data_inference)
      print(             .format(accuracy))

      Accuracy: 0.9685157421289355
```

图 7.44　模型测试的准确率

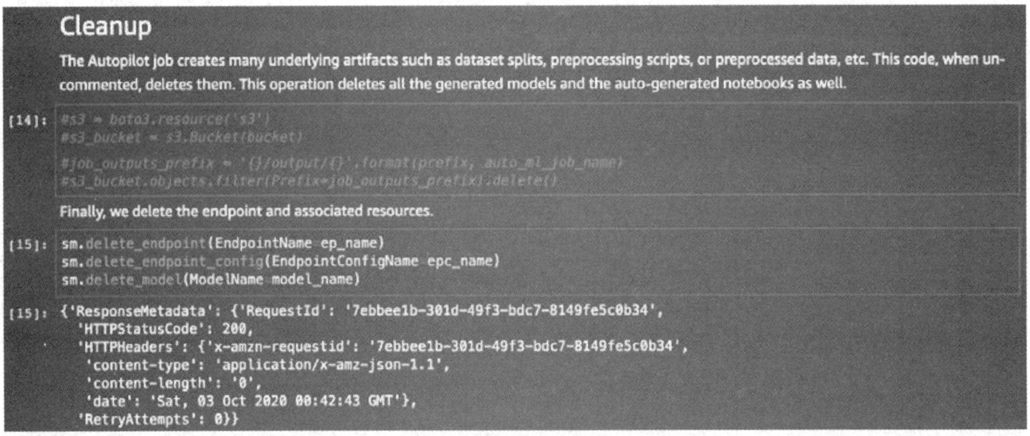

Cleanup

The Autopilot job creates many underlying artifacts such as dataset splits, preprocessing scripts, or preprocessed data, etc. This code, when un-commented, deletes them. This operation deletes all the generated models and the auto-generated notebooks as well.

```
[14]: #s3 = boto3.resource('s3')
      #s3_bucket = s3.Bucket(bucket)

      #job_outputs_prefix = '{}/output/{}'.format(prefix, auto_ml_job_name)
      #s3_bucket.objects.filter(Prefix=job_outputs_prefix).delete()
```

Finally, we delete the endpoint and associated resources.

```
[15]: sm.delete_endpoint(EndpointName=ep_name)
      sm.delete_endpoint_config(EndpointConfigName=epc_name)
      sm.delete_model(ModelName=model_name)

[15]: {'ResponseMetadata': {'RequestId': '7ebbee1b-301d-49f3-bdc7-8149fe5c0b34',
        'HTTPStatusCode': 200,
        'HTTPHeaders': {'x-amzn-requestid': '7ebbee1b-301d-49f3-bdc7-8149fe5c0b34',
         'content-type': 'application/x-amz-json-1.1',
         'content-length': '0',
         'date': 'Sat, 03 Oct 2020 00:42:43 GMT'},
        'RetryAttempts': 0}}
```

图 7.45　清理任务

尽管这些示例展示了 AWS AutoML 如何执行特征工程、模型调优和超参数优化，但使用时不必限制在 AWS 提供的算法上。用户可以在 Amazon SageMaker Autopilot 中使用自己的数据处理代码（示例见链接 7-2）。

7.6　小结

完整地构建 AutoML 系统是一项相当大的工作。因此，大规模的云计算平台作为推动者和加速器来启动这一工作。本章介绍了如何通过笔记本和用户界面使用 Amazon SageMaker Autopilot，还介绍了 AWS 机器学习生态系统及 SageMaker 的功能。

在下一章中，将研究另一个主要的云计算平台 Google Cloud Platform 及其相关的 AutoML 产品。

本章链接

扩展阅读

第8章 使用 Google Cloud Platform 进行机器学习

“我一直坚信，让人工智能发挥作用的唯一方法是以类似于人脑的方式进行计算。这就是我一直追求的目标。我们正在取得进展，尽管关于大脑的实际工作方式我们还有很多东西要了解。”

——Geoffrey Hinton

第 7 章中介绍了主流的超大规模应用：Amazon Web Services、Amazon SageMaker 及其使用 Amazon SageMaker Autopilot 的自动机器学习功能。

在 2020 Magic Quadrant for Cloud Infrastructure and Platform Services 报告中，Gartner 将 Google 评为了领军者。Google Cloud 计算服务提供了一套计算技术、工具和服务，使用与 Google 自己的产品和服务相同的基础架构为企业提供支持。本章将介绍 Google Cloud 计算服务及人工智能（AI）和机器学习（ML）产品，尤其是 Cloud AutoML Tables 的 AutoML 功能。

8.1 Google Cloud Platform 使用入门

与其他超大规模器和云计算平台一样，Google Cloud 计算服务也提供种类繁多的通用计算、分析、存储和安全服务。除了著名的 App Engine、Cloud Run、Compute Engine、Cloud Functions、Storage、Security、Networking 和 IoT 产品，谷歌云平台（Google Cloud Platform，GCP）产品页面上还列出了 100 多种产品。访问 GCP 控制台如图 8.1 所示。

其关键产品分为计算、存储、数据库、网络、运营、大数据、人工智能和通用开发工具等类别。GCP 服务摘要（见链接 8-1）提供了 GCP 所有服务和产品的最新列表。这些服务覆盖范围很大，超出了本书的范围。但作为介绍，这里给出一个简要概述。

- **计算**：在此类别中，GCP 提供诸如应用引擎（App Engine）、计算引擎（Compute Engine）、Kubernetes 引擎（Kubernetes Engine）、云函数（Cloud Functions）、云运行（Cloud Run）和 VMware 引擎（VMware Engine）等服务。这些服务包括不同的模式，如 CPU、GPU 或 Cloud TPU，具有广泛的计算能力。

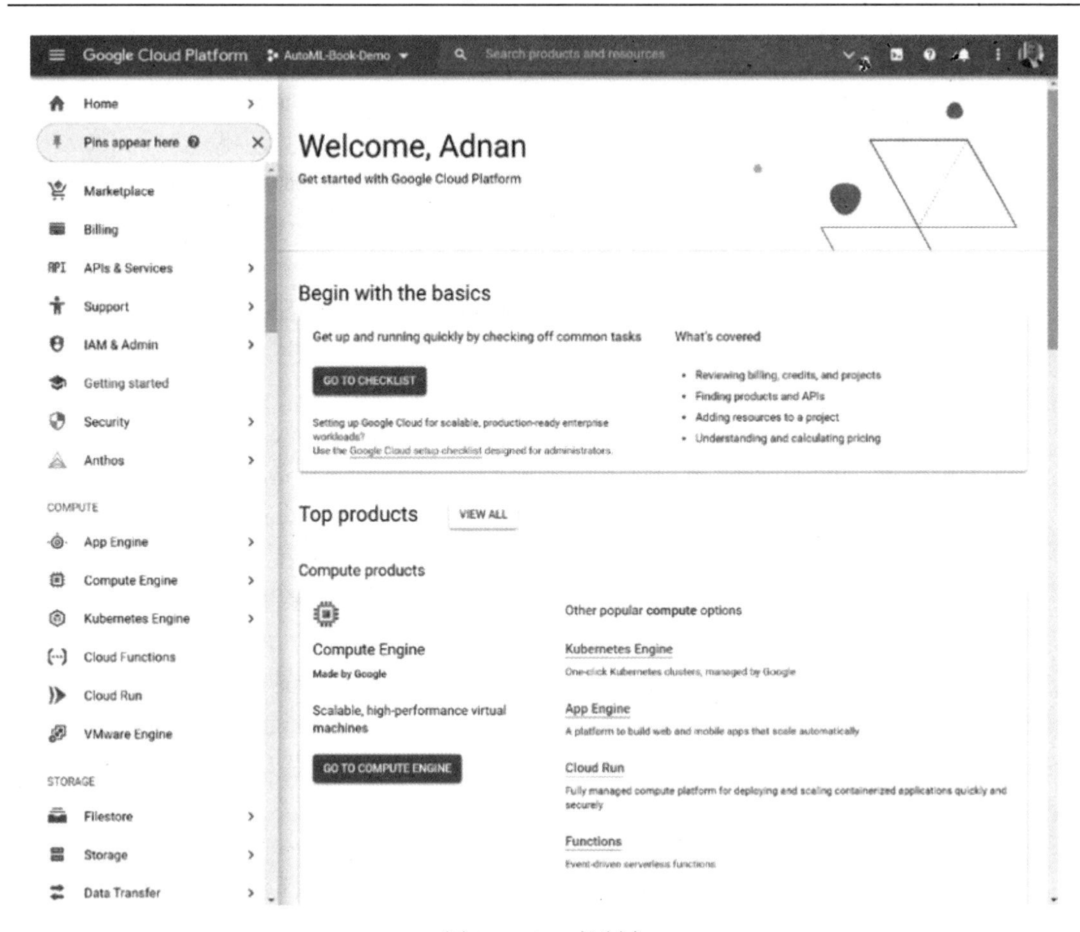

图 8.1　GCP 控制台

- **存储：**凭借云存储、云文件存储、永久磁盘、Firebase 云存储和先进的数据传输功能，GCP 实现了与其他云存储提供商同等的功能。可以根据需要从计算引擎（Compute Engine）访问这些存储库。
- **数据库：**在数据库领域，GCP 产品包括 Cloud Bigtable、Datastore、Firestore（NoSQL 文档数据库）、Memorystore（用于 Redis 和 Memcached）、Cloud Spanner（关系数据库）和 Cloud SQL。借助大型市场产品，可以通过 Cloud SQL 在计算引擎（Compute Engine）上迁移和运行 Microsoft SQL Server。GCP Cloud SQL 产品有助于在 GCP 上迁移、维护、管理和管理关系数据库，如 MySQL、PostgreSQL 和 SQL Server。
- **网络：**GCP 网络服务与任何其他超大规模网络服务相当。现在多见的网络服务包括云负载平衡（Cloud Load Balancing）、云域名解析（Cloud DNS）、云虚拟专用网络（Cloud VPN）、云内容分发网络（Cloud CDN，content delivery network）、云路由器（Cloud Router）、云甲（Cloud Armor，一种策略框架）、云网络地址转换（Cloud NAT，network address translation）、服务指南（Service Directory）、交通检测器（Traffic Director）和虚拟私有云（Virtual Private Cloud）。GCP 网络服务提供混合连接、网络安全和情报服务。

- **运营**：在运营领域，GCP 毫不松懈。无论是监控、调试、错误报告、日志记录、分析还是跟踪，云调试器（Cloud Debugger）、云日志（Cloud Logging）、云监测（Cloud Monitoring）、云性能分析工具（Cloud Profiler）和云追踪（Cloud Trace）等工具都提供了用于正常运行时间检查的仪表板和警报，以确保系统可靠运行。
- **通用开发工具**：这些工具包括构建注册表（Artifact Registry，用于管理容器）、云软件工具开发包（Cloud SDK）、容器注册表（Container Registry）、编译构建（Cloud Build，用于使用 GitHub 和 Bitbucket 的 CI/CD 创建工件，如 Docker 容器或 Java 档案）、云资源存储库（Cloud Source Repositories）、移动应用程序测试实验室（Firebase Test Lab）和测试实验室（Test Lab）。
- **数据分析**：GCP 的产品包括 BigQuery 等托管数据分析服务，以及云数据工作流编排服务（Cloud Composer）、云数据集成（Cloud Data Fusion，集成服务）、数据处理流水线（Dataflow）、Datalab［探索性数据分析（Exploratory Data Analysis，EDA）和可视化］、Dataproc 等托管工作流编排服务（托管 Spark 和 Hadoop）、Pub/Sub（异步消息传递）、Data Catalog（元数据管理）和用于处理生命科学数据的云生命科学。
- **API 管理服务**：API 管理服务包括全生命周期 API 管理，随 Apigee 提供。其他工具包括用于混合和多云管理的 Cloud Endpoints 和 Anthos 产品。Google Kubernetes Engine（GKE）是开源容器调度器，而 Connect 和 Hub 用于管理客户注册集群上的功能和服务。
- **迁移和数据传输**：迁移工具包括 BigQuery 数据传输服务，可帮助从 HTTP/S 可访问位置传输数据，包括 Amazon Simple Storage Service （Amazon S3）和 Google Cloud 产品。Transfer Appliance 是一种使用硬件和软件将数据传输到 GCP 的解决方案。
- **安全和身份**：此处提供的服务包括空间（Space）、访问透明度（Access Transparency）、政府保证工作负载（Assured Workloads for Government）、二进制授权（Binary Authorization）、证书颁发机构服务（Certificate Authority Service）、云资产清单（Cloud Asset Inventory）、云数据丢失预防（Cloud Data Loss Prevention）、云外部密钥管理器（Cloud External Key Manager，Cloud EKM）、云硬件安全模块（Cloud Hardware Security Module）、云外部密钥管理服务（Cloud HSM，Cloud Key Management Service）、事件威胁检测（Event Threat Detection）、安全指挥中心（Security Command Center）、VPC 服务控制（VPC Service Controls）、隐私管理器（Secret Manager）和用于漏洞扫描的 Web 安全扫描器（Web Security Scanner）。
- **身份和访问**：这里提供的服务和工具包括访问批准（Access Approval）、访问上下文管理器（Cloud Context Manager）、云身份服务（Cloud Identity Services）、Firebase 身份验证（Firebase Authentication）、谷歌云身份感知代理（Google Cloud Identify-Aware Proxy）、IAM，身份和访问管理（Identity and Access Management）、身份平台（Identity Platform）、微软活动目录托管服务（Managed Service for Microsoft Active

Directory）和资源管理器（APIResource Manager API），以编程方式管理 GCP。此外还有用户保护服务，如*reCAPTCHA 和 Web Risk API。

- **无服务器计算**：在无服务器计算领域，GCP 提供 Cloud Run、Cloud Functions、Cloud Functions for Firebase、Cloud Scheduler 和用于分布式任务管理的 Cloud Tasks。还有作为完全托管服务提供的物联网（Internet of Things，IoT）核心。
- **管理工具**：这些工具包括 Cloud Console 应用（原生移动应用）、Cloud Deployment Manager、Cloud Shell 和 Recommenders（用于推荐和预测使用情况）。还有作为基础平台构建的服务基础设施组件，包括 Service Management API（服务管理 API）、Service Consumer Management API（服务消费者管理 API）和 Service Control API（服务控制 API）。

作为 GCP 产品的一部分，还有各种合作伙伴解决方案和垂直服务可用。医疗保健和生命科学领域的垂直服务包括 Cloud Healthcare，而对于媒体和游戏行业，GCP 提供游戏服务器。GCP 高级软件和合作伙伴解决方案包括 Redis Enterprise、Apache Kafka on Confluent、DataStax Astra、Elasticsearch Service、MongoDB Atlas 和 Cloud Volumes。

这是对信息系统中不同类别 GCP 产品的简要列举。在下一节中，将讨论 GCP 提供的 AI 和 ML 服务。

8.2　使用 GCP 实现 AI 和 ML

在早期的 AI 先导公司中，Google 在构建和维护先进的 AI 平台、加速器和 AI 构建块方面具有先发优势。Google Cloud AI Platform 是一个高度全面的、基于云的认知计算产品，可以在其中构建模型和笔记本、执行数据标记、创建 ML 作业和流水线及访问 AI Hub，如图 8.2 所示。

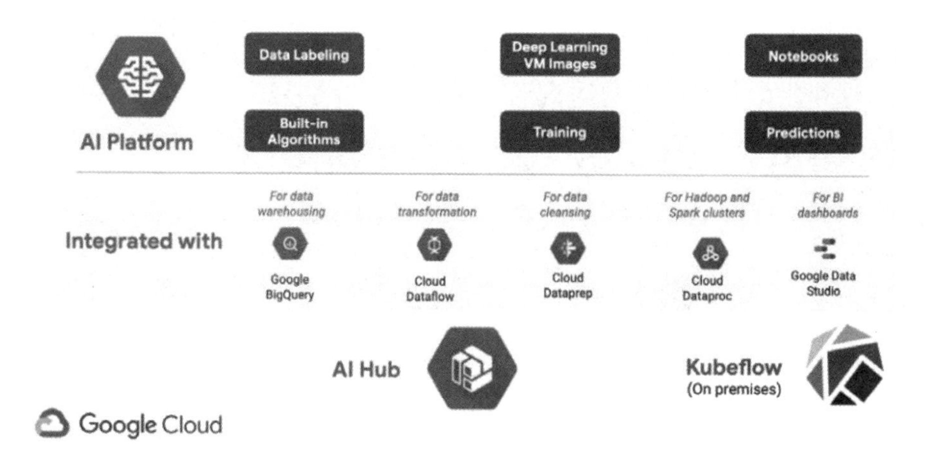

图 8.2　Google Cloud AI Platform 功能

AI 平台和加速器包括构建 ML 流水线、部署等功能。它包含数据标记功能、平台笔记本、神经架构搜索、训练和预测功能。

AutoML 也是关键构建块之一，包括 AutoML Natural Language、AutoML Tables、AutoML Translation、AutoML Video、AutoML Vision 和 Recommendations AI。其他 AI 产品包括 Cloud Natural Language API、Cloud Translation、Cloud Vision、Dialogflow（在 Essentials 和 Customer Experience Editions 中都提供）、Document AI、Media Translation API、语音转文本和文本转语音服务、Vedio Intelligence API。

AI Platform 主页面如图 8.3 所示，可通过链接 8-2 访问。

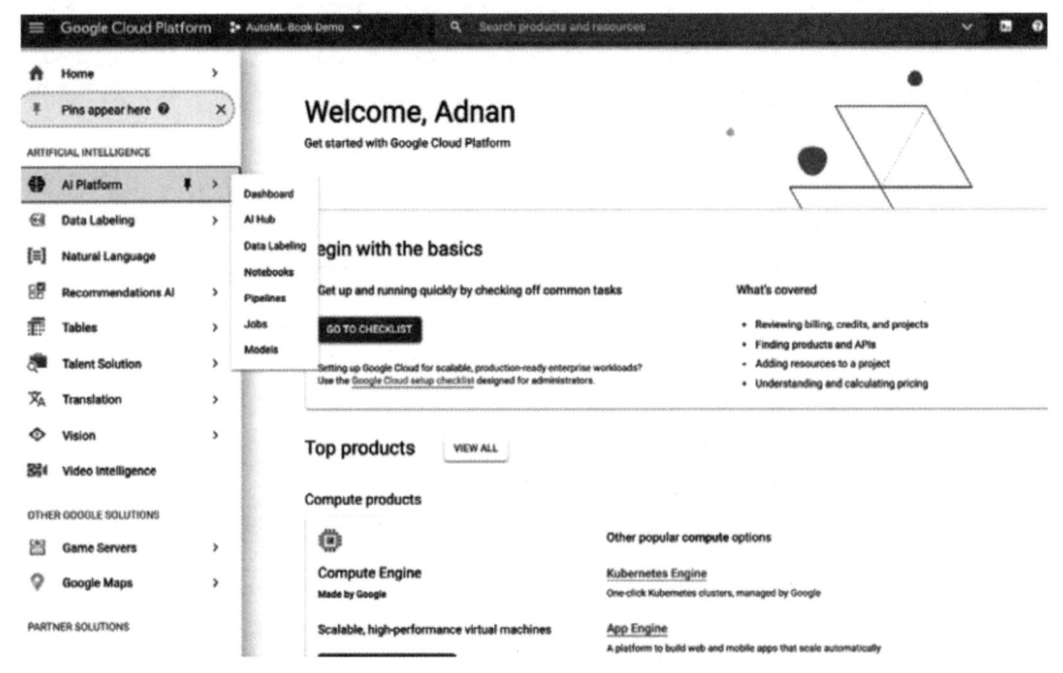

图 8.3 AI Platform 主页面

AI Platform 是面向开发人员的一站式商店，它是一个门户，可以从中导航到其他区域进行数据标记、自然语言处理、推荐、翻译和其他功能。AutoML 的关键领域侧重于视觉、语言、对话和结构化数据，如图 8.4 所示。

图 8.4 AI Platform 的组件，包括 AutoML

这里重点介绍结构化数据中的 AutoML 功能，特别是 AutoML Tables。

8.3 Google Cloud AI Platform 和 AI Hub

作为更大的 AI 平台产品的一部分，Google Cloud AI Hub 是所有 AI 事物的一站式商店。在撰写本文时，AI Hub 处于测试阶段，但仍可尝试其一键部署功能。AI Hub 和 AI Platform 可能会令人迷惑，其不同之处在于 GCP 如何构建问题。AI Hub 专注于实现私有协作和托管的企业级共享功能，而 AI Platform 是一个更大的 AI 生态系统，包括笔记本、作业和平台。这并不是说这些能力不重叠，GCP 营销团队可能有一天会提出一个有凝聚力的策略——但在那之前，其二元性将继续存在。

图 8.5 展示了 AI Hub 主页。

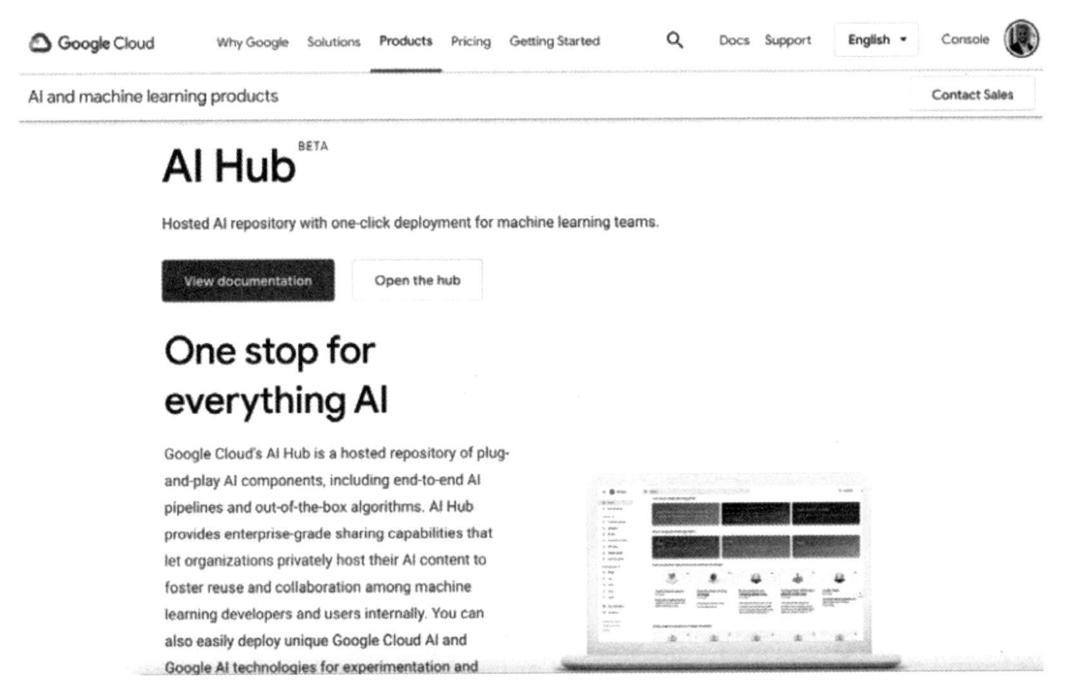

图 8.5　AI Hub 主页

可以通过单击 AI Platform 页面（见链接 8-3）上的 AI Hub 链接，导航到此页面，或直接访问链接 8-4。

AI Hub 主页以最简单的形式构建其问题陈述，提供入门工具包、有关 ML 用例的最新消息及尖端的 ML 技术和教程。这里可以构建 Kubeflow 流水线和 ML 容器、启动虚拟机（VM）映像、使用经过训练的模型及探索和共享其他人构建的配方，全部在一个地方。

Google Cloud AI Hub 旨在全面了解世界上最强大的算法，以及如何利用 Google DeepMind 的尖端 AI 研究来优化它们。回顾 AlphaGo 研究中的 Google 的 DeepMind 团队，DeepMind 团队试图教授 AI“学习”，最终首次击败了人类围棋选手。这家公司围绕时间序列预测、生成对抗网络、计算机视觉、文本分析和 AutoML 提供了前沿研究和可用模型，所有这些都可以用作 AI Hub 的一部分，如图 8.6 所示。

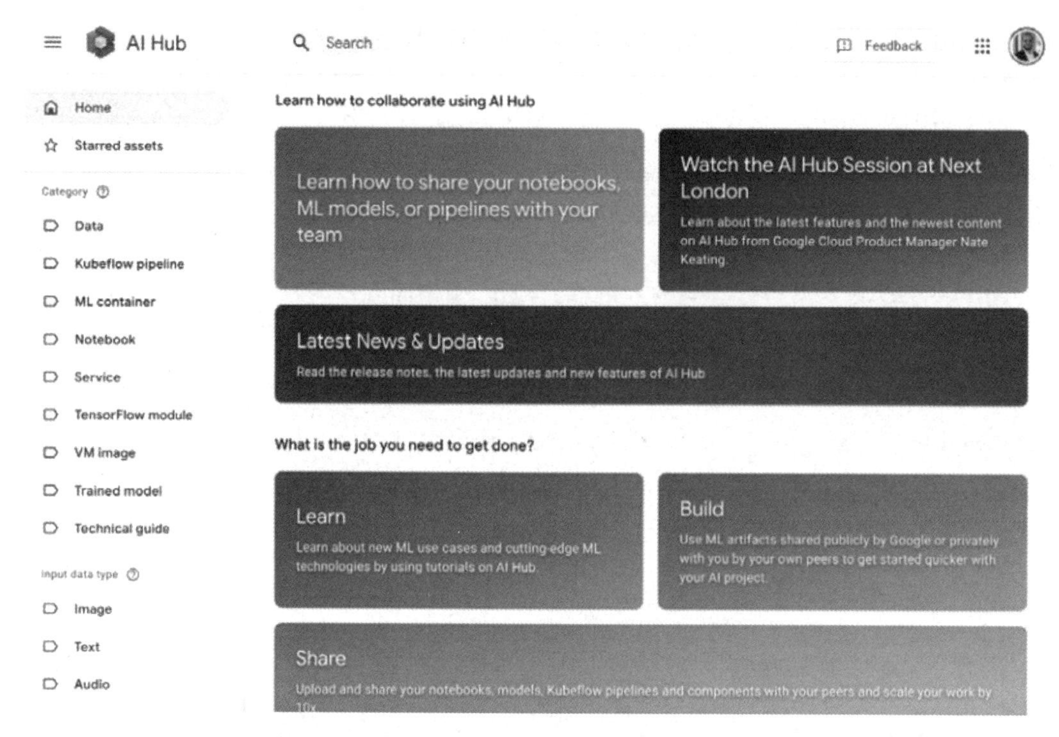

图 8.6 AI Hub 主页，涵盖协作、学习、构建和共享

可以在图 8.7 中看到 AI Hub 中列出的一些产品。

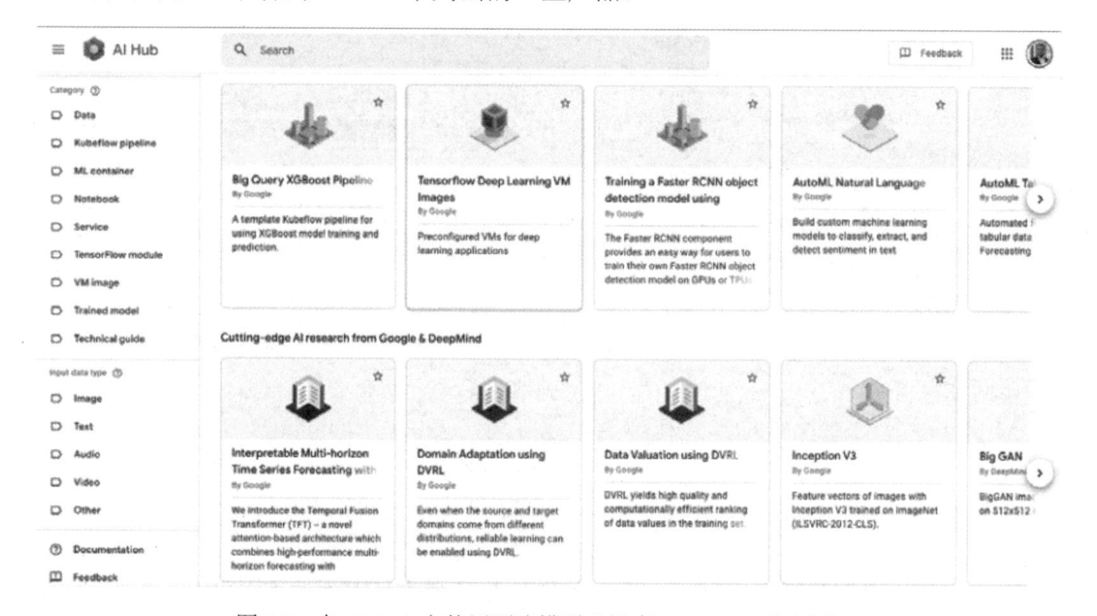

图 8.7 在 AI Hub 上使用预建模型及探索 DeepMind 的新研究

通过以上对 AI Hub 和 AI Platform 的初步介绍，可以深入了解如何使用云 AI 平台制作一个简单的笔记本。

8.4　Google Cloud AI Platform 使用入门

可以使用 Google Cloud AI Platform 执行一些操作，包括创建笔记本和 Kubeflow 流水线，或启动预安装的 VM。Kubeflow 是 Kubernetes 的 ML 框架，是一个简单易学的工作流管理系统，在构建 ML 流水线时具有出色的性能。这可以在 Get started with Cloud AI Platform 页面上看到，如图 8.8 所示。

Get started with Cloud AI Platform

Create a notebook instance via the GCP Console

Get started with Kubeflow Pipelines

Spin up a pre-installed Deep Learning VM

Train ML Models using SQL via BigQuery ML

图 8.8　Get started with Cloud AI Platform 页面

要开始使用 AI Platform 笔记本，参考链接 8-5，可以在其中看到如图 8.9 所示的页面。

这是构建 AI Platform 笔记本的起点。单击“转到控制台”（Go to console）按钮导航到控制台。

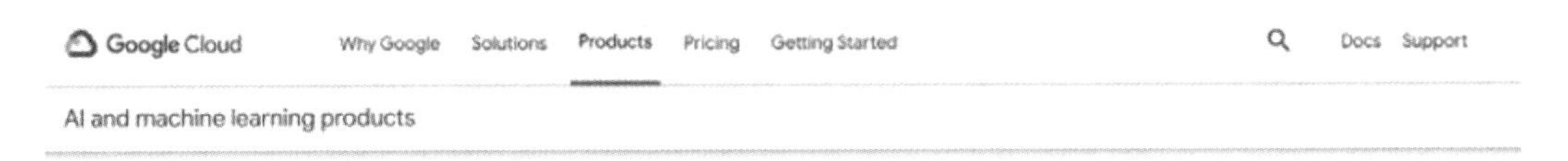

AI Platform Notebooks

An enterprise notebook service to get your projects up and running in minutes.

Go to console　View documentation

Managed JupyterLab notebook instances

AI Platform Notebooks is a managed service that offers an integrated and secure JupyterLab environment for data scientists and machine learning developers to experiment, develop, and deploy models into production. Users can create instances running JupyterLab that come pre-installed with the latest data science and machine learning frameworks in a single click.

图 8.9　AI Platform Notbooks 页面

或者，可以单击 AI Platform 主页左侧窗格中的“笔记本”（Notebooks）选项，如图 8.10 所示。

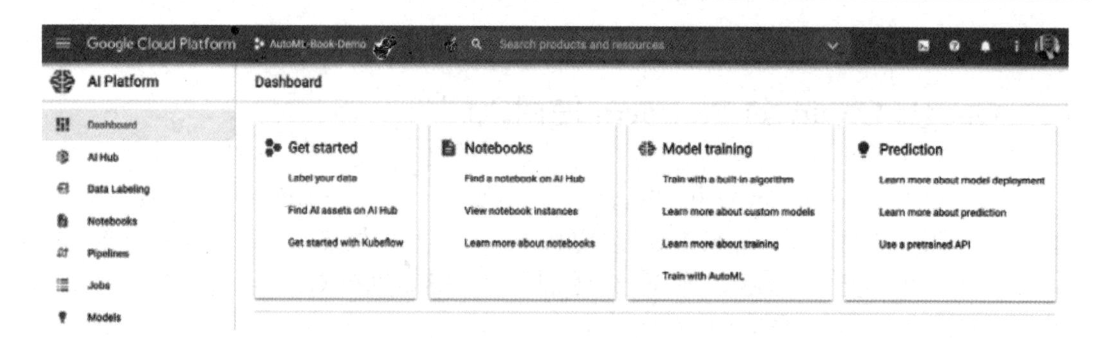

图 8.10　AI Platform 使用入门

这些操作中的任何一个都可跳转至笔记本实例（Notebook instances）页面，如图 8.11 所示。

现在，要创建笔记本，需要先创建一个新实例，然后可以根据需要对其进行自定义。选择特定的语言（Python 2 或 3）和框架（TensorFlow 或 PyTorch 等），这里将创建一个简单的 Python 笔记本。从图 8.11 所示的下拉列表中选择“Python 2 and 3”选项，然后单击“下一步”（Next）按钮。

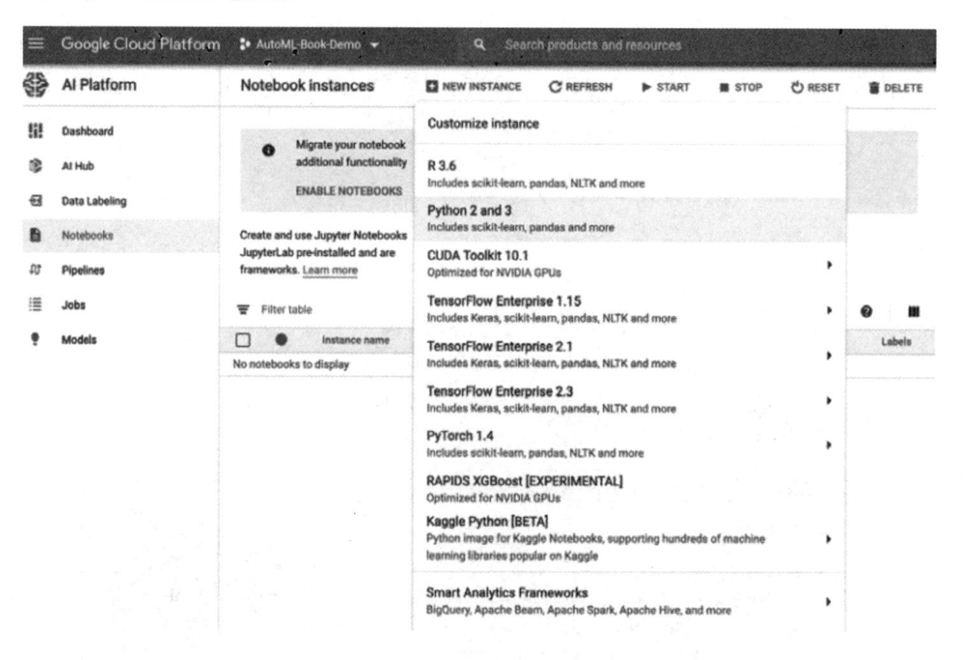

图 8.11　在 AI Platform 上创建一个笔记本实例

现在，系统会提示选择笔记本实例的参数。这包括要部署笔记本的地域和区域。通常选择距离最近的一个。接下来是操作系统和环境选项。在本例中，将使用“Debian Linux Distro and Intel processor”，事实证明，这在打印 Hello World 消息方面效果非常好。之后可以在屏幕上看到如图 8.12 所示的环境信息。

选择环境变量后，可以查看运行此笔记本实例最终可能花费的估计成本。应该注意，尽量不要让闲置资源在云中运行——这会增加成本。

New notebook instance

Instance name
automl-book-python-20201008-202233
63-char limit with lowercase letters, digits, or '-' only. Must start with a letter. Cannot end with a '-'.

Region * us-east1 (South Carolina)
Zone * us-east1-b

Instance Configuration

Environment	Intel® optimized Base (with Intel® MKL)
Machine type	4 vCPUs, 15 GB RAM
Boot disk	100 GB Standard persistent disk
Subnetwork	default(10.142.0.0/20)
External IP	Ephemeral(Automatic)
Extensions	SELECT EXTENSIONS None selected
Permission	Compute Engine default service account
Estimated cost	$102.69 monthly, $0.141 hourly

ADVANCED OPTIONS CANCEL CREATE

图 8.12 创建一个 AI Platform 笔记本实例——设置环境

单击如图 8.12 所示的“创建”（CREATE）项继续下一步，GCP 将实例化一个带有指定参数的笔记本。在笔记本实例（Notebook instances）主页面上可以看到所有笔记本实例，如图 8.13 所示。

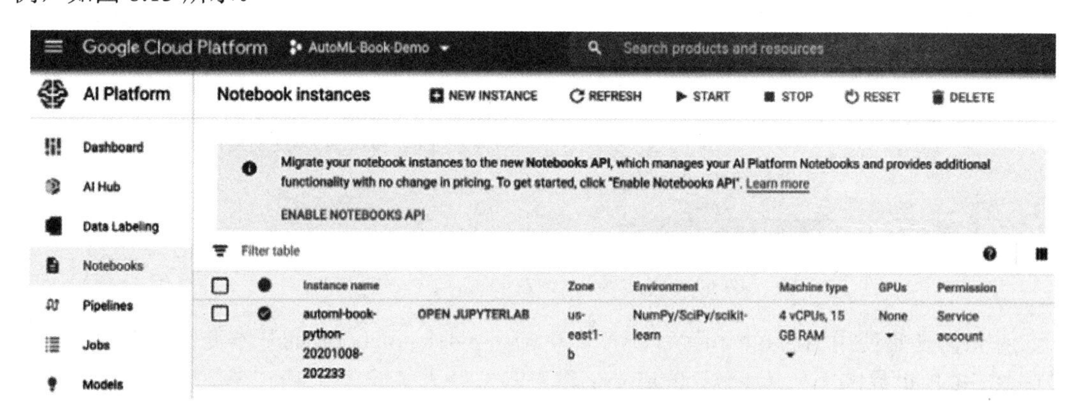

图 8.13 AI Platform 笔记本实例

笔记本及其关联的计算资源已准备就绪。现在单击图 8.13 中显示的“打开 JUPYTERLAB”（OPEN JUPYTERLAB）链接以启动熟悉的 Jupyter 环境，如图 8.14 所示。单击图中“Notebook”标题下显示的“Python 3”图标。

选择 Python 3 笔记本后，将跳转至一个新的 Jupyter 笔记本。在这里，可以编写 Python 代码、导入库及执行各种数据科学任务。这里采用一个简单的例子打印 Hello World。图 8.15 中可以看到此演示。

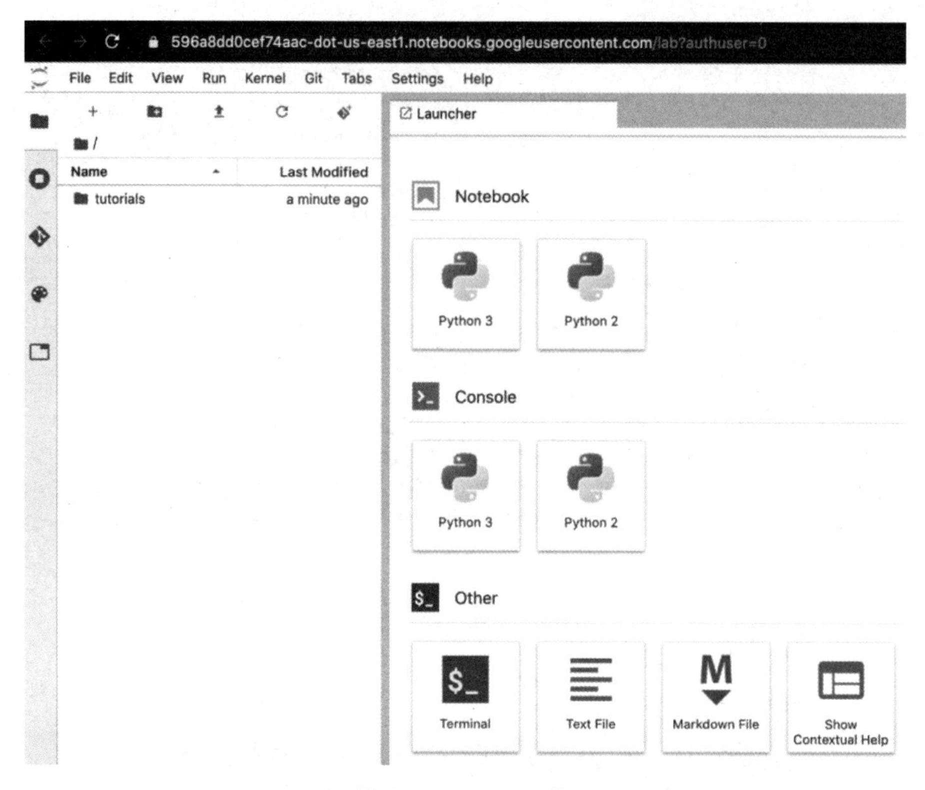

图 8.14 Jupyter 环境

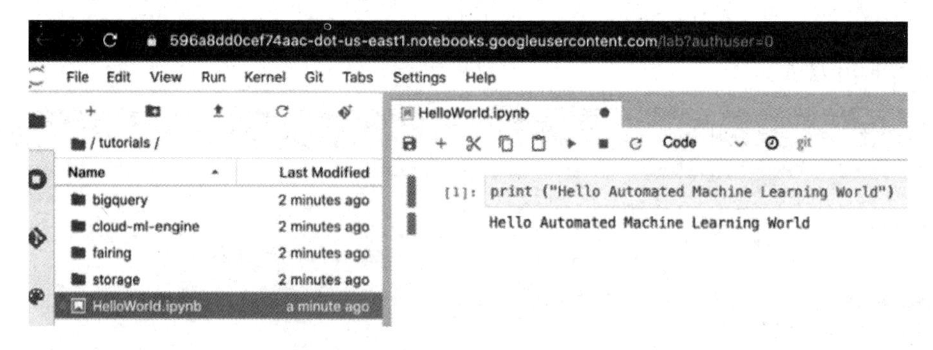

图 8.15 运行一个简单的 Jupyter 笔记本

对如何开始使用 AI Hub 和运行一个简单的 Jupyter notebook 的基本介绍到此结束，这是进入 GCP 世界的第一步。AI Platform 里充满了令人惊叹的工具，在下一节中将探索其中的 AutoML 部分。

8.5 使用 Google Cloud 进行 AutoML

AutoML 是 Google Cloud AI Platform 的关键构建块之一。AutoML 产品套件包括 AutoML Natural Language、AutoML Tables、AutoML Translation、AutoML Video 和 AutoML Vision，如图 8.16 所示。

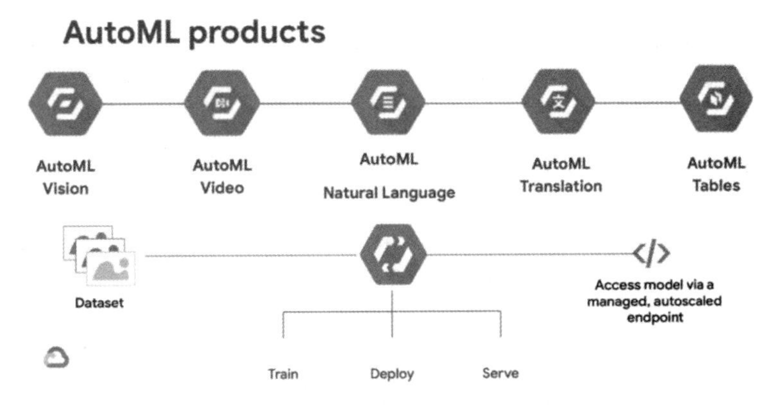

图 8.16　Google Cloud Platform 提供的 AutoML 产品

Google Cloud 的 AutoML 产品的底层组件涉及神经架构搜索和超参数优化方法，但它通过抽象化所有复杂性让消费者更容易使用。

Google Cloud AutoML Vision 是一种基于计算机视觉的功能，可帮助在自定义标签上训练 ML 模型。还可以使用 AutoML Vision Edge 服务在边缘设备（Edge device）上执行相同的操作。

AutoML Video Intelligence 系列产品提供分类和对象跟踪功能。目前在 PreGA（测试版）中，可以使用这些功能来训练模型，根据自定义标签识别视频中的特定对象、镜头和片段。这些结果可以推广到视频的其余部分，以发现、检测和跟踪相似的标签。

AutoML Natural Language 是一种非结构化文本分析服务，可构建、管理和部署处理文本文件和文档的模型。自然语言处理是行业专业人士和研究人员都非常感兴趣的领域，如果计划执行诸如单标签或多标签分类实体提取，或者使用自定义标签的情感分析等任务，AutoML 能使之变得非常容易。

AutoML Translation 是 AutoML 方法与 Google Neural Machine Translation（Google NMT）的结合。Google Cloud AutoML Translation 允许上传自己的数据集并扩充翻译。通过对 BLEU、base-BLEU 和 BLEU 增益的计算，AutoML Translation 为自定义模型开发和测试提供了一个复杂的环境。

AutoML Tables 真正体现了目前读到的有关 AutoML 的内容——利用 Google 久经考验的全球级神经算法的力量，并将其释放到非结构化数据上。Google Cloud AutoML Tables 工作流程如图 8.17 所示。

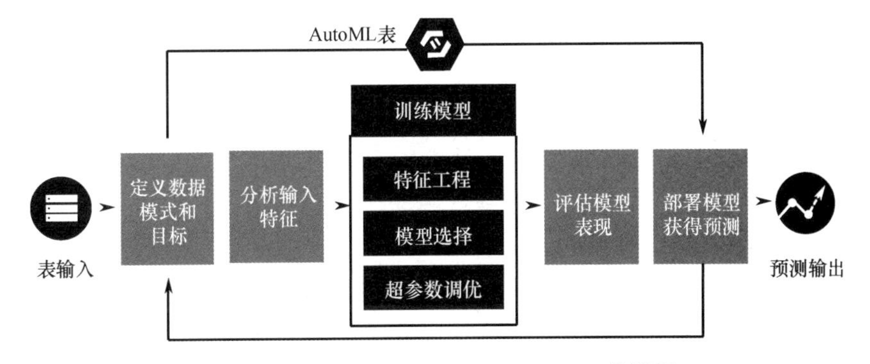

图 8.17　Google Cloud AutoML Tables 工作流程

获取结构化数据（表输入），AutoML Tables 通过分析输入特征（特征工程）、选择模型（神经架构搜索）、执行超参数调优并反复评估模型行为以确保一致性、准确性和可靠性。AutoML Tables 广泛用于各种场景，从最大化收入到优化财务组合和了解客户流失。AutoML Tables 实现了在结构化数据上构建和部署最先进的机器学习模型——是 Cloud AutoML 套件自助服务部分皇冠上的明珠。

8.6　小结

在本章中，学习了如何开始使用 Google Cloud AI Platform，了解了 AI Hub，如何构建一个笔记本实例及如何运行一个简单的程序，还了解了 GCP 提供的不同类型的 AutoML，包括 AutoML Natural Language、AutoML Tables、AutoML Translation、AutoML Video 和 AutoML Vision。如果 GCP 产品、功能和服务的广度够大，说明是一家不错的公司。

下一章将深入研究 Google Cloud AutoML Tables。构建模型并解释 AutoML 功能如何与 AutoML Tables 配合使用，即如何获取非结构化数据并执行 AutoML 任务，包括分析输入特征（特征工程）、选择模型（神经架构搜索）及进行超参数调优。在 GCP 上部署这些模型并通过 Web 服务对其进行测试，以演示这些功能的可操作性。

本章链接

扩展阅读

第9章 使用 GCP 进行自动机器学习

“企业应用技术的首要原则是高效的自动化将提高效率。第二个原则是低效的自动化会降低效率。”

——Bill Gates

学习主流的超大规模平台及他们如何在各自平台上实施自动机器学习是一段漫长而有益的旅程。在上一章中学习了如何开始使用 Google Cloud AI Platform，了解了 AI Hub，以及如何在 GCP 中构建笔记本实例。还了解了 GCP 提供的不同类型的自动机器学习，包括 AutoML Natural Language、AutoML Tables、AutoML Translation、AutoML Video 和 AutoML Vision。

为了继续介绍 GCP 产品、功能和服务的广度，本章将深入研究 Cloud AutoML Tables，构建模型并解释自动机器学习如何与 AutoML Tables 配合使用，即如何通过分析输入特征（特征工程）、选择模型（神经架构搜索）和执行超参数调优来获取非结构化数据并执行自动机器学习任务。此外，还会将这些模型部署到 GCP，并通过 Web 服务对其进行测试以演示其可操作性。

9.1 Google Cloud AutoML Tables

AutoML Tables 有助于利用结构化数据中的知识。在任何大型企业中都有多种形式的数据，包括结构化、非结构化和半结构化数据。对于大多数处理数据库和事务的组织而言，确实存在大量结构化数据。这些数据非常适合高级分析，而 GCP 的 AutoML Tables 只是基于结构化数据自动构建和部署机器学习模型的工具。

AutoML Tables 使机器学习工程师和数据科学家能够在结构化数据上自动构建和部署最先进的机器学习模型，其速度比任何手动操作都快。它自动对各种数据类型进行建模，从数字和类到字符串、时间戳、列表和嵌套字段。Google Cloud AutoML Tables 以最少的代码实现了这一点。在本章中，将学习如何获取导出的 CSV 文件，单击几个按钮，等待片刻，然后在另一端获得一个高度优化的模型。

Google 的自动机器学习团队努力使该工具适用于各种数据类型。Google 的 AutoML Tables 探索了可能的模型和超参数的广阔空间，可用于尝试和优化事物。在本章示例中，第一步是通过 Import 选项导入训练数据，为其命名，然后选择源——BigQuery 中的表、机器上的文件，或者 Google Cloud Storage 上的文件。第一步需要一些时间，因为系统会分析数据集的列。完成此操作后，可以编辑自动生成的架构并选择用于预测的列。还可以更新列类型，以及它是否可以为空。

此外，还可以查看可能有很多列的数据集，以很好地了解数据。可以单击不同的列名称以查看有关列的一些统计信息。分析完数据后就可以开始训练过程了。这就是 AutoML 真正优越的地方，因为这里只需单击“Train”即可。

还可以设置一些选项，包括训练时间的最大预算。可根据需要对数据进行试验，并在进行完整、更长的训练运行之前限制训练时间。可以注意到这里显示的训练时间较长，是因为它不仅要进行模型调整，还要首先选择要使用的模型，因此在训练期间发生了很多事情，但此时不必做任何事情。

训练完成后，必须评估和部署模型。可以看到训练是如何进行的，以及有关模型性能的指标。最后，将部署模型以获得预测。浏览器中甚至还有一个编辑器可以向端点发出请求，因此无须设置本地环境去进行这些调用来尝试测试。

接下来将在实践中探索 AutoML Tables 的工作原理。

9.2 创建 AutoML Tables 实验

AutoML Tables 在结构化数据上自动构建和部署最先进的机器学习模型。从第一个实验开始将进行实践。

1．访问 Google Cloud AI Platform 主页（链接 9-1），如图 9.1 所示。单击左窗格中的 Datasets 选项。

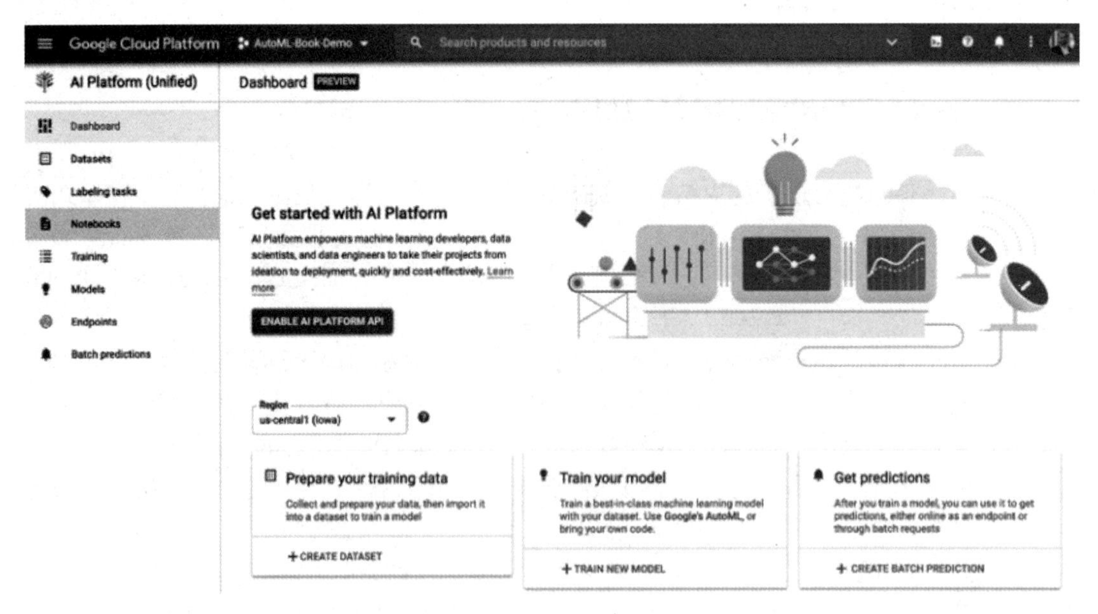

图 9.1 Google Cloud AI Platform 主页

2．在 Google AutoML Tables 主页上，通过创建新数据集开始该过程。单击“NEW DATASET”按钮创建一个新数据集并将其命名为 IrisAutoML。然后单击“CREATE DATASET”按钮，如图 9.2 所示。

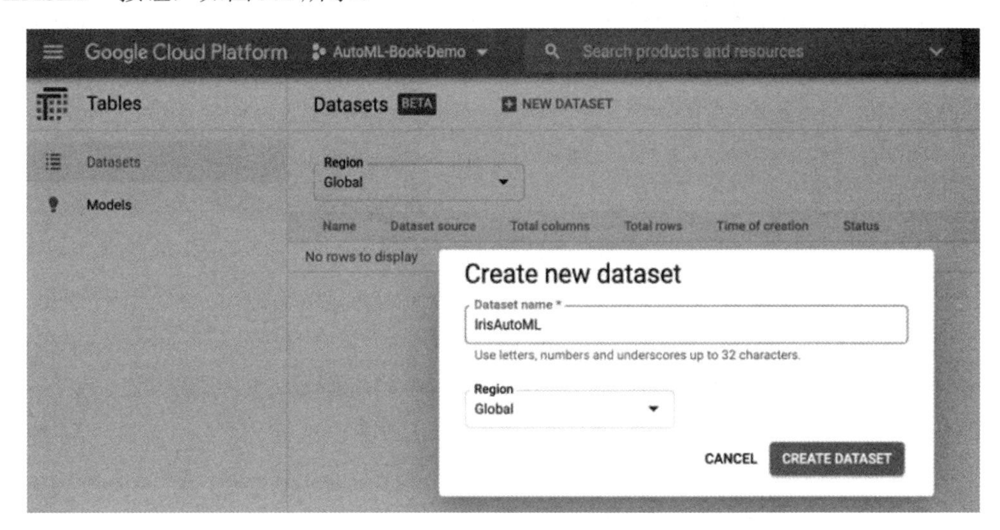

图 9.2　创建新数据集界面

3．首先使用鸢尾花数据集开始实验。首先从链接 9-2 下载 CSV 文件，下一步中会使用它。虽然这个数据集太小无法用于自动机器学习，但可以看到它是如何展开的。

4．将 CSV 文件导入 Google AutoML Tables。该文件需要上传到存储桶中。选中文件，然后单击“BROWSE”在 GCP 上创建存储目标，如图 9.3 所示。

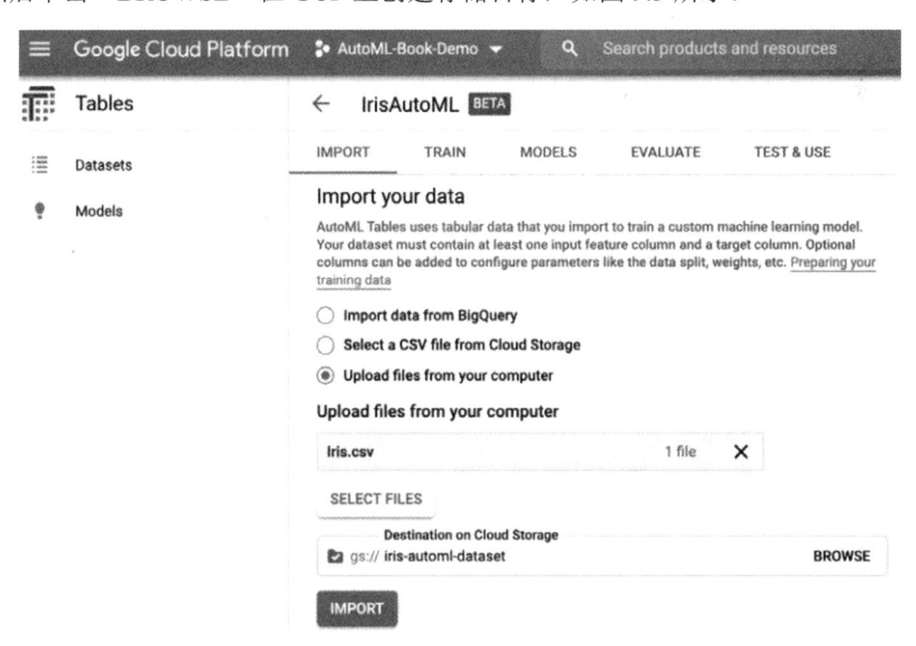

图 9.3　从本地计算机导入文件

要创建存储桶，需要按照以下步骤操作。

1．首先，为存储桶命名，如图 9.4 所示。

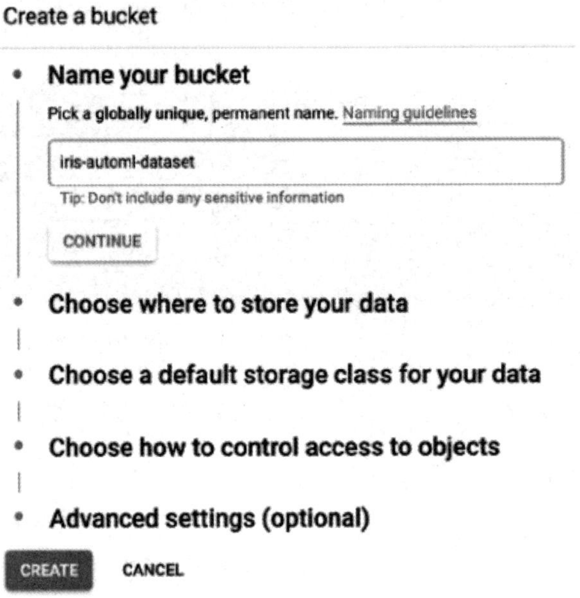

Create a bucket
Name your bucket
Pick a globally unique, permanent name. Naming guidelines
iris-automl-dataset
Tip: Don't include any sensitive information
CONTINUE
Choose where to store your data
Choose a default storage class for your data
Choose how to control access to objects
Advanced settings (optional)
CREATE
CANCEL

图 9.4　为存储桶命名

2．选择要存储数据的位置，如图 9.5 所示。选项包括区域（单区域）、具有高可用性（high availability，HA）的双区域和获得跨多个位置的最高可用性的多区域。本例中将选择 us-central1 作为单区域，也可以选择其他更适合的区域。

Create a bucket
Name your bucket
Choose where to store your data
This permanent choice defines the geographic placement of your data and affects cost, performance, and availability. Learn more
Location type
Region
Lowest latency within a single region
Dual-region
High availability and low latency across 2 regions
Multi-region
Highest availability across largest area
Location
us-central1 (Iowa)
CONTINUE

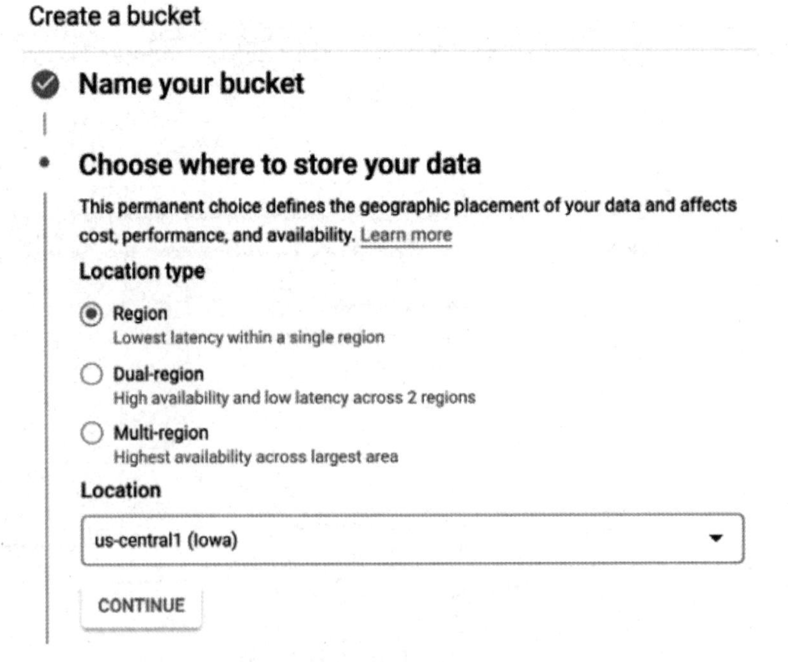

图 9.5　为创建存储桶选择位置

3．选择数据的默认存储类别。可以选择的存储类别有 Standard（标准）、Nearline（备份）、Coldline（灾难恢复）和 Archive（用于存档）。本次实现中选择 Standard 类，如图 9.6 所示。

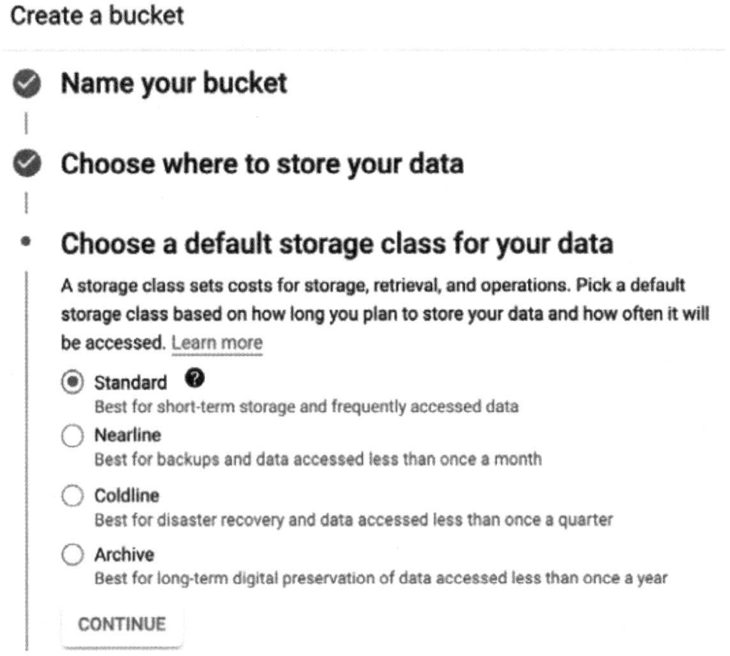

Create a bucket

Name your bucket

Choose where to store your data

Choose a default storage class for your data

A storage class sets costs for storage, retrieval, and operations. Pick a default storage class based on how long you plan to store your data and how often it will be accessed. Learn more

Standard
Best for short-term storage and frequently accessed data

Nearline
Best for backups and data accessed less than once a month

Coldline
Best for disaster recovery and data accessed less than once a quarter

Archive
Best for long-term digital preservation of data accessed less than once a year

CONTINUE

图 9.6　为 GCP 上的数据选择存储类别

4．接下来需要配置加密设置。这里可以提供自己的密钥或使用 Google 托管密钥的默认设置。单击“CREATE”按钮完成 bucket（桶）的制作过程，如图 9.7 所示。

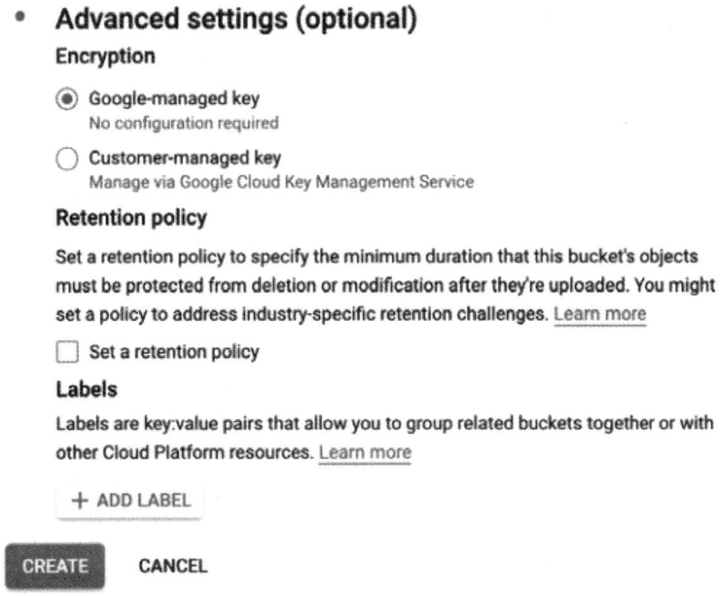

Advanced settings (optional)

Encryption

Google-managed key
No configuration required

Customer-managed key
Manage via Google Cloud Key Management Service

Retention policy

Set a retention policy to specify the minimum duration that this bucket's objects must be protected from deletion or modification after they're uploaded. You might set a policy to address industry-specific retention challenges. Learn more

Set a retention policy

Labels

Labels are key:value pairs that allow you to group related buckets together or with other Cloud Platform resources. Learn more

+ ADD LABEL

CREATE　CANCEL

图 9.7　配置加密设置

这将触发正在创建的存储桶和正在导入的数据。可以看到如图 9.8 所示的页面。

IrisAutoML BETA
IMPORT
TRAIN
MODELS
EVALUATE
TEST & USE
Your data is being imported
Data import can take up to one hour. You can close this window. You'll receive an email when your data is ready to use.

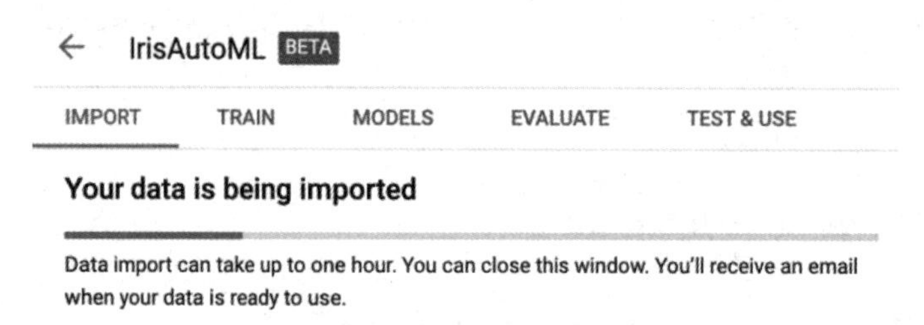

图 9.8　导入数据到存储桶

这里可以看出，并非所有数据都适合自动机器学习。导入过程完成后，可以看到如图 9.9 所示的错误消息。

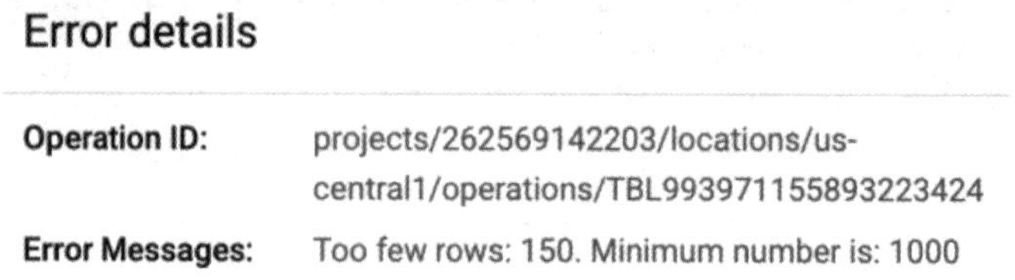

Error details
Operation ID:
projects/262569142203/locations/us-central1/operations/TBL993971155893223424
Error Messages:
Too few rows: 150. Minimum number is: 1000

图 9.9　行太少错误

尽管可以使用其他工具进行此实验，但云自动机器学习平台都设置了最低标准，以确保其算法的质量不会受到影响。这个例子提供了一个重要的信息，即并非所有问题都值得自动机器学习。

用更大的数据集（贷款风险数据集）重复相同的实验，该数据集包含 21 个字段和 1000 个实例。可以从 BigML 网站（链接 9-3）下载。该数据集由汉堡大学统计与计量研究所的 Hans Hofmann 博士创建，包含检查状态、信用期限、信用历史、目的、信用金额和储蓄状态等字段。这些可用于创建一个预测贷款申请风险水平的模型。

创建一个存储桶，然后对贷款风险数据集执行以下步骤。

1．从链接 9-3 下载数据集。单击“CREATE DATASET”按钮并导入贷款风险数据集，如图 9.10 所示。

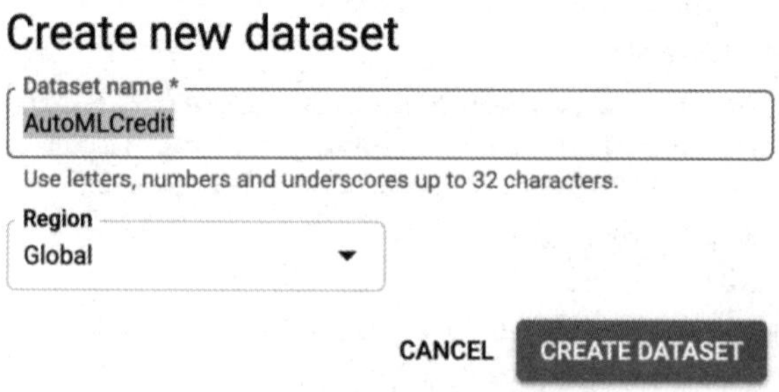

Create new dataset
Dataset name *
AutoMLCredit
Use letters, numbers and underscores up to 32 characters.
Region
Global
CANCEL
CREATE DATASET

图 9.10　创建新的数据集

2．在导入过程开始后，上传从步骤 5 文件内下载的数据集中提取的 CSV 文件，并单击“SELECT FILES”按钮，将其指向目标云存储，如图 9.11 所示。

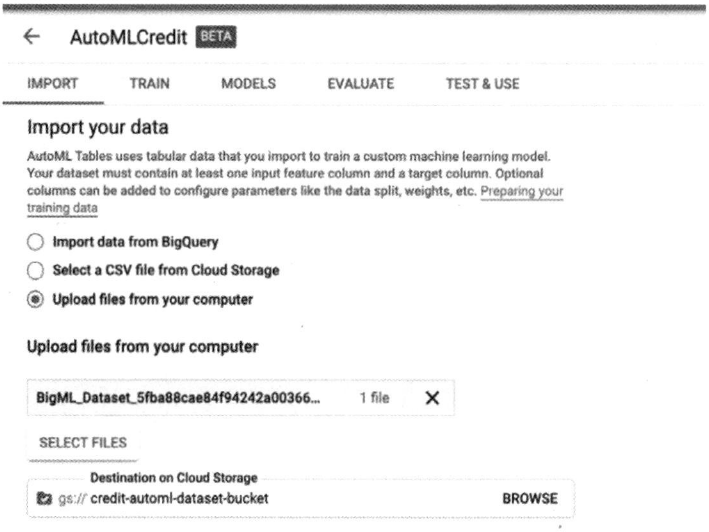

← AutoMLCredit BETA

IMPORT　TRAIN　MODELS　EVALUATE　TEST & USE

Import your data

AutoML Tables uses tabular data that you import to train a custom machine learning model. Your dataset must contain at least one input feature column and a target column. Optional columns can be added to configure parameters like the data split, weights, etc. Preparing your training data

○ Import data from BigQuery
○ Select a CSV file from Cloud Storage
◉ Upload files from your computer

Upload files from your computer

BigML_Dataset_5fba88cae84f94242a00366...　1 file　✕

SELECT FILES

Destination on Cloud Storage
gs:// credit-automl-dataset-bucket　BROWSE

图 9.11 为数据选择云存储

由于贷款风险数据集满足大小限制，因此导入成功，然后可以看到如图 9.12 所示的训练页面。可以在此处编辑自动生成模式并选择用于预测的列。还可以修改列类型，及其是否可以为空。

此页面提供数据集的详细信息。可以单击不同的列名称以查看有关列的一些统计信息。

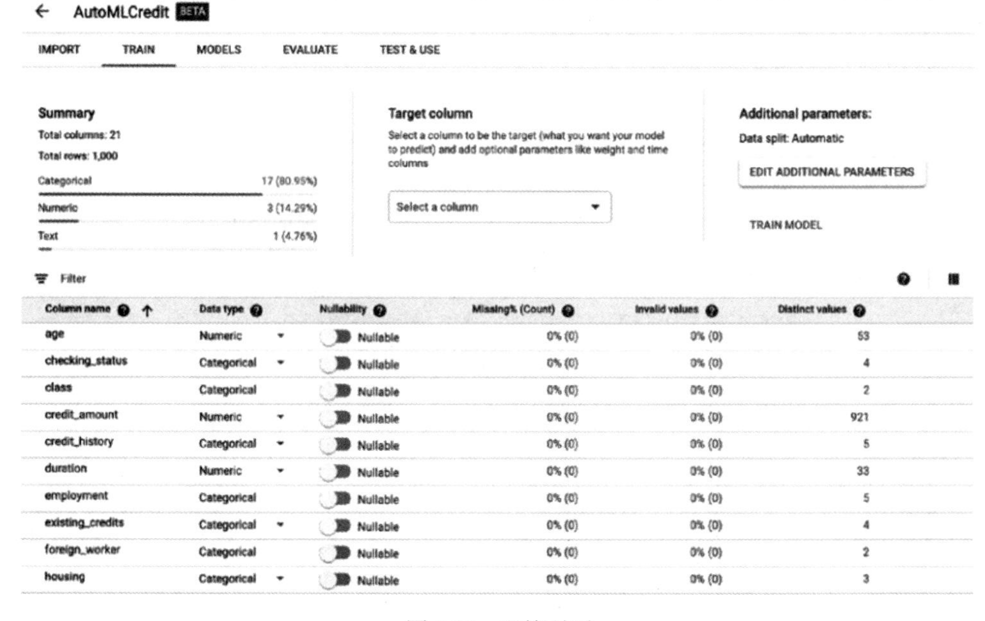

图 9.12　训练页面

3．选择目标列，即要预测的列，也称为类。该类是一个具有两个可能值的分类字段：良好信用或不良信用。这决定了其是否有资格获得信贷。选择类后，单击“TRAIN MODEL”按钮，如图 9.13 所示。

AutoMLCredit BETA
IMPORT
TRAIN
MODELS
EVALUATE
TEST & USE
Summary
Total columns: 21
Total rows: 1,000
Categorical 17 (80.95%)
Numeric 3 (14.29%)
Text 1 (4.76%)
Target column
Select a column to be the target (what you want your model to predict) and add optional parameters like weight and time columns
class
The selected column is categorical data. AutoML Tables will build a classification model, which will predict the target from the classes in the selected column. Learn more
Additional parameters:
Data split: Automatic
EDIT ADDITIONAL PARAMETERS
TRAIN MODEL
Filter
Column name | Data type | Nullability | Missing% (Count) | Invalid values | Distinct values
age | Numeric | Nullable | 0% (0) | 0% (0) | 53
checking_status | Categorical | Nullable | 0% (0) | 0% (0) | 4
class Target | Categorical | Nullable | 0% (0) | 0% (0) | 2
credit_amount | Numeric | Nullable | 0% (0) | 0% (0) | 921
credit_history | Categorical | Nullable | 0% (0) | 0% (0) | 5
duration | Numeric | Nullable | 0% (0) | 0% (0) | 33
employment | Categorical | Nullable | 0% (0) | 0% (0) | 5
existing_credits | Categorical | Nullable | 0% (0) | 0% (0) | 4

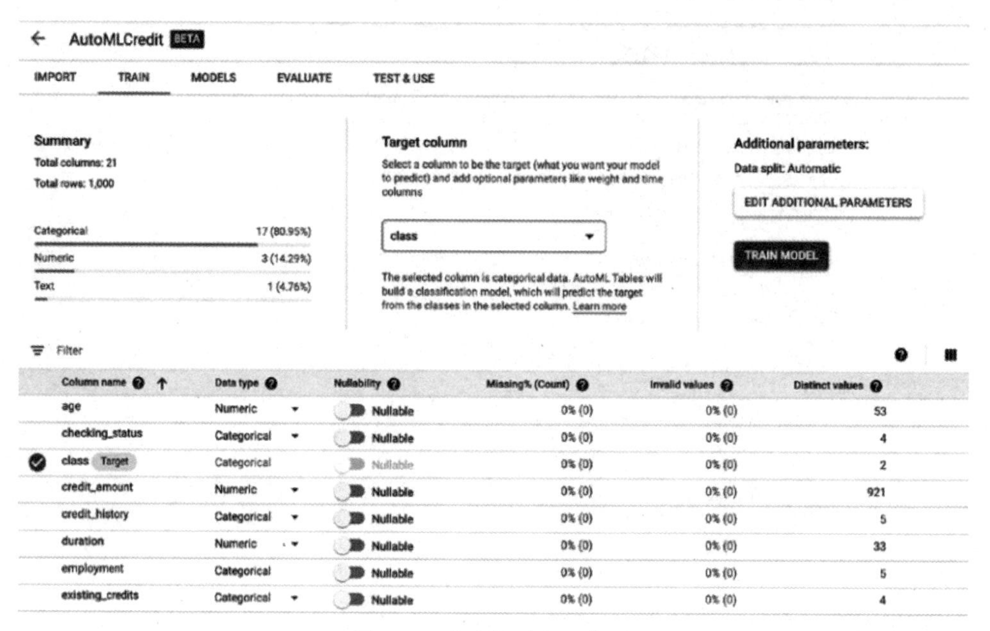

图 9.13 为训练选择目标列

单击“TRAIN MODEL”按钮后，右侧会看到一个流畅的菜单。这是可以设置实验参数的地方，也是 AutoML 真正发挥作用的地方，因为只需单击“TRAIN”按钮即可。还可以设置一些选项，包括训练时间的最大预算。可根据需要对数据进行试验，并在进行完整的、更长的训练之前限制训练时间。这里显示的训练时间较长，是因为这个过程不仅要进行模型调整，还要首先选择要使用的模型，如图 9.14 所示。

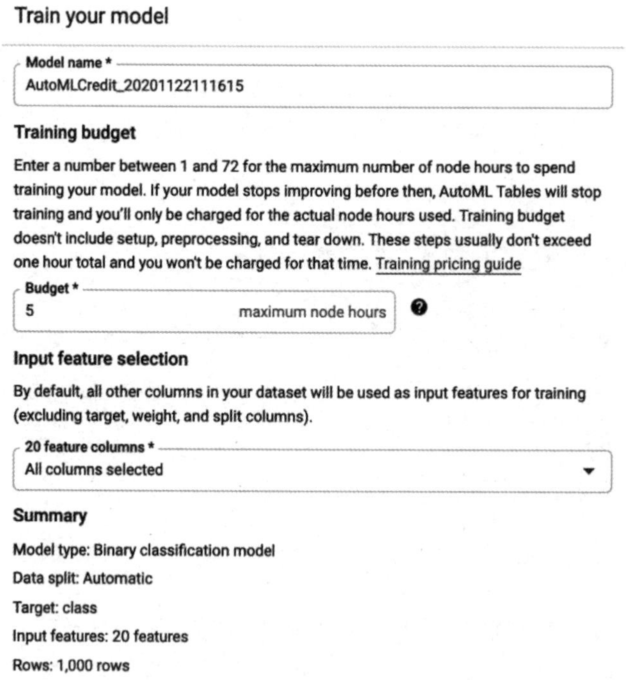

Train your model
Model name *
AutoMLCredit_20201122111615
Training budget
Enter a number between 1 and 72 for the maximum number of node hours to spend training your model. If your model stops improving before then, AutoML Tables will stop training and you'll only be charged for the actual node hours used. Training budget doesn't include setup, preprocessing, and tear down. These steps usually don't exceed one hour total and you won't be charged for that time. Training pricing guide
Budget *
5 maximum node hours
Input feature selection
By default, all other columns in your dataset will be used as input features for training (excluding target, weight, and split columns).
20 feature columns *
All columns selected
Summary
Model type: Binary classification model
Data split: Automatic
Target: class
Input features: 20 features
Rows: 1,000 rows

图 9.14 为 GCP 上的数据选择一个存储类

模型应该训练多长时间？GCP 给出的建议训练时间如图 9.15 所示（可访问链接 9-4 查看）。

Rows	Suggested training time
Less than 100,000	1-3 hours
100,000 - 1,000,000	1-6 hours
1,000,000 - 10,000,000	1-12 hours
More than 10,000,000	3 - 24 hours

图 9.15　建议训练时间

同时可以在链接 9-5 中找到相应的定价指南。

还可以查看高级选项，可以在其中查看实验的优化评价目标。由于这是一个分类实验，列出的评价目标包括 AUC ROC、Log loss、AUC PR、Precision 和 Recall。Early stopping 开关确保在检测到无法进行更多改进时，进程会停止。否则，AutoML Tables 将继续训练，直到达到预算。

单击“TRAIN MODEL”按钮开始，如图 9.16 所示。

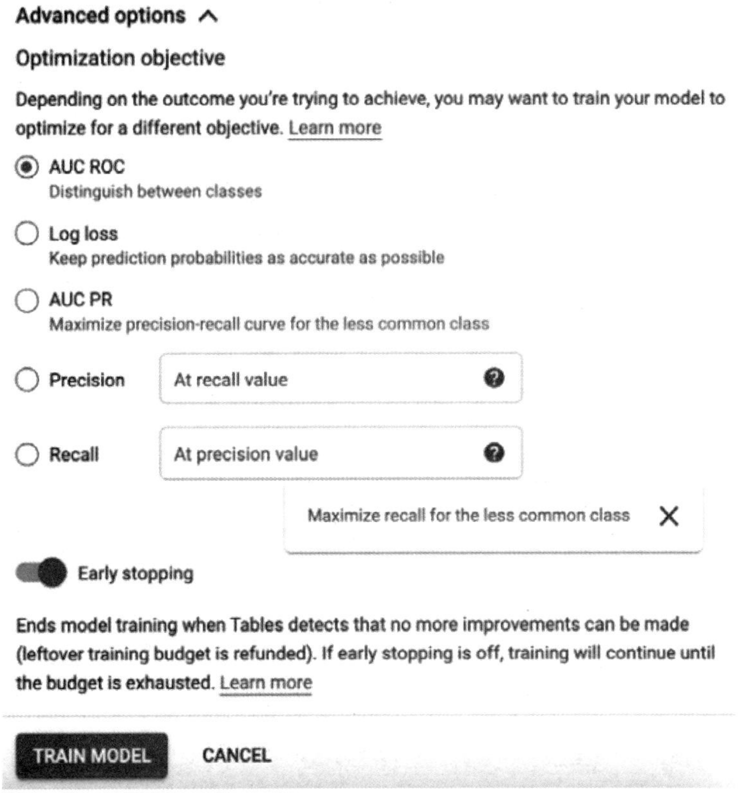

Advanced options

Optimization objective

Depending on the outcome you're trying to achieve, you may want to train your model to optimize for a different objective. Learn more

AUC ROC
Distinguish between classes

Log loss
Keep prediction probabilities as accurate as possible

AUC PR
Maximize precision-recall curve for the less common class

Precision　At recall value

Recall　At precision value

Maximize recall for the less common class

Early stopping

Ends model training when Tables detects that no more improvements can be made (leftover training budget is refunded). If early stopping is off, training will continue until the budget is exhausted. Learn more

TRAIN MODEL　CANCEL

图 9.16　高级选项

实验开始后，能够看到如图 9.17 所示的页面。它是在设置基础设施及最终训练模型后开始的。

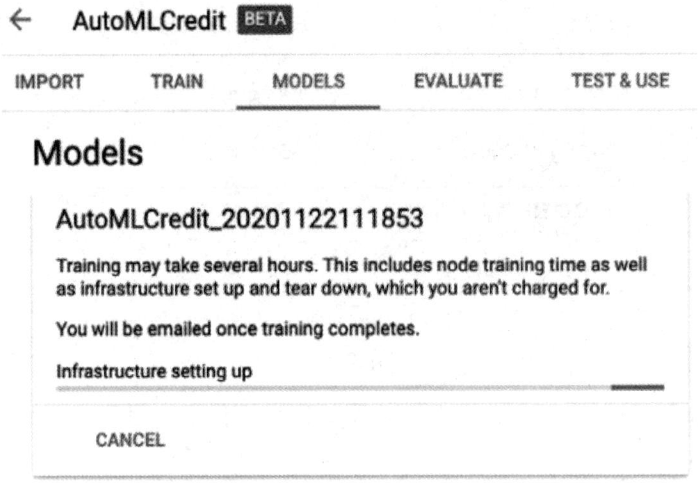

← AutoMLCredit BETA

IMPORT TRAIN MODELS EVALUATE TEST & USE

Models

AutoMLCredit_20201122111853

Training may take several hours. This includes node training time as well as infrastructure set up and tear down, which you aren't charged for.

You will be emailed once training completes.

Infrastructure setting up

CANCEL

图 9.17 开始 AutoML Tables 实验

训练完成后，必须评估和部署模型。在这个阶段，能够看到训练是如何进行的，以及有关模型性能的任何指标。最后，可以部署模型以获取有关信用价值的预测，如图 9.18 所示。

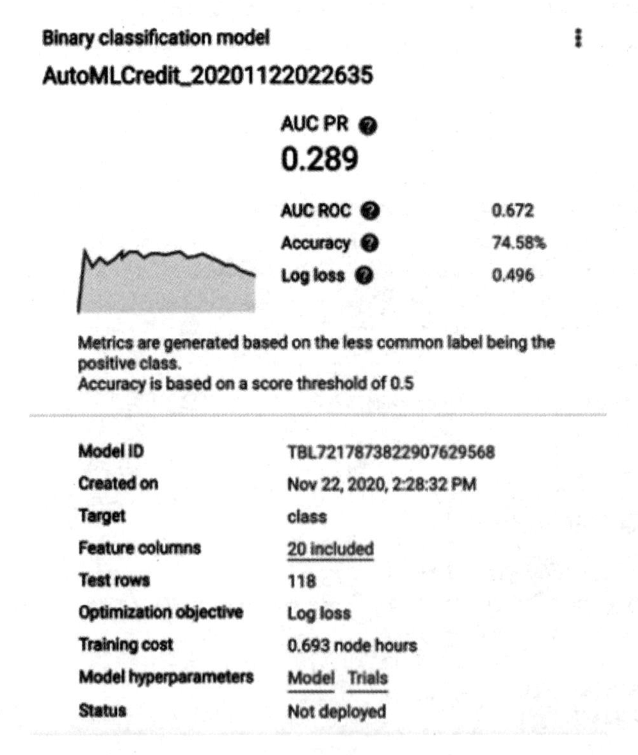

图 9.18 部署模型

准确率以百分比来衡量，而精确率–召回率（Precision Recall，PR）曲线下的面积从 0 到 1。用不同的训练成本（持续时间）训练模型会得到更高的值，这表明模型质量更高。

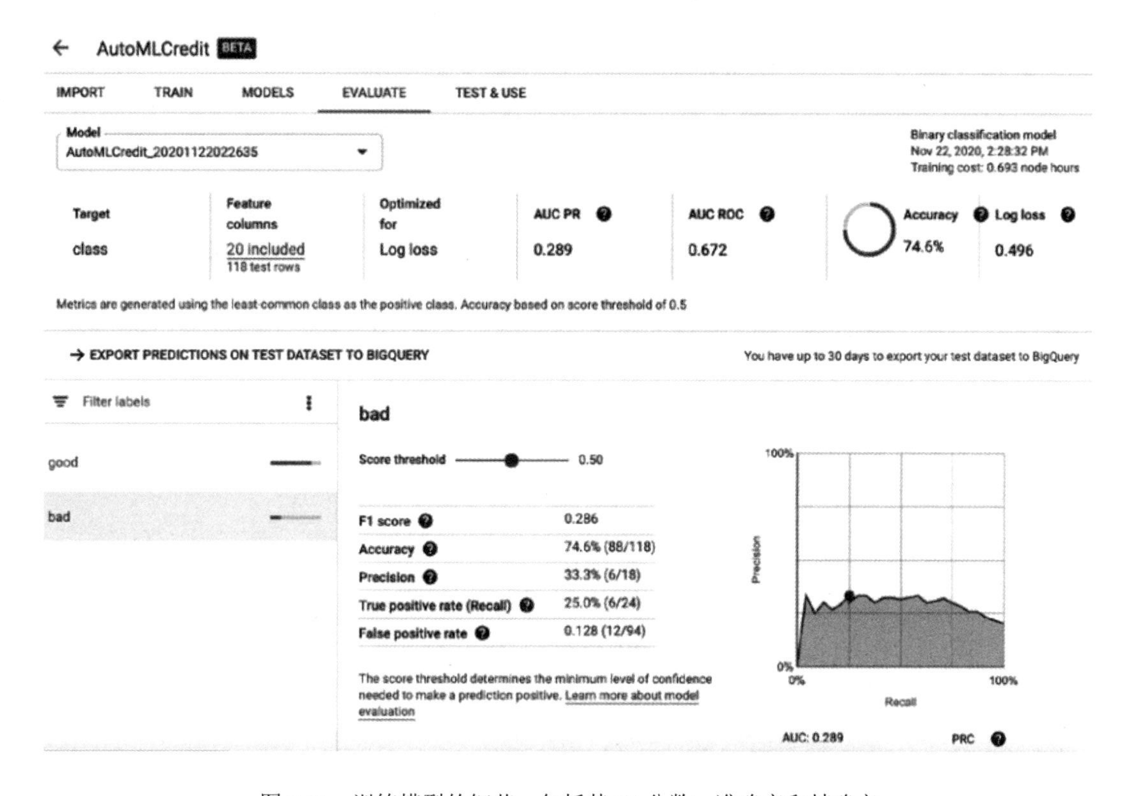

图 9.19　训练模型的细节，包括其 F1 分数、准确率和精确率

图 9.20 还展示了混淆矩阵，它显示了模型在数据上的质量，即与被错误预测相比，有多少数据点被正确预测。

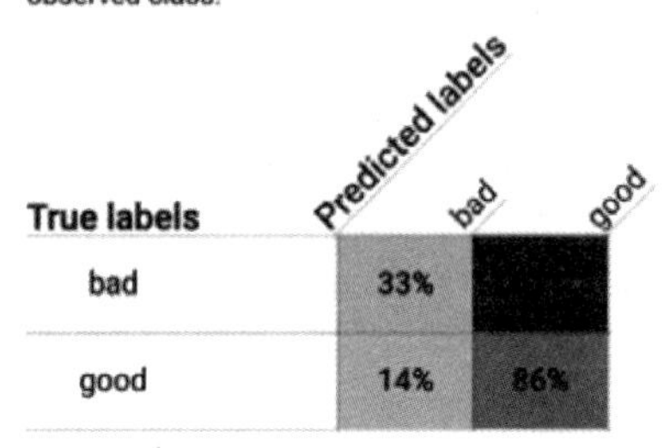

图 9.20　混淆矩阵

特征重要性，即哪个特征对结果模型的影响最大，也被展示了出来。在该例中，可以观察到检查状态、信用期限和目的似乎对信用决策的影响最大，如图 9.21 所示。

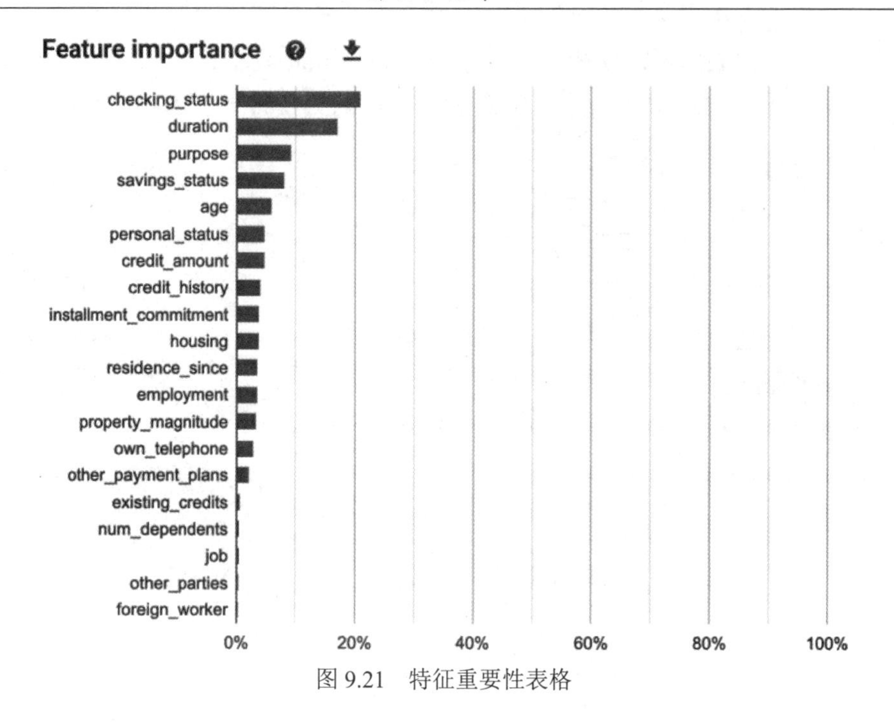

图 9.21　特征重要性表格

9.3　了解 AutoML Tables 模型部署

为了部署上一节中训练的模型，执行以下步骤。

1．单击“TEST & USE”选项卡来部署模型。这里有多种测试训练模型的方法：批量预测（基于文件）、在线预测（API）、将其导出到 Docker 容器中进行测试（见图 9.22）。页面顶部的选项可在用 REST API 在线预测和批量预测之间切换。可以上传 CSV 文件或指向 BigQuery 表并获取整个文件或表的预测结果。考虑到需要花费的时间，AutoML Tables 能够实现比手动达到的水平更高的模型性能。本节中将进行基于 API 的在线预测。

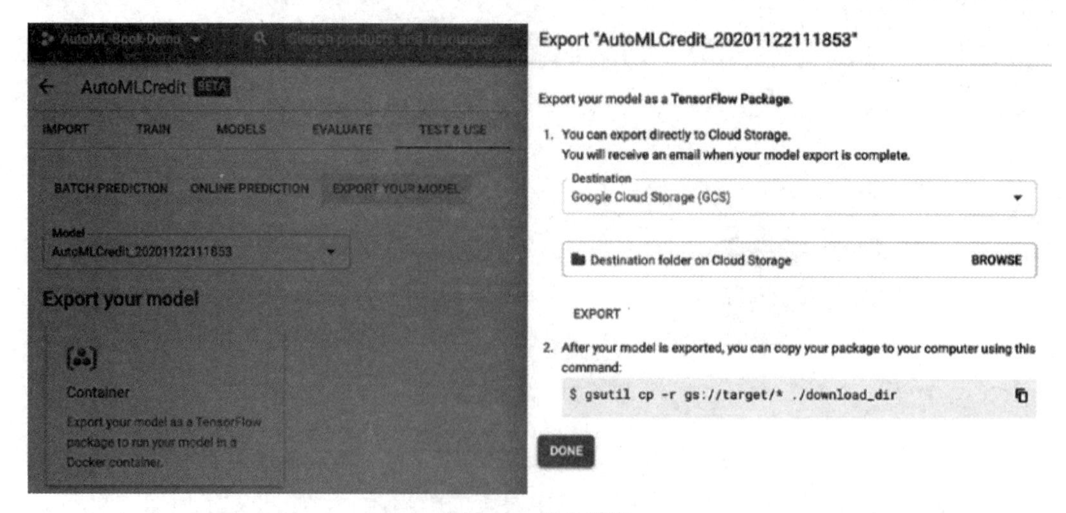

图 9.22　导出模型

2．单击“ONLINE PREDICTION”选项卡，将看到如图 9.23 所示的页面，可以直接从控制台调用 API。

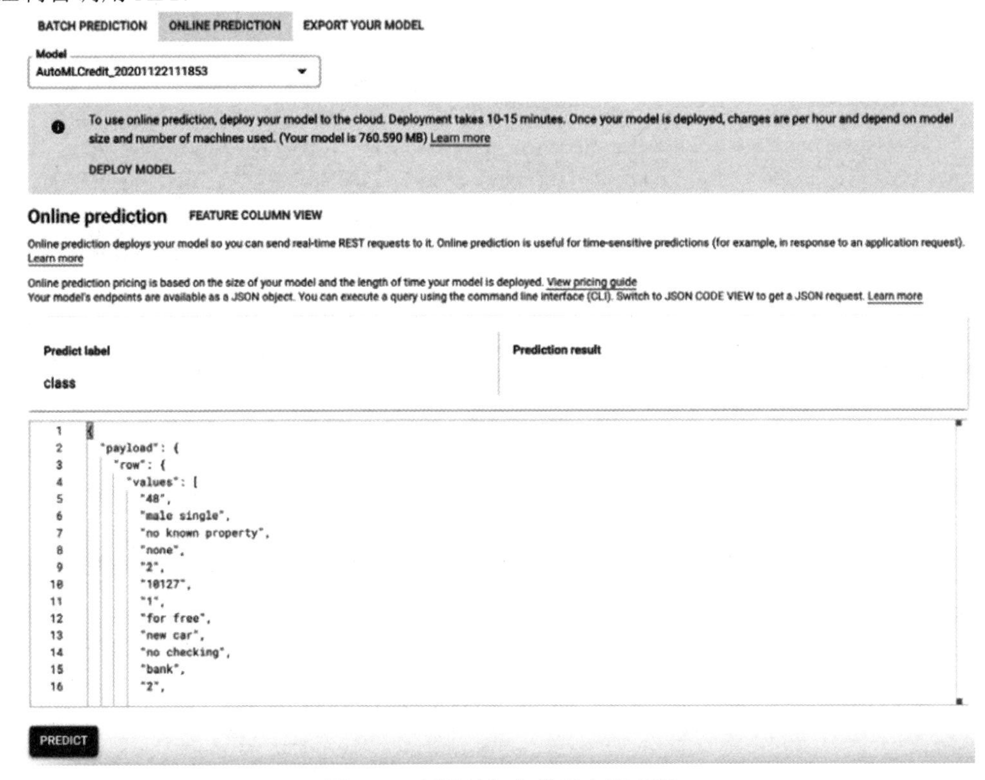

图 9.23　用训练好的模型在线预测

3．如果只是单击“PREDICT”按钮，则会出现如图 9.24 中显示的错误。这是因为模型还没有被部署，意味着没有端点可以调用。

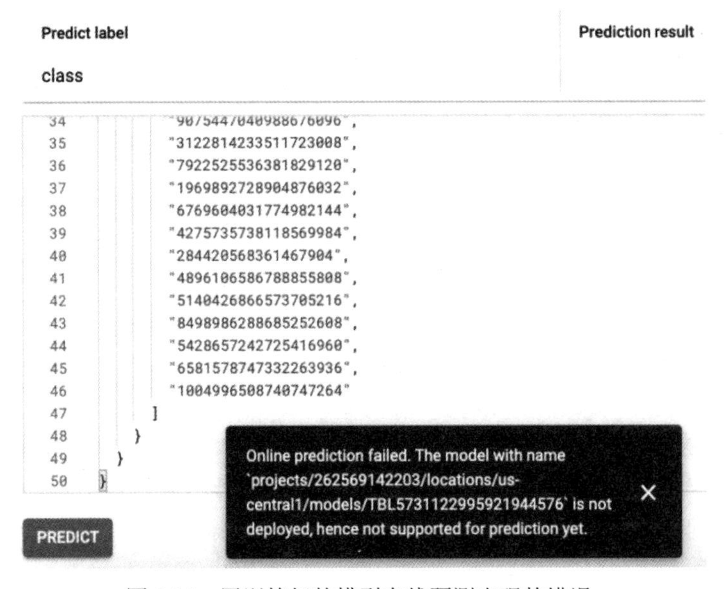

图 9.24　用训练好的模型在线预测出现的错误

4．单击“Deploy model”按钮，将看到如图 9.25 所示的弹窗，确认部署的详细信息。再单击“DEPLOY”按钮。

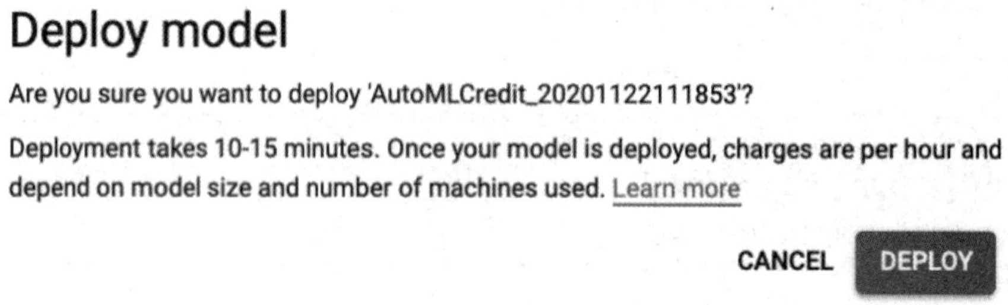

Deploy model

Are you sure you want to deploy 'AutoMLCredit_20201122111853'?

Deployment takes 10-15 minutes. Once your model is deployed, charges are per hour and depend on model size and number of machines used. Learn more

CANCEL DEPLOY

图 9.25 部署训练好的模型时出现的弹窗

这将启动模型部署过程。完成后会看到如图 9.26 所示的页面，表明模型已成功部署并可用于请求，以及显示它占用的大小。但需要注意，模型在服务器上运行，因此将花费与运行模型相关的计算和存储成本。

5．此时，可以继续单击“PREDICT”按钮。

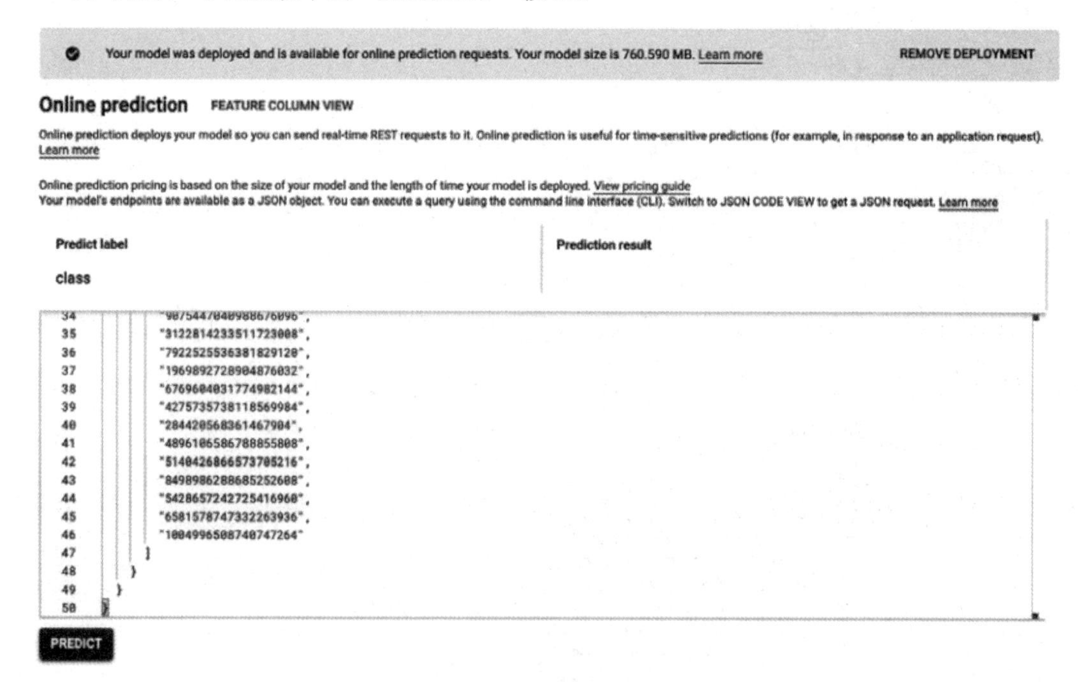

图 9.26 调用预测 API

将 JSON 请求传递给 API 并调用预测函数，此函数将返回响应及预测置信度分数，如图 9.27 所示。

图 9.27 中显示了模型的结果，信誉度良好（good），置信度为 0.661。此时可以切换到特征列视图并编辑一些参数，可直观地知道，信用的年龄和期限对信用结果有重大的影响。以可编辑的形式将年龄从 48 降低到 18 并将信用期限增加到 60，会导致判断从信用良好（good）变为不良（bad）。

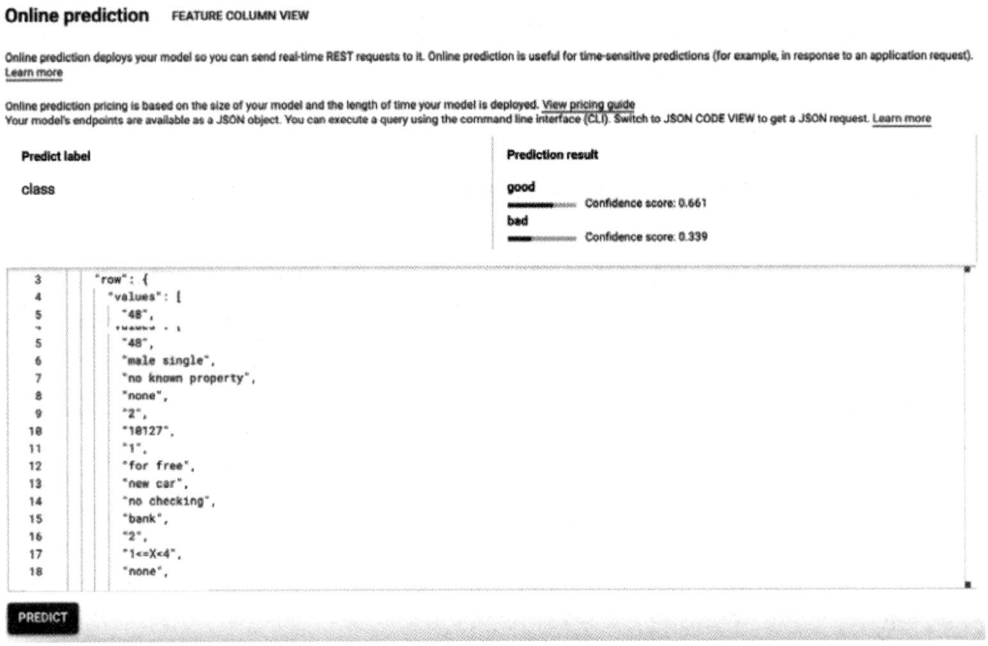

Online prediction　FEATURE COLUMN VIEW

Online prediction deploys your model so you can send real-time REST requests to it. Online prediction is useful for time-sensitive predictions (for example, in response to an application request). Learn more

Online prediction pricing is based on the size of your model and the length of time your model is deployed. View pricing guide
Your model's endpoints are available as a JSON object. You can execute a query using the command line interface (CLI). Switch to JSON CODE VIEW to get a JSON request. Learn more

Predict label	Prediction result
class	good Confidence score: 0.661 bad Confidence score: 0.339

```
3      "row": {
4        "values": [
5          "48",
5          "48",
6          "male single",
7          "no known property",
8          "none",
9          "2",
10         "10127",
11         "1",
12         "for free",
13         "new car",
14         "no checking",
15         "bank",
16         "2",
17         "1<=X<4",
18         "none",
```

PREDICT

图 9.27　在线预测 API 的响应

更改这些值并再次调用 API，将看到结果已更改为不良（bad），如图 9.28 所示。

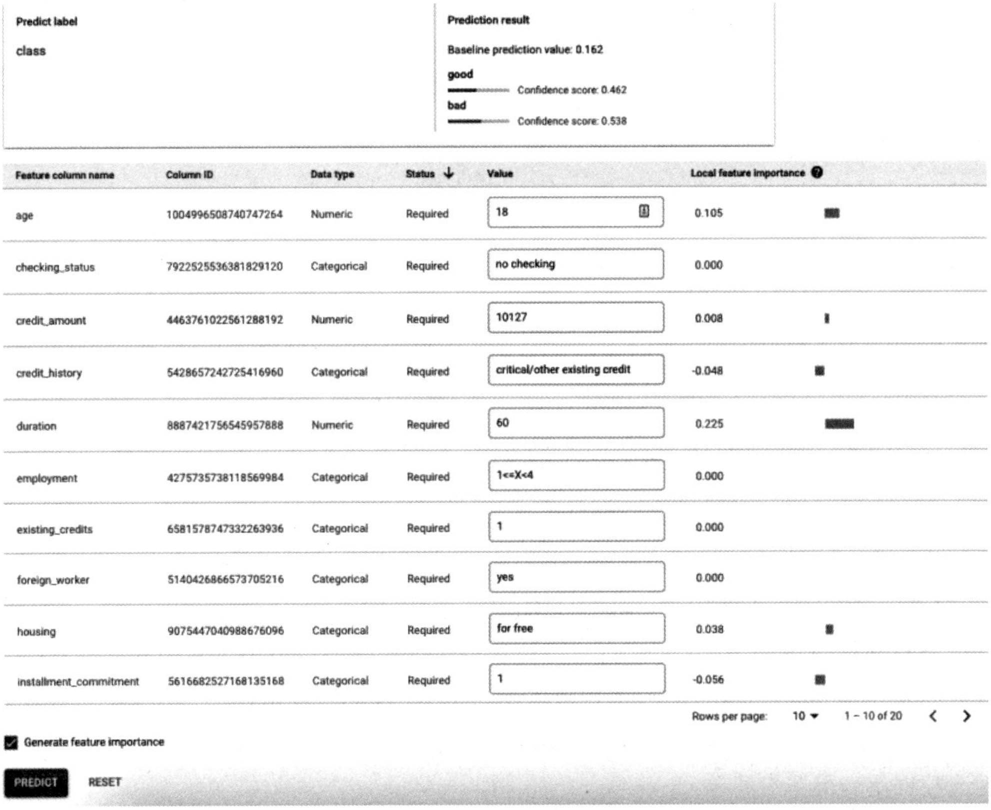

Predict label	Prediction result
class	Baseline prediction value: 0.162 good Confidence score: 0.462 bad Confidence score: 0.538

Feature column name	Column ID	Data type	Status	Value	Local feature importance
age	1004996508740747264	Numeric	Required	18	0.105
checking_status	7922525536381829120	Categorical	Required	no checking	0.000
credit_amount	4463761022561288192	Numeric	Required	10127	0.008
credit_history	5428657242725416960	Categorical	Required	critical/other existing credit	-0.048
duration	8887421756545957888	Numeric	Required	60	0.225
employment	4275735738118569984	Categorical	Required	1<=X<4	0.000
existing_credits	6581578747332263936	Categorical	Required	1	0.000
foreign_worker	5140426866573705216	Categorical	Required	yes	0.000
housing	9075447040988676096	Categorical	Required	for free	0.038
installment_commitment	5616682527168135168	Categorical	Required	1	-0.056

Rows per page: 10　1 - 10 of 20

Generate feature importance

PREDICT　RESET

图 9.28　使用修改后的年龄和信用期限调用模型

前面的实验展示了如何训练、部署和测试模型。接下来探索如何将基于 BigQuery 的公共数据集与 AutoML Tables 结合使用。

9.4 在 AutoML Tables 上使用 BigQuery 公共数据集

一直以来，数据被称为数字经济的新石油。将这个类比扩展，自动机器学习是使用数据提供高级分析的引擎，而无须每次都自定义手动流水线。用于执行机器学习的真实世界数据来自各种组织，但需要对应方来执行实验并验证假设。这样的数据存储库就是 Google BigQuery 云数据仓库——特别是它的大量公共数据集。此例中将使用 BigQuery，这是 AutoML Tables 数据摄取过程中指定的三种方法之一。

与之前使用的贷款数据集一样，成人收入数据集是源自 1994 年美国人口普查局的公共数据集，使用了人口统计信息来预测两个阶层的收入：每年高于或低于 50,000 美元。该数据集包含 14 个属性，目标字段是收入和属性数量，可以从链接 9-6 下载。BigQuery 包含一个流行公共数据集的存储库，因此可以使用它。

1．在 Tables 选项卡中单击“Create new dataset”，然后单击“CREATE DATASET”按钮，如图 9.29 所示。

2．现在添加到数据集，选择第三个选项，从 BigQuery 中选择表或视图，如图 9.30 所示。

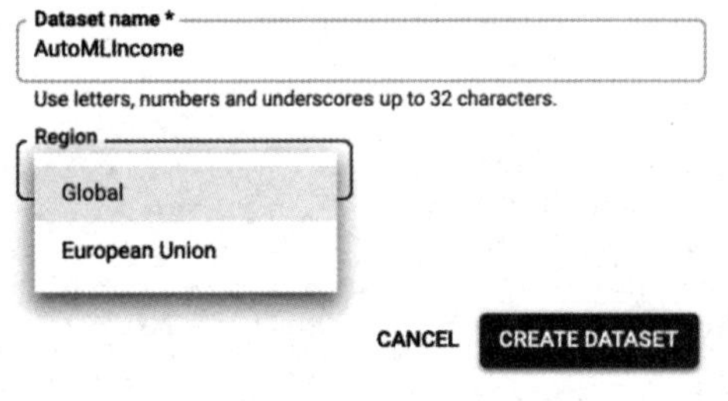

图 9.29 创建新数据集提示

Add data to your dataset

Before you begin, read the data guide to learn how to prepare your data. Then choose a data source:

- CSV file: Can be uploaded from your computer or on Cloud Storage. Learn more
- Bigquery: Select a table or view from BigQuery. Learn more

Select a data source

- Upload CSV files from your computer
- Select CSV files from Cloud Storage
- Select a table or view from BigQuery

图 9.30 选择 BigQuery 数据

3．BigQuery 可以通过链接 9-7 访问，可以查看其包含的数据集。通过调用以下查询来执行此操作。

SELECT * FROM ‘bigquery-public-data.ml_datasets.census_ adult_income’

可以看到如图 9.31 所示的输出。目标是将此数据导出到可用于实验的存储桶中，将结果目标表（destination table）设置为数据集，单击“Run”按钮。

图 9.32 是 BigQuery 公共数据集的简要列表。这使得在整个 GCP 产品系列中使用这些精选数据集变得非常简单。

现在，上述操作已经完成并创建了一个数据集，如图 9.33 所示。

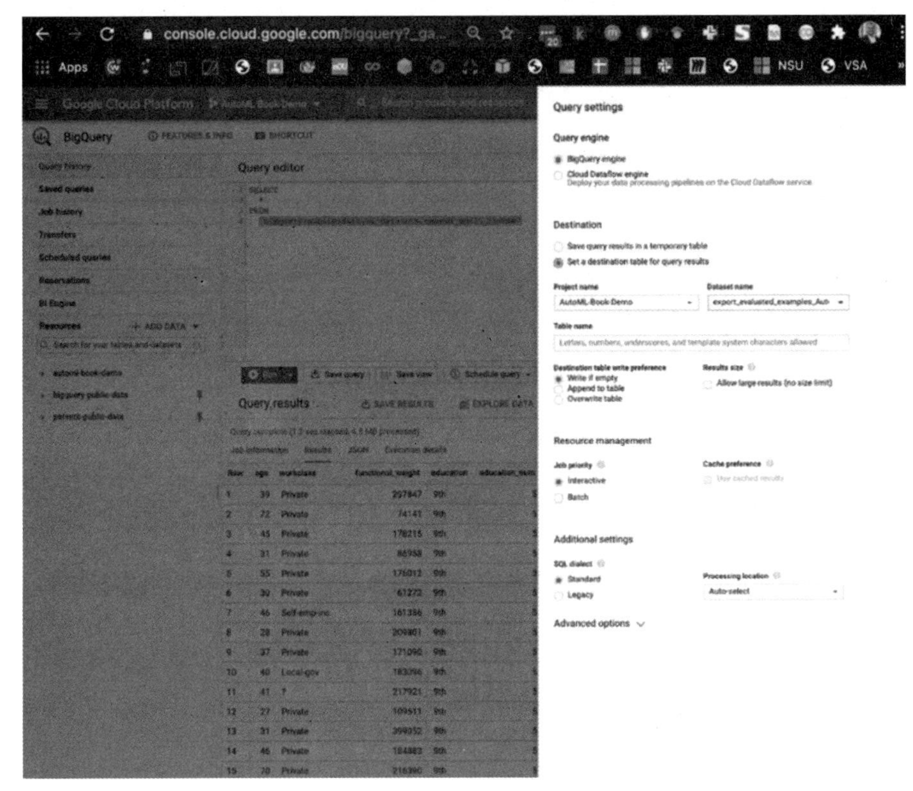

图 9.31　来自人口普查成人收入数据集的 BigQuery 搜索结果

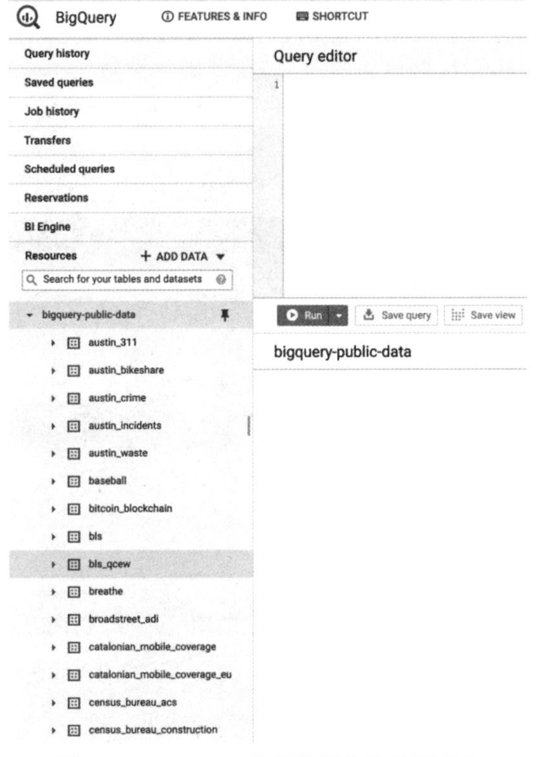

图 9.32　BigQuery 公共数据集的简要列表

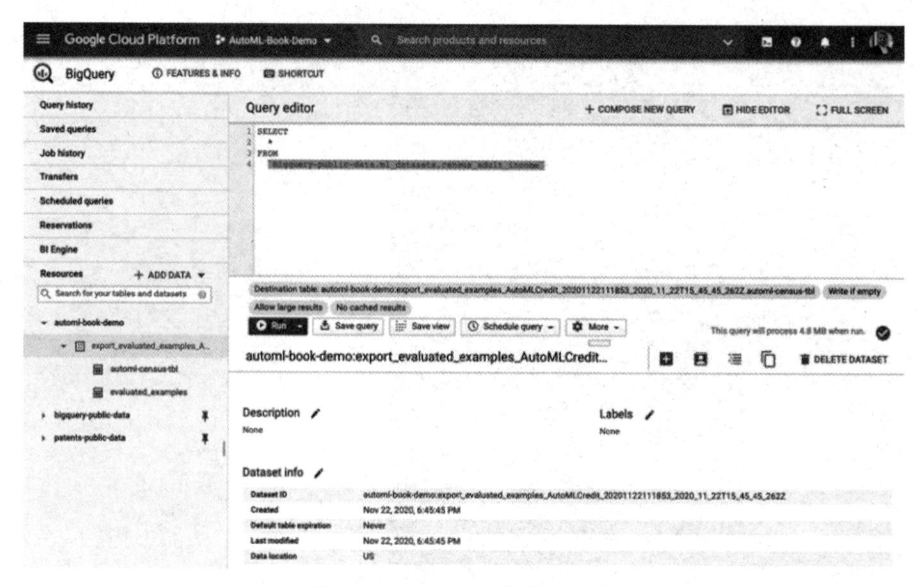

图 9.33 BigQuery 公共数据集

数据已导出到存储桶，可以在 AutoML Tables 中进行试验。

9.5 自动机器学习做价格预测

到目前为止，已经了解了如何使用 AutoML Tables 解决分类问题，即在数据集中查找类。现在做回归，即预测值。使用房屋销售预测数据集，金郡房屋销售数据集包含金郡（包括西雅图）的价格。该数据集可以从 Kaggle 下载，见链接 9-8。

这个实验的目标是通过使用 21 个特征和 21613 个观察或数据点来预测房屋的销售价值（价格）。

1．在 AI Platform 中开始，单击主页上的“CREATE DATASET”按钮，如图 9.34 所示。

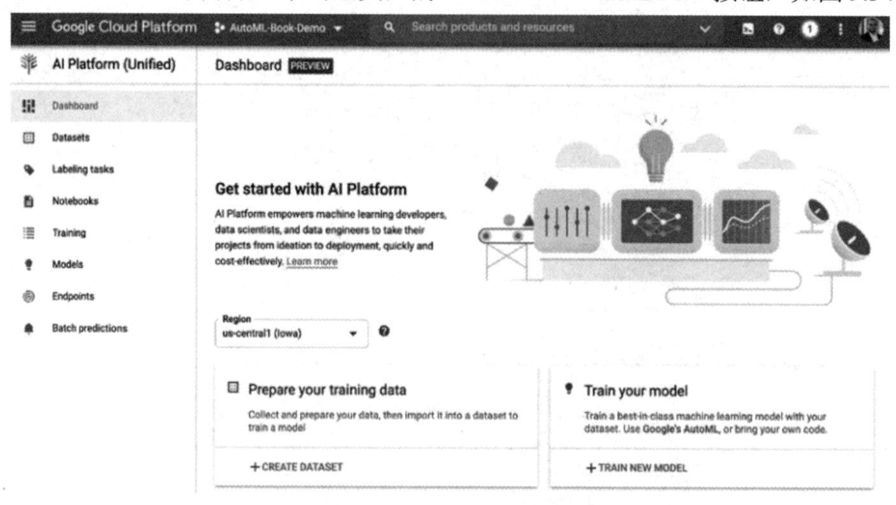

图 9.34 AI Platform 主页

这里必须选择数据集名称和区域，如图 9.35 所示。将数据集的类型设置为表格，目前具有分类和回归的自动机器学习功能，然后单击“CREATE”按钮。

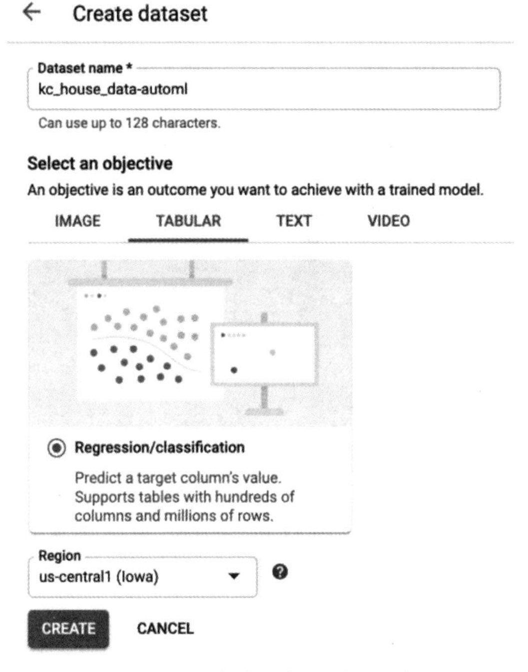

图 9.35　选择自动机器学习目标

2．单击“CREATE”按钮后，可以看到如图 9.36 所示的页面。选择“Upload CSV files from your computer”选项，然后单击“CONTINUE”按钮将其上传到云存储。

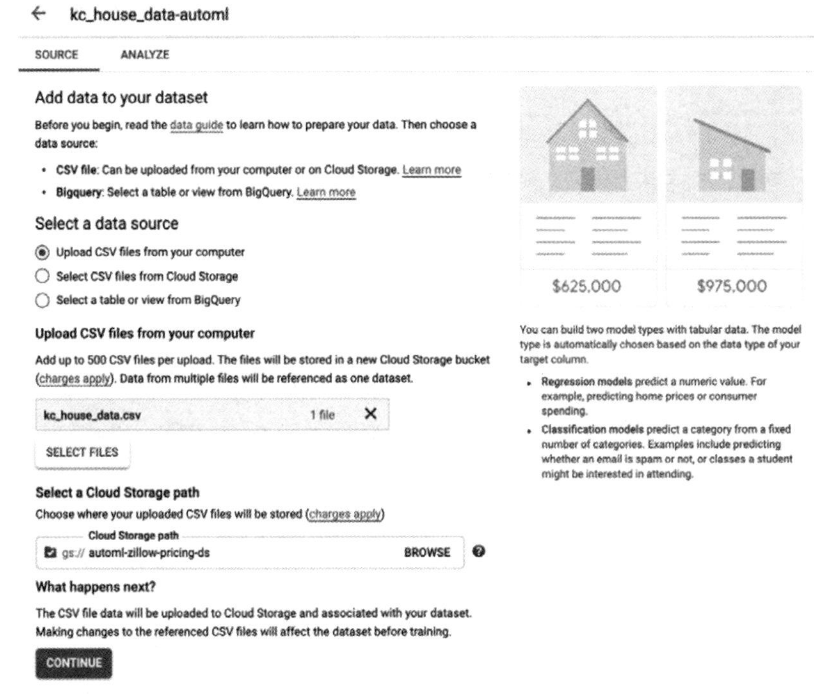

图 9.36　选择存储参数

3．单击“CONTINUE”后，数据集将被上传，上传完成后可以看到如图 9.37 所示的页面，其中显示了对数据的描述细节。单击“TRAIN NEW MODEL”。

图 9.37　上传完成后显示数据的描述细节

4．此时可以训练新模型工作流。将目标设置为“Regression”，将方法设置为“AutoML”，然后单击“CONTINUE”按钮，如图 9.38 所示。

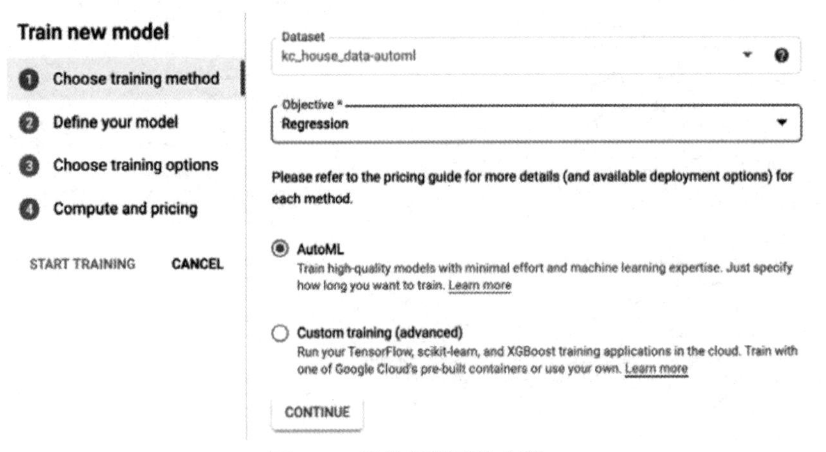

图 9.38　训练新模型的步骤

5．接下来必须编辑模型定义。选择目标列（要预测的价格）和数据拆分，即希望如何拆分测试和训练数据。可选择默认选项随机分配，除非特别需要手动或按时间顺序分层。单击“CONTINUE”按钮以继续，如图 9.39 所示。

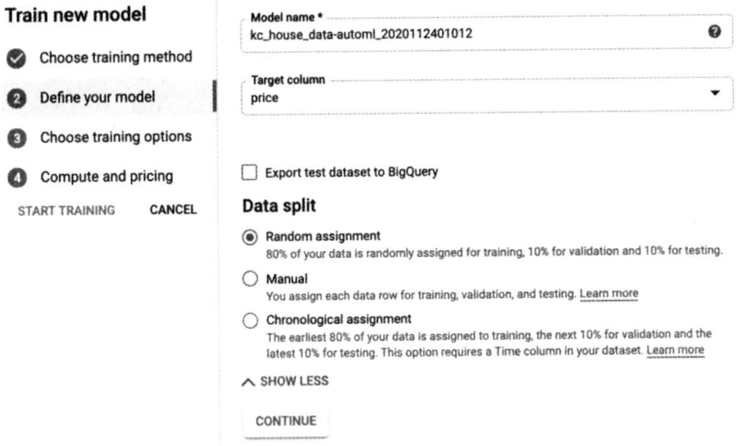

Train new model

- Choose training method
- 2 Define your model
- 3 Choose training options
- 4 Compute and pricing

START TRAINING　CANCEL

Model name *
kc_house_data-automl_2020112401012

Target column
price

Export test dataset to BigQuery

Data split

Random assignment
80% of your data is randomly assigned for training, 10% for validation and 10% for testing.

Manual
You assign each data row for training, validation, and testing. Learn more

Chronological assignment
The earliest 80% of your data is assigned to training, the next 10% for validation and the latest 10% for testing. This option requires a Time column in your dataset. Learn more

SHOW LESS

CONTINUE

图 9.39　训练新模型的步骤

如图 9.40 所示提供了数据精细选项，如删除或过滤列、应用转换等。

Train new model

- Choose training method
- Define your model
- 3 Choose training options
- 4 Compute and pricing

START TRAINING　CANCEL

GENERATE STATISTICS

Filter table

Field Name	Transformation	Missing% (Count)
bathrooms	Auto	-
bedrooms	Auto	-
condition	Auto	-
date	Auto	-
floors	Auto	-
grade	Auto	-
id	Auto	-
lat	Auto	-
long	Auto	-
price Target		-
sqft_above	Auto	-
sqft_basement	Auto	-
sqft_living	Auto	-
sqft_living15	Auto	-
sqft_lot	Auto	-
sqft_lot15	Auto	-
view	Auto	-
waterfront	Auto	-
yr_built	Auto	-
yr_renovated	Auto	-
zipcode	Auto	-

Rows per page: 50　1 – 21 of 21

图 9.40　数据精细选项

6．还可以选择优化目标：均方根误差（Root Mean Square Error，RMSE）、平均绝对误差（Mean Absolute Error，MAE）或均方根对数误差（Root Mean Square Log Error，RMSLE），它们对异常值具有稳定性。选择“RMSE（Default）”并单击“CONTINUE”按钮继续，如图 9.41 所示。

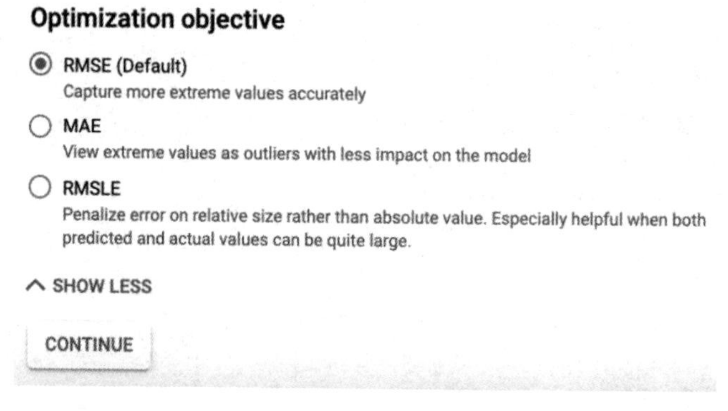

图 9.41 优化目标的描述

7．在开始训练之前，必须要注意的最后一件事是训练预算（见图 9.42）。根据之前的实验，这一步应该很熟悉。将预算设置为 5 小时，然后单击“START TRAINING”按钮。不要忘记打开“Enable early stopping”——如果提前得到结果，可节省成本。

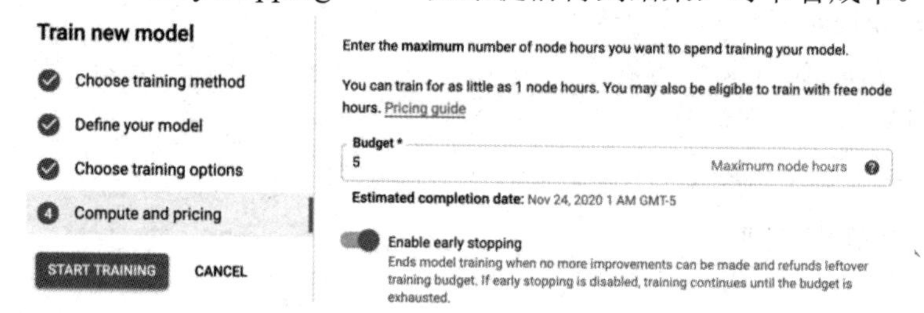

图 9.42 训练新模型的预算

模型将开始训练，可以在 Training jobs and models 侧面板中看到其进度，如图 9.43 所示。

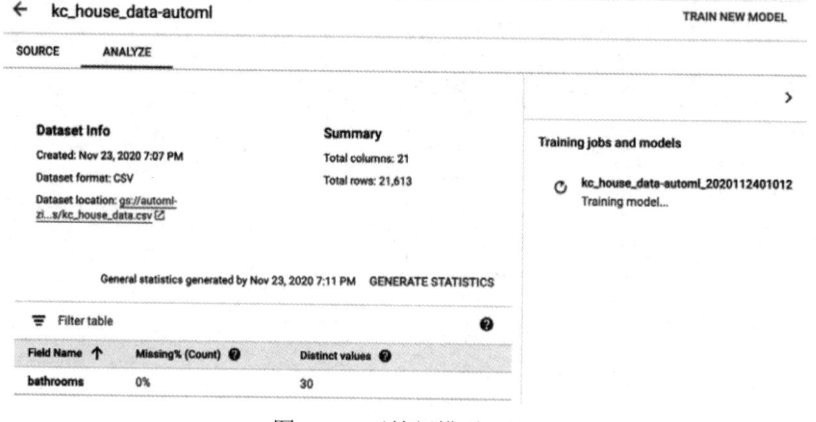

图 9.43 开始新模型训练

这个特定的模型需要 1 小时 35 分钟来训练。完成后将出现如图 9.44 所示的页面，显示模型的状态属性和训练性能。

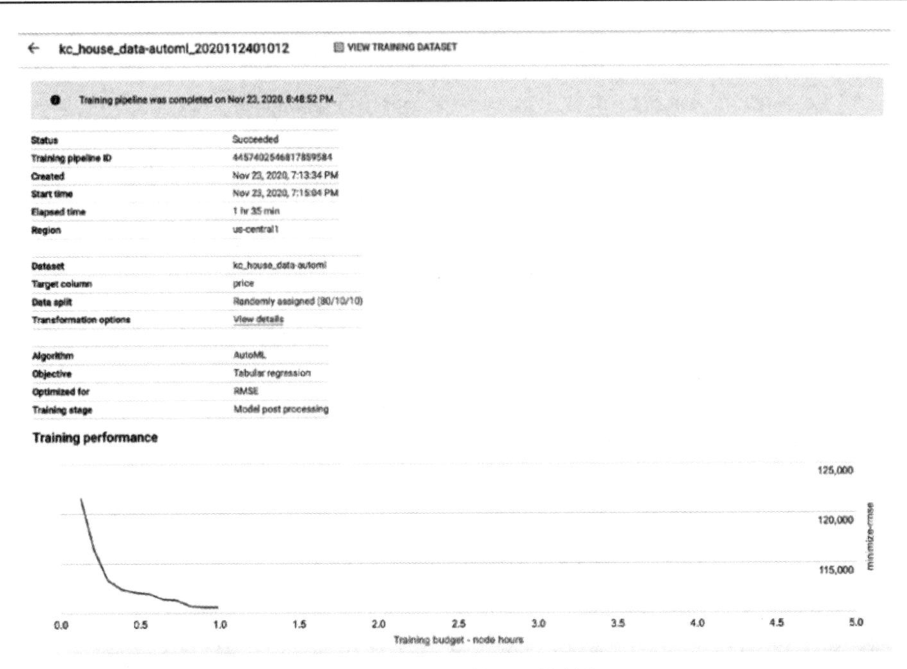

图 9.44　状态属性和训练性能

向下滚动页面查看此模型的特征重要度图表。这张图表证明了位置仍是最重要的。此外，房产的价格和居住空间的面积密切相关，如图 9.45 所示。

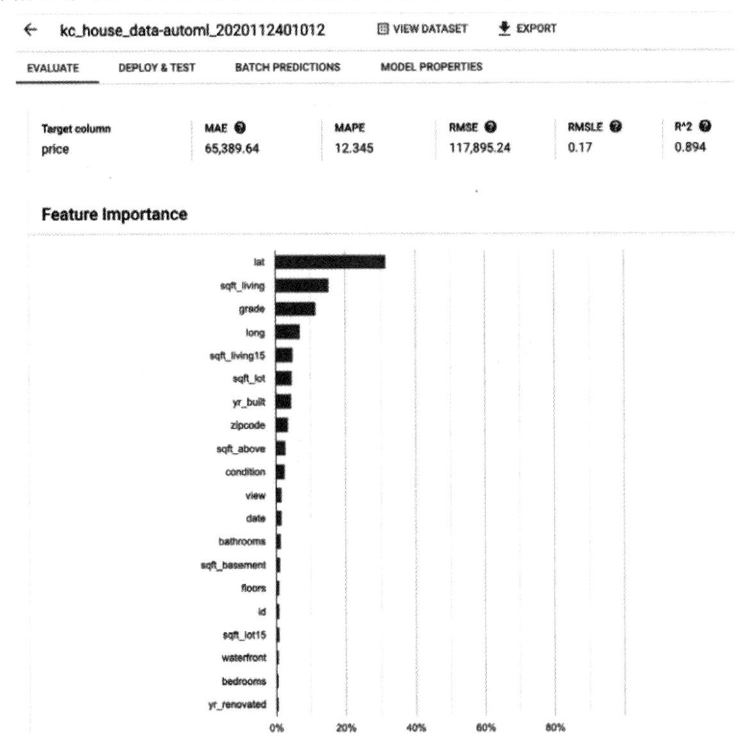

图 9.45　结果和特征重要度

8．此时可以通过单击“DEPLOY & TEST”来部署和测试模型，如图 9.46 所示。

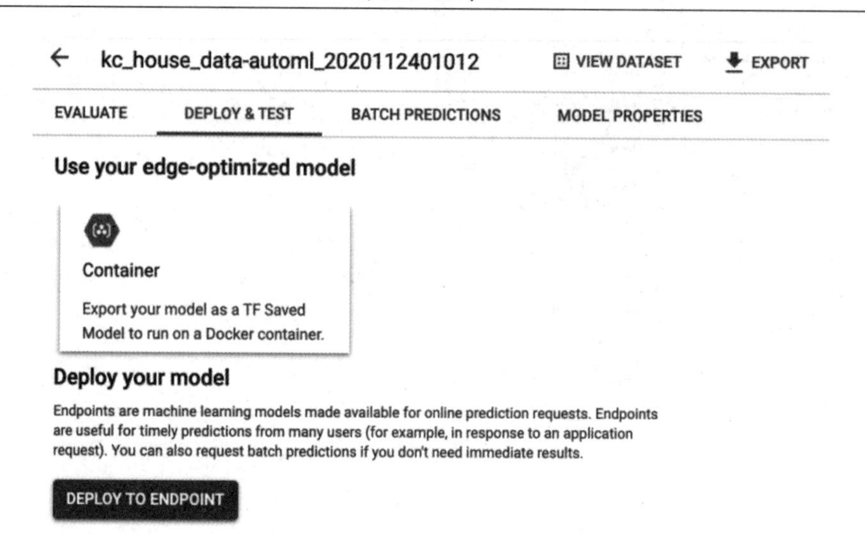

图 9.46 将模型部署到一个端点

在本节进行的几个实验中，可以看出数据集的大小是提高准确率的重要因素。随着数据集中观察次数的增加，自动机器学习可以执行更好的神经架构搜索和超参数优化以获得最佳结果。

9.6 小结

本章介绍了如何使用 AutoML Tables 执行自动机器学习。首先设置了一个基于 Cloud AutoML Tables 的实验，然后演示了如何训练和部署 AutoML Tables 模型。并使用多个数据源探索了 AutoML Tables 和 BigQuery 公共数据集，以及分类和回归，使读者熟悉 GCP AutoML 的使用，以便将其应用于自动机器学习实验。

下一章将探索企业中的自动机器学习。

本章链接

扩展阅读

第10章 企业中的自动机器学习

“利用机器学习可以为企业带来变革，但要取得成功，需要决策者的领导。这意味着当机器学习改变业务的一部分（如产品组合）时，其他部分也必须随之改变。这种改变可以包括从营销生产到供应链，甚至招聘和激励系统。”

—— Erik Brynjolfsson，麻省理工数字经济计划主任

自动化促进了机器学习在企业中的应用，不再让数据科学家成为企业使用机器学习的阻碍。前面的章节中介绍了多个云平台执行自动机器学习的使用方法，包括开源工具、AWS、Azure 和 GCP 等。

本章的内容与前文不同，将探索自动机器学习在企业中的使用，研究实际应用中的自动机器学习，并讨论其优缺点。模型可解释性和透明度是自动机器学习中备受关注的领域。同时，探索自动机器学习中的信任问题，为企业应用中的自动机器学习提供发展策略。

10.1 企业是否需要自动机器学习

技术决策者和利益相关者不喜欢短暂的潮流。在垂直型企业中，为了技术本身而构建和使用技术的商业价值有限，该技术必须解决业务问题或进行相关创新。因此，有一些非常重要的问题：一个企业是否真的需要自动机器学习？自动机器学习是否只是人工智能成熟过程中的一步，而不是生活的必需品？这项投资会带来投资回报（Return on Investment，ROI），还是仅仅听起来不错？

下面根据自动机器学习的价值来尝试回答以上问题，探索自动机器学习是否适合一个企业。作为技术利益相关者，可以将自己想象成企业中试图构建人工智能发展的决策者，再决定是否投资和使用自动机器学习。

巨人的冲突——自动机器学习与数据科学家

无论大型还是小型企业，首先需要将这个想法告诉数据科学团队。这个团队可能由博士、机器学习工程师和数据科学家组成，也可能是一组密切合作的创业者，其首席数据科学专家是一名工程师。但在任何一种情况下，都需要令人信服的论据来提出自动机器学习方案。

之前已经说过，自动机器学习不会很快取代数据科学家的工作。尽管如此，还是很少有数据科学家使用特征工程、超参数优化或自动机器学习进行模型搜索。数据科学家们倾向于认为，数据科学是一种不能被暴力破解的艺术形式。模型调优涉及很多专业知识，因此最好留给专家去做。但问题在于，这样的模型不能扩展。

图 10.1　数据科学家的生活

在大规模的应用场景中，能够构建、调整、监控和部署模型的合格的数据科学家一直是短缺的。企业数据丰富，但需要的是对数据的分析见解。可以发现几个重要的商业智能、实验和洞察力项目降低了以收入为中心的计划的优先级。在企业中，没有机器学习博士学位的课题专家（Subject Matter Experts，SME）和数据科学家也可以通过自动机器学习来构建实验并检验假设。他们会不会出错？会。但是，自动机器学习将使他们能够构建高级机器学习模型并检验假设。

因此，还是要支持这种人工智能的大众化。不过，由自动机器学习训练得到的模型，还要在适当的测试后才能投入生产，即便是人工训练出的模型也需要这些测试。企业必须确保性能、稳健性、模型衰减、抗攻击能力、异常值参数、准确率指标和 KPI 平等地适用于所有模型。

简而言之，企业的机器学习进展缓慢，很难扩展，而且自动化程度不高。业务团队和数据科学家之间的协作很困难。实际的可操作的模型能提供的业务价值很低。自动机器学习为解决以上问题带来了希望，并为数据科学家提供了额外的工具，以减轻特征工程、超参数优化和模型搜索的烦琐工作。

10.2 自动机器学习——企业高级分析的加速器

在构建企业人工智能发展策略和人才战略时，应该将自动机器学习视为加速器。以下是企业可以考虑使用自动机器学习的原因。

1. 人工智能的大众化

自动机器学习正在迅速成为机器学习和深度学习平台的固有部分，并将在高级分析大众化方面发挥重要作用。所有主要平台都在吹捧自动机器学习，但其若想成为企业的加速器，必须在人工智能大众化中发挥重要作用。该工具集应使数据科学家们能够轻松执行困难的机器学习任务并获得发现。人们期待的高级分析加速器应该是具有可解释性、透明性和可重复性的自动机器学习。

2. 增强智能

在大部分现代化的数据科学平台中，自动机器学习根深蒂固，因此是 MLOps 中商品化的一部分。对于数据科学家来说，自动机器学习最大的价值是便于进行特征工程、数据预处理、算法选择和超参数调优这些操作，即增强数据科学家的技能。一些 MLOps 平台内置了自动机器学习，可以为 A/B 测试提供训练和调整、模型监控和管理及模型性能正面对比。这套出色的工具对增强数据科学家的技能非常有帮助，因此自动机器学习被认为是数据科学家和领域专家等的增强智能平台。

10.3 自动机器学习的挑战和机遇

前文已经讨论了自动机器学习的优势，这些优势同时也伴随着挑战。自动机器学习不是灵丹妙药，在一些情况下是不可行的。以下是一些面临挑战或可能不适合使用自动机器学习的情况。

1. 数据量不足

数据集的大小是自动机器学习正常工作的关键。在小数据集上，特征工程、超参数优化和模型搜索很难得到好的结果。自动机器学习只有在大数据集上才能有效地工作。对于小数据集，可能需要尝试手动构建模型。

2. 模型性能

在少数情况下，开箱即用的模型性能可能较低——必须手动调整模型或使用启发式方法来提高性能。

3. 专业领域和特殊用例

如果模型需要大量的专业知识和内置规则，那么自动机器学习得到的模型可能无法胜任。

4. 计算成本

自动机器学习本质上是计算成本较大的方法。如果数据集非常大，可以尝试使用本地计算资源，以避免使用云计算产生高昂开销。注意，在一些情况下，训练模型的成本可能会超过优化模型带来的好处。

5. 拥抱学习曲线

任何值得做的事情都绝非易事，如锻炼或机器学习。虽然自动机器学习在完成重复和乏味的任务中占据优势，但其仍然存在学习曲线。大多数平台将其自动机器学习产品称为零代码、低代码或无代码方法；但是，用户仍然需要熟悉该工具。当结果与基于专业知识的直觉或假设不符时要怎么办？如何根据已识别的重要特征对模型进行微调？哪些模型在训练数据集上表现良好但在实际数据集上表现差，为什么？这些是数据科学家和利益相关者需要思考和学习的问题，问题的解决方式与选择的自动机器学习工具相关。

6. 利益相关者的适应

每一项新技术都带来了适应性挑战——由于自动机器学习自身的特性，其问世时就意味着消亡。针对自动机器学习等新技术，企业的人工智能战略应包括培训学习和失败后的后备方案。建立示例和帮助文档有助于利益相关者的学习。在实践中发现，让初级数据科学家和开发人员参与其中有助于新技术的发展。

对于自动机器学习构建的模型，下一部分将讨论对其建立信任的各项技术。

10.4 建立信任——自动机器学习中的模型可解释性和透明度

对自动机器学习构建出的模型需要建立信任。要让负责自动化决策的业务领导、审计员和利益相关者信任自动机器学习构建的模型，让这些模型与人工训练出的模型没有区别。模型监控和可观察性是一个重点。此外，还需要可重复的模型训练和性能测试，如验证数据、组件集成、模型质量、偏差和公平性。

下面是一些建立信任并保证管理的方法和技术。

1. 特征重要性

特征重要性，即特征对预测结果的贡献程度，是大多数自动机器学习框架提供的模型检查技术。前面的章节介绍了 AWS、GCP 和 Azure 如何为其训练的模型提供特征重要性数据。领域专家和数据科学家可以使用这些信息来确保模型的准确性。

特征重要性不仅有助于验证假设，还可以提供对未知数据的见解。数据科学家在领域专家的帮助下，可以利用特征重要性来确保模型不会对任何受保护的类表现出偏好，并查看偏好是否违法。例如，如果贷款决策算法偏向于特定的性别、民族或种族，在大多数情况下这将是不合法且不道德的。相反，如果乳腺癌数据库显示出显著的性别偏见，那是由于生物特性造成的，而不是社会偏见或隐性偏见造成的。通过测试自动机器学习模型的特征重要性，可以很好地检查其正确性、稳健性和偏差。

2. 反事实分析

在算法可解释性中，反事实分析属于基于实例的解释。简单来说，反事实分析使用因果分析来展示如果事件发生或未发生会引起什么。例如，在有偏好的贷款模型中，反事实分析将显示，其他因素不变时，修改贷款申请人的邮政编码会对结果产生影响。这表明模型中对特定地区的人存在偏好。除了偏好，反事实分析还可以揭示模型假设中的错误，这可能非常有帮助。

3. 用数据科学方法测量模型准确性

可以使用用于性能估计、模型选择和算法比较的标准机器学习方法，以确保训练模型的准确性和稳健性。验证机器学习模型的一些标准方法如图 10.2 所示。

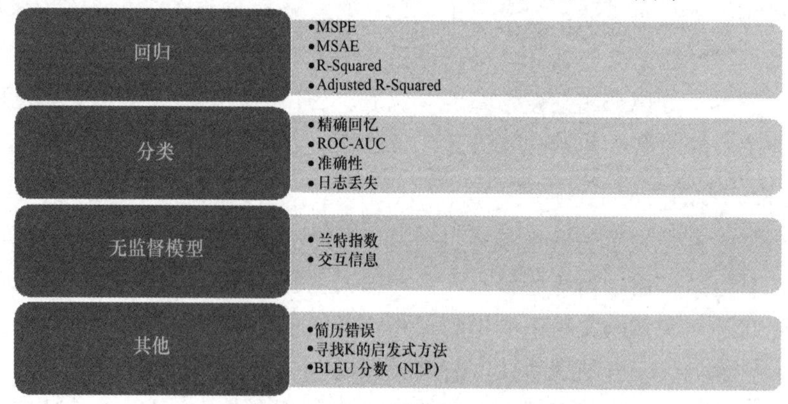

图 10.2 验证机器学习模型的一些标准方法

对于大数据集的性能估计，推荐通过正态近似及训练/测试集拆分检查置信区间。对于小数据集，重复 K 折交叉验证（K-Fold Cross Validation）、留一交叉验证（Leave-one-out Cross Validation）和置信区间测试可以对性能进行良好的估计。对于大数据集的模型选择，训练验证、测试拆分和独立测试集上的重复 K 折交叉验证的效果很好。为了比较模型和算法，会用多个独立的训练和测试集进行算法比较，建议使用 McNemar 测试和 Cochran 测试；而对于较小的数据集，使用嵌套交叉验证。

为了机器学习的自动化模型准确且稳健，需要在建模的整个过程中保证可解释性。因此，要在建模前显示输入数据的特征；在建模过程中设计可解释的模型架构和算法；在建模后从结果中获取解释信息。

4. 建模前的可解释性

建模前的可解释性是指清理和统计数据集信息，描述数据集的变量、元数据、来源、统计信息、变量之间的关系（配对图和热图）、真实相关性和生成合成数据的概率模型。这种可解释性扩展到可解释的特征工程，可解释的原型选择和有意义的异常值识别。

5. 建模期间的可解释性

使用自动机器学习算法时，可以选择更易解释的模型。线性模型、决策树、规则集、决策集、广义加性模型和基于案例的推理方法，比复杂的黑盒模型更易于解释。

混合可解释模型也提供建模期间的可解释性，包括深度 K 近邻（Deep K-Nearest Neighbors，DKNN）、深度加权平均分类器（Deep Weighted Averaging Classifier，DWAC）、自解释神经网络（Self-Explaining Neural Network，SENN）、上下文解释网络（Contextual Explanation Networks，CEN）和袋特征网络（Bag-of-features Networks，BagNets）。一些模型可以结合预测和解释，如决策教学解释（Teaching Explanations for Decisions，TED）、多模态解释和合理化神经预测等。视觉解释就是非常有效的，因为图片可以传达很多信息，只要不是混乱的高维图。

还有一些模型使用架构调整和正则化来实现可解释性，如可解释的卷积神经网络、可解释的深层架构和基于注意力的模型。这些模型应用于自然语言处理、时间序列分析和计算机视觉。

6. 建模后的可解释性

自动机器学习工具包和云计算平台提供了多种建立建模后可解释性的内置工具。这些工具包括（1）宏观解释；（2）基于输入的解释，以了解输入操作如何影响输出。宏观解释包括重要性评分、决策规则、决策树、依赖图、口头解释和反事实解释，是领域专家了解模型的重要信息资源。

还有一些解释估计方法试图探索众所周知的黑匣子，包括基于扰动的训练（LIME）、反向传播、代理模型、激活优化和 SHAP。

如前所述，无论是手动训练还是通过自动机器学习训练，单一的方法都不能建立对模型的信任。实现信任的唯一方法是遵循工程最佳实践。验证、再现、实验审计跟踪和可解释性是确保其有效的最著名的方法。也许并不需要应用所有方法，但要知道，验证和监控模型对于确保企业机器学习模型的成功至关重要。

10.5 在企业中引入自动机器学习

了解了自动机器学习平台和开源生态系统及其工作原理，接下来想在企业中引入自动机器学习，要如何做到？以下是一些指导。

1．预先准备

吴恩达（Andrew Ng）是 Landing 人工智能创始人兼 CEO，前百度副总裁兼首席科学家，Coursera 联合董事长兼联合创始人，谷歌大脑前创始人兼负责人，斯坦福大学客座教授。他撰写了大量关于人工智能和机器学习的文章，他的课程对于任何机器学习和深度学习的初学者来说都是开创性的。他在关于企业人工智能的 HBR 文章中提出了五个关键问题来验证人工智能项目是否会成功。这同样适用于自动机器学习项目。五个关键问题如下：

- 该项目是否能快速取得效果？
- 该项目的规模是否太琐碎或太笨重？
- 该项目是否针对所处行业？
- 是否正在与可靠的合作伙伴加速试点项目？
- 该项目是否创造了价值？

这些问题不仅有助于选择一个有意义的项目，而且有助于寻求商业和技术价值。此外，建立一个小团队并任命一名负责人也有助于进一步推动项目。

2．选择正确的自动机器学习平台

开源、AWS、GCP、Azure 或其他——如何选择使用什么自动机器学习平台？

在选择自动机器学习平台时，有几个注意事项。如果项目是云原生的，即数据和计算驻留在云中，那么使用特定云计算平台的自动机器学习用于所有实际项目会更合适。如果项目是混合的，无论数据位于何处，尽量让自动机器学习计算靠近数据。这样的做法在价格上可能不会产生明显差异，但可以避免因无法访问数据带来的问题。

一般来说，如果正在处理大模型数据集并同时进行多个实验，自动机器学习的云计算和存储资源会十分昂贵。如果拥有可用的本地计算资源和数据，将十分理想，因为其不会增加应用程序的开销。然而，这也需要购买基础设施和安装本地工具包。因此，如果可以承受这笔开销并想快速探索自动机器学习，那么基于云的工具包将成为理想的工具。

3．数据的重要性

根据前几章的示例，较大的数据集显然是成功的自动机器学习项目所需的最重要的东西。较小的数据集不能提供良好的准确性，也不能很好地用于自动机器学习。如果没有足够大的数据集，那么这个项目可能不适合应用自动机器学习。

4．为受众提供正确的信息

自动机器学习有望为数据科学家和领域专家带来巨大价值。

对于企业领导和利益相关者来说，它是一种商业支持工具，可以帮助数据科学家促进企业发展；业务用户可以更快地测试他们的假设并执行实验。

对于数据科学家们，引入自动机器学习可以承担工作中重复简单的任务，从而有助于增强他们的工作能力。在许多方面，自动机器学习可以从数据集中筛选出重要特征，并且可以通过搜索找到正确的参数和模型。此外，自动机器学习将加快新型数据科学家的培训，同时让喜欢数据科学的工程师对基础知识有深刻的了解。如果数据科学家和机器学习工程师看到了这项技术的价值并且没有感到威胁，他们就会愿意适应。

10.6　总结与展望

本书从头到尾覆盖了诸多领域。自动机器学习是一个活跃的研究和开发领域，本书介绍它的基本原理、主要优势和多个平台。通过开源工具包和云平台的示例解释了自动化特征工程、超参数学习及神经架构搜索的基础技术。详细介绍了三个主要云平台，即 AWS、Azure 和 GCP。根据分步练习，可以构建机器学习模型并进行试用，了解每个平台提供的自动机器学习功能。

书中提供了一些有价值的参考资料，以便读者进一步深入了解该主题的更多信息。自动机器学习平台，尤其是云平台，总是在不断变化。因此在本书出版时，某些界面和功能可能已经发生了一些变化。

最后，要坚信 Richard Branson 所说的话："人不是通过遵守规则来学会走路的，而是通过实践和跌倒来学习的。"学习某事的最佳方式是通过实践——实践的效果要远胜于仅阅读知识内容。只要肯不断尝试，一定会有所收获。

扩展阅读